3th Edition

현장실무 중심

최신 건설재료시험

Construction Material Testing

류만용, 박근배, 김윤성 공저

東明社

머 리 말

우리나라의 건설(토목, 건축) 기술이 날로 발전을 거듭함에 따라서 건설공사 현장에서 쓰여지는 각종 재료의 질이 향상되고 있음에 최근 적절한 구조물 축조를 위한 건설재료도 다양화 되었으며, 천연재료의 이용과 성질을 개선한 인공재료를 개발함으로써 구조물의 대형화, 경량화를 기하고 있다.

본 교재는 건설교통부 제정 기준 콘크리트 표준시방서에 맞추어 좀더 알기 쉽도록 기술하였으며, 건설현장에서 자주 쓰이는 콘크리트, 아스팔트, 금속(鋼材)재료 및 석재(石材) 등 각종 재료의 기초적 성질을 파악, 건설공학도의 재료시험에 대한 지식을 습득할 수 있도록 기초를 구성하였고, 또한 건설현장 실무에도 이용할 수 있도록 KS와 ISO 규격(국제규격)에 맞추어 편성하였으며, KS에 없는 실험방법은 ASTM, JIS 등에 맞추어 구성하였다.

특히 각 대학(교)에서 배출되고 있는 건설재료 기사, 산업기사 시험과목인 건설재료 시험에 적절히 활용할 수 있도록 편성하였다.

끝으로 이 책을 출판하기까지 현장 업무에 바쁘신 가운데에도 많은 협조를 아끼지 않으신 현장 관계자 여러분과 출판사 관계자 여러분께 진심으로 감사를 드린다.

2010년 6월

저 자 씀

차 례

제1장 시멘트

1-1 시멘트의 밀도시험 ······ 3
1-2 시멘트의 분말도 시험 ······ 9
1-3 시멘트 응결시간 시험 ······ 25
1-4 시멘트 모르타르의 압축강도 시험 ······ 33
1-5 시멘트 모르타르의 인장강도 시험 ······ 43
1-6 시멘트의 오토클레이브 팽창도 시험 ······ 51
1-7 시멘트의 수화열 시험 ······ 57

제2장 골재

2-1 골재의 체가름 시험 ······ 69
2-2 굵은골재의 밀도 및 흡수량 시험 ······ 79
2-3 잔골재의 밀도 및 흡수량 시험 ······ 85
2-4 잔골재의 표면수량 측정시험 ······ 91
2-5 골재의 단위용적 질량 및 실적률 시험 ······ 97
2-6 골재에 포함된 잔입자(0.08mm 체를 통과하는) 시험 ······ 103
2-7 굵은골재의 연석량 시험 ······ 109
2-8 굵은골재의 마모(닳음)시험 ······ 115
2-9 골재의 안전성(安全性) 시험 ······ 121

2-10 콘크리트용 모래에 포함되어 있는 유기 불순물 시험 131
2-11 골재의 파쇄시험 137

제3장 콘크리트

3-1 포틀랜드 시멘트 콘크리트의 슬럼프 시험 145
3-2 콘크리트의 압축강도 시험 153
3-3 콘크리트의 쪼갬 인장강도 시험 163
3-4 콘크리트의 휨강도 시험(단순보의 3등분점 하중법) 169
3-5 콘크리트 블리딩 시험 177
3-6 굳지 않은 콘크리트의 압력법에 의한 공기 함유량 시험(공기실 압력방법) 183
3-7 굳지 않은 콘크리트의 씻기분석 시험 191
3-8 콘크리트의 배합설계 197
3-9 슈미트 해머에 의한 콘크리트 강도의 비파괴 시험 221
3-10 콘크리트의 정탄성계수와 푸아송비 시험 229
3-11 굳지 않은 콘크리트의 반죽질기 시험 237
3-12 관입 저항 침에 의한 콘크리트 응결 시간 시험 243
3-13 급속 동결 융해에 대한 콘크리트의 저항 시험 251
3-14 콘크리트 염분 측정시험 261

제4장 아스팔트

4-1 아스팔트의 밀도시험 267
4-2 아스팔트 침입도 시험 275
4-3 아스팔트의 신도시험 283
4-4 아스팔트의 연화점 시험(환구법) 289
4-5 유화아스팔트의 점도(엥글러) 시험 295
4-6 아스팔트의 사염화탄소에 대한 용해도 시험 301
4-7 아스팔트 혼합물의 추출시험(원심 분리법) 307
4-8 아스팔트질 혼합물의 증발감량 시험 315
4-9 마샬 시험기를 사용한 아스팔트 혼합물의 소성흐름에 대한 저항력 시험 ...321
4-10 아스팔트 혼합물의 배합설계(가열 혼합식) 335

제5장 강 재

5-1 강재의 인장시험 ······ 365
5-2 강재의 굽힘시험 ······ 385

제6장 석 재

6-1 석재의 흡수율 및 밀도시험 ······ 395
6-2 석재의 압축강도 시험 ······ 401

부 록 ······ 407

제1장

시 멘 트

1-1 시멘트의 밀도시험
1-2 시멘트의 분말도 시험
1-3 시멘트 응결시간 시험
1-4 시멘트 모르타르의 압축강도 시험
1-5 시멘트 모르타르의 인장강도 시험
1-6 시멘트의 오토클레이브 팽창도 시험
1-7 시멘트의 수화열 시험

1-1 시멘트의 밀도시험

(Test for Specific Density of Hydraulic Cement)

〔KS L 5110〕

1. 시험목적

시멘트의 밀도(密度, density)는 소성(燒成)의 불충분, 혼합물(混合物)의 종류, 화학성분 등에 의한 변화와 시멘트의 풍화정도를 알기 위함이며, 시멘트 비중으로부터 콘크리트 배합설계, 새로운 시멘트 종류와 시료(試料)의 품질판정 및 품질관리의 중요성을 이해하기 위함이다.

2. 시험기구 및 재료

(1) 표준 르샤텔리 비중병(Le-Chatelier flask : 그림 1·1 참조)

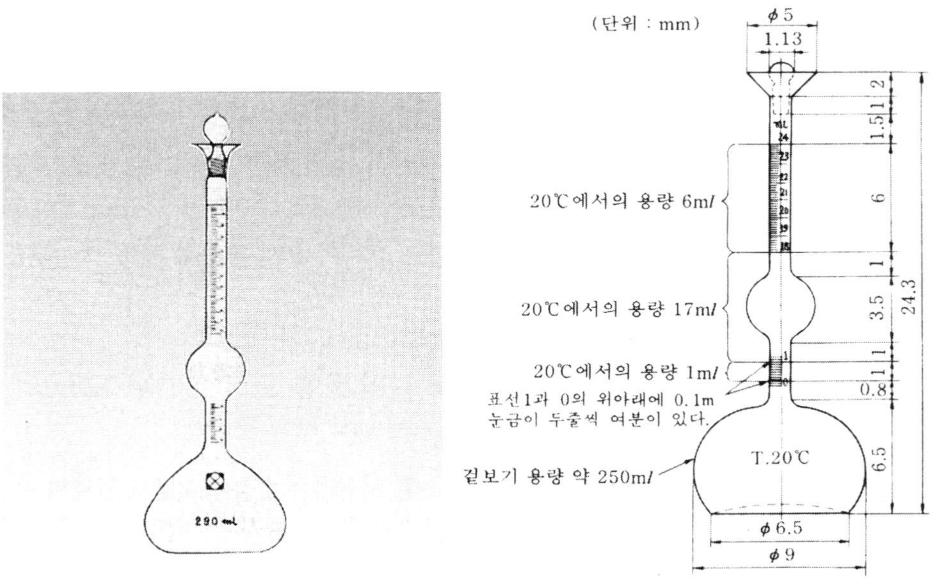

(a) (b)

그림 1·1 르샤텔리 비중병(Le-chatelier flask)

(2) 저울(중량 200 g, 감량 0.2 g)
(3) 항온수조(thermo regulator type hydrometer bath) : 20°±2℃ 이내의 일정온도(一定溫度)를 유지할 수 있어야 한다.
(4) tea spoon
(5) 온도계(溫度計)
(6) 그릇, 철사, 마른걸레
(7) 재 료
   ① 포틀랜드 시멘트(portland cement) 약 64 g(일본 100 g)
   ② 광유 및 석유(밀도는 약 0.73, 완전 탈수되었어야 함), naphtha

3. 시험방법

(1) 르샤텔리 비중병의 눈금 0~1 ml 사이의 눈금선까지 광유(鑛油)를 채운 후 광유(鑛油)표면 윗부분(가느다란 부분)의 내면(內面)을 마른걸레로 깨끗이 닦는다.
(2) 르샤텔리 비중병을 실내온도로 되어 있는 항온수조(恒溫水曹) 내에 정치시키고 광유의 온도차가 0.2℃ 이내로 되었을 때 광유표면의 눈금을 기록한다.
(3) 포틀랜드 시멘트 약 64 g 정도를 0.05g까지 정확히 칭량하여 광유와 동일한 온도에서 시멘트를 조금씩 서서히 르샤텔리 비중병에 넣는다.
(4) 시멘트 전량을 넣은 다음 적당히 비중병을 움직여 공기를 완전히 제거한다. 이때 적당한 양의 시멘트를 넣으면 광유의 표면은 비중병 상부의 눈금까지 올라가게 된다.
(5) 르샤텔리 비중병을 항온수조에 넣어서 광유의 온도차가 0.2℃ 이내로 되면 광유표면의 눈금을 다시 읽는다.
(6) 르샤텔리 밀도시험은 2회 이상 실시하여 0.03 이내의 평균값으로 택한다(소수점 이하 둘째 자리까지 취한다).
(7) 시멘트 밀도는 다음 식으로 산출하면 된다.

$$\rho(\text{밀도}) = \frac{\text{시멘트 중량}(w)}{\text{광유표면 읽음차}(v)} \qquad (1 \cdot 1)$$

여기서 ρ : 시멘트 밀도(g/cm^3)
v : 광유표면 읽음차(ml)
w : 시멘트 중량(g)

4. 주의사항

(1) 광유표면 눈금을 읽을 때는 최저면을 읽는다.

(2) 시료를 넣을 때 흩어지지 않고 혹은 비중병 윗부분의 내면에 묻지 않도록 주의해야 한다.

(3) 비중병 구부(球部)에 막히지 않도록 해야 하며, 만일 막히거나 내면에 묻었을 경우 비중병 밑바닥을 가볍게 두드리거나 경사지게 하여 떨어뜨리면 된다.

(4) 시멘트 전량(全量)을 넣은 다음 공기를 없애기 위해서 비중병 뚜껑을 막은 다음 비중병을 조금 기울여서 파손되지 않을 정도로 굴리든가 혹은 수평으로 천천히 돌려준다.

(5) 광유의 온도가 1℃ 변하면 광유의 용적은 0.2 ml가 변화하므로 용적은 약 0.02의 차가 일어난다. 그러므로 시멘트를 넣은 전후의 비중병 내의 광유의 온도차는 0.2℃를 넘어서는 안 된다.

(6) 밀도시험은 2회 이상 시행하여 0.03 이내에서 일치해야 한다.

(7) 밀도 값은 그 평균값을 읽는다.

(8) 시험 후 비중병은 광유로 깨끗이 씻어 준다.

5. 참고사항

(1) 시멘트의 밀도시험은 구입자의 요구가 있을 경우에 시행한다.

(2) 포틀랜드 시멘트의 밀도는 대략 3.14~3.16g/cm^3이다.

(3) 시멘트의 밀도(密度)는 다음의 여러 인자(因子)에 의하여 변화한다.

① 시멘트 클링커(clinker)의 구성 화합물의 조성(組成)에 의한 것이며, 시멘트 클링커의 주요구성 화학성분의 비중은 대체로 다음과 같다.

- 알루미늄산 3석회(3Ca · AL_2SO_3 ; C_3A) : 3.00
- 규　　산 3석회(3CaO · SiO_2 ; C_3S) : 3.13
- 규　　산 2석회(2CaO · SiO_2 ; C_2S) : 3.28
- 알루미늄산철 4석회(4CaO · AL_2SO_3 · Fe_2O_3 ; C_4AF) : 3.77

② 석고($CaSO_4$ · $2H_2O$)의 첨가는 질과 양에 의하나 너무 많이 가하면 저하된다(석고 밀도 2.32g/cm^3).

③ 시멘트의 풍화(風化)가 진행되면 밀도는 저하된다.

④ 혼합 시멘트에 있어서는 혼화재의 질과 양에도 달려 있으나 증가에 의하여 저하된다.

표 1·1 혼화재 밀도(g/cm^3)

실리카질 혼화재	2.0~2.7
고로(高爐) 수재(水緈)	2.90~2.96
플라이 애시	2.0~2.5

*참고 수재(水滓) : 철용광로에서 나오는 광재(鑛滓)를 공기 중에서 급랭(急冷)하여 분쇄한 것에 물을 가하면 점점 경화하는데 이 처리를 한 것은 비결정질의 분상(粉狀)인데 이를 말함.

⑤ 포틀랜드 시멘트의 밀도는 KS규격에 3.05 g/cm^3 이상으로 규정하고 있다.

⑥ SiO_2, Fe_2O_3가 많으면 밀도가 커진다.

⑦ 시멘트의 단위용적 중량은 채우는 방법에 따라서 다르지만 편의상 1500 kg/m^3로 한다.

(4) 시멘트의 저장기관과 밀도의 변화

시멘트 저장기간(개월)	0	1	2	3	6	9
시멘트 밀도(g/cm^3)	3.14	3.14	3.11	3.09	3.10	3.11

(5) $$\text{습도}(\%) = \frac{\text{공기 } 1\text{m}^3 \text{속에 포함된 수증기의 양}}{\text{같은 온도의 공기 } 1\text{m}^3 \text{속에 포함할 수 있는 포화수증기의 양}} \times 100$$

즉, 공기가 습기를 함유하고 있는 정도를 나타낸다.

(6) 물을 기준으로 한 단위의 환산은 다음과 같다.

- 1 ml = 1 cc
- 1 cc = 1 g = 1 cm^3
- 1 mg = 0.001 g
- 1 g = 1000 mg
- 1 mg = 0.001 ml = 0.000001 kg
- 1 c = 1000 cc
- 1 l = 1000 g = 1000 cm^3
- 1 ml = 0.001 l
- 1 m^3 = 1000 l
- 1 dl = 0.1 l
- 1 kl = 1000 l

<table>
<tr><td>실 험 명</td><td colspan="4">시멘트의 밀도시험</td><td>1-1</td></tr>
<tr><td>실 험 일</td><td colspan="5">서기 20 년 월 일 요일 날씨</td></tr>
<tr><td rowspan="2">실험일의 상태</td><td colspan="2">실 온(℃)</td><td colspan="2">습 도(%)</td><td>수 온(℃)</td></tr>
<tr><td colspan="2"></td><td colspan="2"></td><td></td></tr>
<tr><td rowspan="3">시 료</td><td colspan="5"></td></tr>
<tr><td colspan="5"></td></tr>
<tr><td colspan="5"></td></tr>
<tr><td colspan="2">측 정 번 호</td><td>1</td><td>2</td><td>3</td><td>4</td></tr>
<tr><td rowspan="2">광유표면 눈금 읽기</td><td>처음읽기(ml)</td><td></td><td></td><td></td><td></td></tr>
<tr><td>마지막읽기(ml)</td><td></td><td></td><td></td><td></td></tr>
<tr><td colspan="2">읽음차(ml)</td><td></td><td></td><td></td><td></td></tr>
<tr><td colspan="2">시멘트의 중량(g)</td><td></td><td></td><td></td><td></td></tr>
<tr><td colspan="2">밀도 : $\rho = \frac{w}{v}$</td><td></td><td></td><td></td><td></td></tr>
<tr><td rowspan="2">광유표면 눈금 읽을 때의 온도</td><td>처음(℃)</td><td></td><td></td><td></td><td></td></tr>
<tr><td>마지막(℃)</td><td></td><td></td><td></td><td></td></tr>
<tr><td colspan="2">평균밀도</td><td></td><td></td><td></td><td></td></tr>
<tr><td colspan="6">고 찰 :</td></tr>
<tr><td rowspan="2">실 험 자</td><td>소 속</td><td colspan="4">과 학년 반 조 학번 :</td></tr>
<tr><td>성 명</td><td colspan="4"></td></tr>
<tr><td colspan="2">검 인</td><td colspan="4">서기 20 년 월 일 요일 날씨 :</td></tr>
</table>

1-2 시멘트의 분말도 시험

(Test for Fineness of Portland Cement)

〔KS L 5106, KS L 5112, KS L 5117〕

1. 시험목적

시멘트의 분말도(粉末度, fineness)는 모르타르(mortar), 콘크리트의 성질을 좌우하는 물리적(物理的)인 중요인자로서 모르타르, 콘크리트의 제(諸) 성질을 예측할 수 있으며, 시멘트의 분말도(粉末度)가 높을수록 수화작용(水和作用)이 빠르며 약간의 발열량이 증가한다. 따라서, 화학적 성질이 같을 경우 분말도가 높을수록 초기강도가 증가한다.

2. 시험기구 및 재료

(가) 비표면적 시험(比表面積 試驗 : KS L 5106)

비표면적(cm^2/g)이라 함은 1 g의 시멘트가 가지고 있는 총표면적(cm^2)이다.

(1) 블레인(Blaine) 공기투과 장치 세트(air permeability apparatus set : 그림 1·2 참조)

① 투과 셀(cell) : 유리 혹은 부식하지 않는 금속으로 되어 있으며 안지름이 12.7±1.0 mm의 견고한 원통형이어야 하고, 셀의 상단은 셀의 주축에 대하여 직각이어야 한다. 셀의 하단은 마노미터(manometer)의 상부와 기밀(氣密)하게 연결할 수 있도록 되어 있어야 하며, 셀(cell) 내부에 상부로부터 50±15 mm 되는 곳의 돌기부(突起部)는 유공금속(有孔金屬)판을 얹는 곳이다.

② 플런저(plunger) : 사이(틈)가 0.1 mm 이내가 되도록 셀 내부에 꼭 맞아야 하며, 배기구멍이 플런저의 중앙이나 측면에 마련되어 있어야 한다.

③ 유공금속판(有孔金屬板) : 금속판은 부식하지 않도록 되어 있고, 두께가 0.9±0.1 mm이며, 30~40개의 지름 1 mm인 구멍이 전면(全面)에 골고루 뚫려 있어야 하고, 셀 내부에 잘 맞아야 한다.

(2) 여과지 : 여과지는 정량분석법(定量分析法)으로 하고 크기는 셀의 안지름에 꼭 맞도록 한다.

(3) 스톱 워치(stop watch) : 정확하게 0.5초까지 읽을 수 있으며, 60~300초 사이에는 1% 이상의 정밀도를 갖는 것이어야 한다.

(4) 천칭(중량 100g, 감량 0.005g)

(5) 붓(筆) 및 숟가락

(6) 시료병

(7) 재 료

① 시멘트(portland cement)

② 마노미터액(manometer) : 디부틸 프탈레이트(dibutyl pthalate) 혹은 경질 광유와 같은 점도나 비중이 낮고 비휘발성, 비흡수성인 액체를 사용하며 마노미터의 표선 D까지 채운다(그림 1·2 참조).

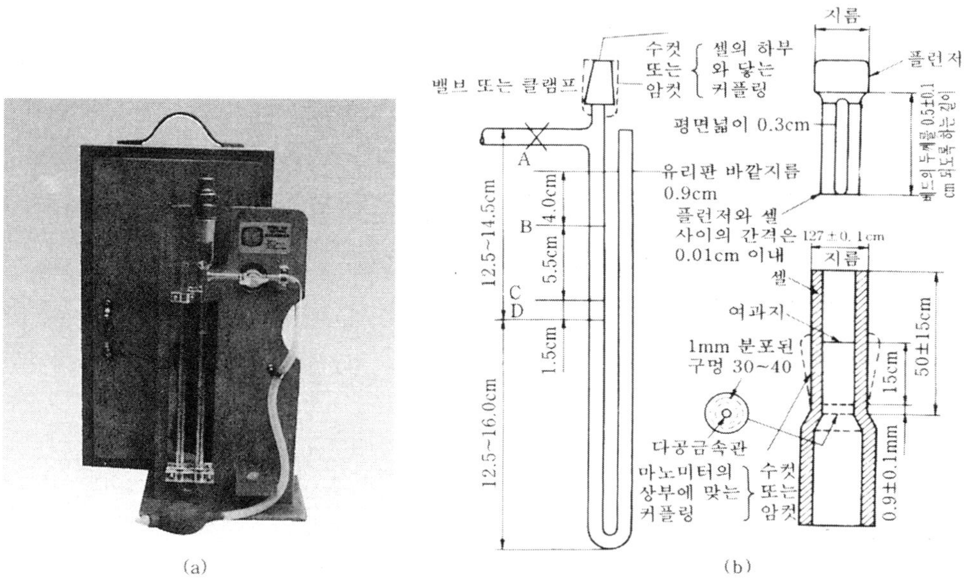

그림 1·2 블레인 공기투과 장치

(나) 표준체에 의한 시험(KS L 5112)

(1) 표준체 No.325(44μ) : 물에 침식되지 않으며, 높이 75±6 mm 체의 지름이 50±6 mm의 것

(2) 스프레이 노즐(spray nozzle) : 스프레이 노즐은 물에 침식되지 않는 금속으로 되어 있고 안지름이 17.5 mm의 것으로 중심구멍이 중심축 방향으로 뚫려 있고, 중간선의 8개의 구멍이 중심에서 6 mm되는 곳에 중심축과 5°의 각도로 뚫려 있고, 바깥선에 8개의 구멍이 중심에서 12 mm되는 곳에 중심축과 10°의 각도로 뚫려 있어야 하며, 구멍의 지름이 0.5 mm라야 한다.

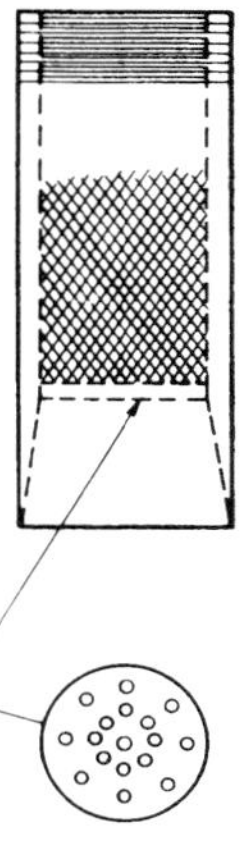

그림 1·3 스프레이 노즐

(3) 압력계 : 지름이 75~100 mm의 것으로 최대압력은 207 kPa의 것으로 7 kPa마다 눈금이 있어야 한다.
(4) 저울 : 0.0005 g까지 칭량할 수 있어야 한다.
(5) 스톱 워치(stop watch)
(6) 솔(brush)
(7) 시멘트(portland cement)

(다) 표준체에 의한 시험(KS L 5117)

(1) 표준체 No. 170(88μ) : 물에 침식되지 않고 체틀은 지름 50±6 mm, 높이 75±6 mm의 것
(2) 천칭 : 0.0005 g까지 칭량 가능한 것
(3) 스톱 워치(stop watch)
(4) 시멘트(portland cement)

3. 시험방법

분말도의 시험방법은 블레인(Blaine) 방법으로 결정하는 것을 원칙으로 한다. 단, 표준체에 의한 방법으로 결정할 수 있다.

(가) 비표면적시험 : 블레인 방법(KS L 5106)

(1) 미국표준시료 No. 114를 사용하고 (2)~(14)항에 준하여 측정하며, 매 회마다 새로운 시멘트 베드를 형성하고 3회 이상 한 사람이 시험을 행하여 그 평균값을 구한다(표준화 시험).

(2) 표준시료 시멘트 약 10 g을 100 ml의 시료병에 넣고 한 사람이 밀봉한 다음 약 2분 동안 잘 흔들어 덩어리를 풀어 놓는다.

(3) 천칭으로 칭량하는 시료의 양은 다음 식으로 계산하고 시료를 0.001 g까지 정확히 칭량한다.

$$W = P_s \times V(1-e) \tag{1・2}$$

여기서 W : 저울에 달 시료의 중량(g)

P_s : 시료의 비중(보통 포틀랜드 시멘트는 3.15를 사용한다)

V : 시멘트 베드의 체적(m^3)

e : 시멘트 베드의 기공율(porosity)(보통 포틀랜드 시멘트의 경우 0.5 ± 0.005로 한다)

(4) 투과셀을 마노미터에서 뗀 다음 플런저를 빼내서 투과셀의 저부(低部)에 유공금속판(有孔金屬板)을 바르게 접촉시킨다.

(5) 유공금속판 위에 여과지 1매를 셀보다 조금 가느다란 막대로 눌러내려 고르게 해둔다.

(6) 셀에 (3)항의 시료(試料)를 서서히 흩어지지 않도록 넣는다.

(7) 셀 측면을 붓으로 가볍게 두들겨 시료를 고르게 한다.

(8) 다음에 다른 여과지를 시료의 위에 넣는다.

(9) 그 플런저의 턱이 셀의 위쪽에 닿을 때까지 가만히 누른다.

(10) 다음에 플런저를 서서히 빼낸다.

(11) 셀은 마노미터관에 밀착시켜 기밀(氣密)하게 하고 준비된 시멘트 베드가 흩어지지 않도록 주의한다.

(12) 고무구(球)를 오른손으로 쥐고 왼손으로는 콕(cock)을 열어 준다.

(13) 고무구(球)를 쥔 오른손을 서서히 떼고 공기를 빼내어 U자관 내의 마노미터 액두(液頭)가 그림 1・2의 표선(表線) A까지 오면 콕을 잠근다.

(14) 액두(液頭)가 표선 B까지 도달하면 스톱 워치를 누르고 그림 1・2의 표선 C까지 강하(降下)하는 시간을 초(sec) 단위로 측정한다.

(15) 보통 포틀랜드 시멘트(normal portland cement)의 비표면적은 다음 식으로 계산한다.

$$S = S_s \sqrt{T/T_s} \tag{1・3}$$

여기서 S : 시험시료의 비표면적(比表面積)(cm^2/g)

S_s : 표준시료의 비표면적(比表面積)(cm^2/g)

T : 시험시료에 대한 마노미터액의 그림 1·2의 표선 B에서 그림 1·2의 표선 C까지 낙하하는 시간(sec)

T_s : 표준시료에 대한 마노미터액의 그림 1·2의 표선 B부터 그림 1·2의 표선 C까지 낙하하는 시간(sec)

(나) 표준체 No. 325(44 μ)에 의한 시험(KS L 5112)

(1) 표준체의 보정 : 표준시료 시멘트 1g을 정결하고 건조한 표준체 내에 넣고, (2)~(6)항의 시험에 의하여 시험한다. 표준체 보정계수는 실측한 잔사의 양과 표준시료에 대하여 표시된 잔사의 양과의 차를 %로 표시한다.

▶ 표준체 보정계수 산출 예

•표준시료에 표시된 표준체 44μ상의 잔사	=6.1%
•표준시료 1g에 대한 잔사	=0.061g
•보정시험에서 실측한 잔사	=0.071g
차	=−0.01g

$$\text{보정계수} = \frac{-0.01}{0.071} \times 100 = -14.08 \fallingdotseq -14.0\%$$

(2) 시멘트 : 시료 1g을 정결하고 건조한 No.325(44μ)표준체 내에 넣은 후 시료를 고르게 물에 적신다.

(3) 스프레이 노즐(spray nozzle)의 압력을 69±4 kPa로 조절하고 표준체를 1초에 1회씩 수평으로 저으면서 1분 동안 세척한다.

(4) 스프레이에서 들어낸 다음 즉시 50 ml의 증류수나 탈이온수로 잔사가 튀어나가지 않도록 주의하여 한 번 헹구고, 깨끗한 젖은 헝겊 위에 표준체 하단면의 수분(水分)을 주의하여 흡수시킨다.

(5) 다음에는 105±5℃에서 항량(恒量 : 一定重量)이 될 때까지 건조한다. 표준체를 냉각한 다음 솔로 주의해서 잔사를 털어내고, 0.0005 g까지 칭량 가능한 분석용 천칭으로 칭량한다.

(6) 10번 측정한 후 체구멍에 낀 알맹이 제거를 위해 표준체를 묽은 염산(1 : 10)용액에 담갔다가 즉시 증류수나 탈이온수로 헹군다. 100번 측정한 다음 표준체를 다시 보정해야 한다.

(7) 시멘트 분말도(粉末度) 시험의 계산은 다음과 같이 한다.

$$\left.\begin{aligned} R_c &= R_s \times (100 + C) \\ F &= 100 - R_c \end{aligned}\right\} \qquad (1 \cdot 4)$$

여기서 R_c : 보정된 잔사(%)

R_s : 표준체 No.325(44μ)에 걸린 시료 잔사(g)

C : 표준체 보정계수

F : 표준체 No.325(44μ)를 통과한 보정된 시멘트 분말도(%)

▶ 분말도 계산 예

- 표준체 보정계수 : $C=-14\%$
- 시험한 시료의 잔사 : $R_s=0.085$ g
- 보정된 잔사 : $R_c=0.085\times(100-14)=7.31\%$
- 보정된 통과량 : $F=100-7.31=92.69\%$

(다) 표준체 No. 170(88μ)에 의한 시험(KS L 5117)

(1) 시료인 시멘트 50 g을 칭량하여 표준체 내에 넣고 1분 동안에 150번의 속도로 체를 손으로 두드린다.

(2) 25회 두드릴 때마다 체를 1/6 정도로 회전시킨다. 덩어리가 있을 경우 가볍게 손끝으로 부순다.

(3) 1분간의 통과량이 0.1 g 이하가 되면 두드리기를 끝내야 하며, 이때 체에 남은 시료의 무게를 2회 이상 측정하여 평균값을 기록한다.

(4) 분말도는 다음 식으로 구한다.

$$\text{분말도}(\%)=\frac{\text{체에 남은 시멘트의 무게(g)}}{\text{시료 전체의 무게(g)}}\times 100 \qquad (1\cdot5)$$

(5) KS L 5201에 규정되어 있는 시멘트의 분말도는 보통 포틀랜드 시멘트와 중용열 포틀랜드 시멘트에서 10% 이하이다.

4. 주의사항

(1) 플런저를 셀 중에 급하게 밀어 넣으면 시료가 튀어나오는 경우도 있다.

(2) 체를 두드릴 때 시료가 한쪽으로 치우쳐지지 않도록 유의한다.

(3) 응집한 시료를 손가락으로 문지를 때 체에 눌러붙지 않도록 한다.

(4) 여과지는 타판기(打板器)를 사용하여 언제나 같은 크기의 것을 만든다.

(5) 셀과 마노미터의 밀착부 및 콕(cock)에는 그리스(grease)를 엷게 바르고 공기가 통하지 않도록 한다.

(6) 체로 칠 때 체 바퀴와 망(網)의 접촉부분의 시료에 주의한다.

(7) 표선 B 및 표선 C의 읽음값은 마노미터의 뒷면에 있는 거울로 정확한 눈금을 읽는다.

(8) 시간의 측정은 0.5초까지 정확하게 측정한다.

(9) 시멘트와 장치의 온도는 실내온도로 유지하며, 표준화 시험을 할 경우와 시료 시멘트의 온도차는 ±3℃ 이내이어야 한다.

(10) 표준화 시험은 셀, 플런저의 마모, 마노미터액의 오염, 증감이 있는 경우에는 그 때마다 행해야 한다.

(11) 시료를 셀 중에 다져서 만든 시멘트 베드의 부피 측정은 수은 치환법(置換法)으로 결정한다.

(12) 시멘트 베드의 체적(V)은 다음 식으로 구한다.

$$V = \frac{W_a - W_b}{D} \tag{1・6}$$

여기서 V : 시멘트 베드의 체적(0.005 cm^{3}까지 구한다)

W_a : 셀에 유공 금속판과 여과지 2장을 넣고 수은을 채운 윗면을 수평하게 했을 때의 수은의 중량(g)

W_b : 셀에 유공금속판과 여과지를 넣고 시멘트 약 2.8 g을 넣은 다음 그 위에 여과지를 놓고 플런저로 셀 윗면에 닿을 때까지 누른 후 수은을 채운 윗면을 수평하게 했을 때의 중량(g)

D : 시험온도에 있어서의 수은의 밀도(표 1・2 참조). 체적값은 각 회의 측정값이 ±0.005 cm^3 정도(程度)에 합치된 것의 평균값을 취한다.

표 1・2 수은의 밀도

실온(℃)	수은의 밀도(g/cm^3)	실온(℃)	수은의 밀도(g/cm^3)
16	13.56	26	13.53
18	13.55	28	13.53
20	13.55	30	13.52
22	13.54	32	13.52
24	13.53	34	13.51

(13) 시멘트 베드의 기공률은 보통 포틀랜드 시멘트 이외의 시멘트에 대해서는 다음 값으로 한다.

① 중용열 포틀랜드 시멘트의 경우 : 0.5±0.005

② 조강 포틀랜드 시멘트의 경우 : 0.53±0.005

③ 고로 시멘트, 실리카 시멘트 및 플라이 애시 시멘트의 경우 : 0.51±0.005

(14) 중용열 포틀랜드 시멘트의 비표면적(cm^2/g)은 다음 식으로 구한다.

$$S = 0.984\, S_s \sqrt{T/T_s} \qquad (1 \cdot 7)$$

(15) 조강 포틀랜드 시멘트의 비표면적(cm^2/g)은 다음 식으로 구한다.

$$S = 1.115\, S_s \sqrt{T/T_s} \qquad (1 \cdot 8)$$

(16) 고로 시멘트, 실리카 시멘트 및 플라이 애시(fly ash) 시멘트의 비표면적(cm^2/g)은 다음 식으로 구한다.

$$S = 3.310\, \frac{S_s}{\rho} \sqrt{T/T_s} \qquad (1 \cdot 9)$$

여기서 ρ : 시멘트의 비중

(17) 시멘트의 비중은 다음과 같다.

① 중용열 포틀랜드 시멘트 : 3.20

② 조강 포틀랜드 시멘트 : 3.12

③ 보통 포틀랜드 시멘트 : 3.14

④ 고로(高爐) 시멘트, 실리카 시멘트 및 플라이 애시 시멘트의 경우는 실측값으로 한다.

5. 참고사항

(1) 비표면적(比表面積, cm^2/g)이란 1 g의 시멘트가 가지고 있는 총 표면적이다.

(2) 시멘트의 분말도가 미세할수록 물에 접촉되는 표면적은 증가되며, 수화작용(水和作用, hydration)이 빠르고 강도가 커진다.

(3) 시멘트의 분말도(粉末度)에 대한 규격과 시험성적에 대한 예는 표 1·3과 같다.

표 1·3 시멘트 분말도의 규격과 시험방법

규 격	종 류		비표면적(cm^2/g) (Blaine 방법)	표준체 No. 325 (44 μ)잔분(%)
KS L 5201	포틀랜드 시멘트	보 통	2800 이상	–
		중용열	2800 이상	–
		조 강	3300 이상	–
KS L 5204	백색 포틀랜드 시멘트		3000 이상	–
KS L 5401	포틀랜드 포졸란 시멘트(A종)		3000 이상	
KS L 5405	플라이 애시(1종)		4500 이상	10 이하[1)]

(주) 1) No. 325(44μ) 습식체질 잔사(%)

실 험 명	시멘트의 분말도 시험(블레인 방법)			1-2 (a)
실 험 일	서기 20 년 월 일 요일 날씨			
실험일의 상태	실 온(℃)		습 도(%)	
시 료				
① 셀과 수은과의 중량(g)				
② 셀의 중량(g)				
③ 수은의 중량(g) : ①－②				
④ (셀)＋(시멘트)＋(수은)의 중량(g)				
⑤ (셀)＋(시멘트)의 중량(g)				
⑥ 수은의 중량(g) : ④－⑤				
⑦ 수은의 밀도(g/cm^3)				
⑧ 베드의 체적 : {(③－⑥)/⑦} cm^3				
⑨ 평균값				
측 정 내 용	1	2	3	4
시료의 중량(g)				
표준시료 강하시간 T_s (sec)				
표준시료 비표면적 S_s (cm^2/g)				
시멘트 강하시간 T(sec)				
시멘트 비표면적 $S = S_s \times \sqrt{T/T_s}$ (cm^2/g)				
허용차				
평균값				
고 찰 :				
실 험 자	소 속	과 학년 반 조 학번 :		
	성 명			
검 인	서기 20 년 월 일 요일 날씨 :			

실 험 명	시멘트의 분말도 시험(표준체 44μ)			1-2 (b)
실 험 일	서기 20 년 월 일 요일 날씨			
실험일의 상태	실 온(℃)		습 도(%)	
시 료				

측 정 내 용	1	2	3	4
① 표준시료의 중량(g)				
② 표준시료 1 g에 대한 잔사(g)				
③ 보정시험에서의 실측 잔사(g)				
④ 보정계수 : C=(②−③)/③×100(%)				
⑤ 시험한 시료의 잔사 : R_s(g)				
⑥ 보정된 잔사 : R_c =⑤×(100+④)(%)				
⑦ 평균값(분말도)				

고 찰 :

실 험 자	소 속	과 학년 반 조 학번 :
	성 명	
검 인		서기 20 년 월 일 요일 날씨 :

실 험 명	시멘트의 분말도 시험(표준체 88μ)	1-2 (c)
실 험 일	서기 20 년 월 일 요일 날씨	
실험일의 상태	실 온(℃)	습 도(%)
시 료		

측 정 내 용	1	2	3	4
① 시료의 중량(g)				
② 잔류중량(g)				
③ 분말도 : (②/①)×100(%)				
④ 평균값(%)				

고 찰 :

실 험 자	소 속	
		과 학년 반 조 학번 :
	성 명	
검 인		서기 20 년 월 일 요일 날씨 :

1-3 시멘트 응결시간 시험

(Test for Time of Setting of Hydraulic Cement)

〔KS L 5103, KSL 5108〕

1. 시험목적

시멘트의 응결시간을 측정함으로써 콘크리트의 응결시간을 추정할 수 있으며, 풍화와 이물(異物)의 혼입(混入) 등에 의하여 비정상적으로 된 경우, 시멘트 응결시험을 통하여 이와 같은 것을 미리 알 수 있을 뿐만 아니라 양생방법에 의하여 응결시간의 변화를 측정할 수 있다. 그러므로 응결시간을 조절할 목적으로 사용하는 혼화재의 효과를 측정하기 위하여 시험한다.

2. 시험기구 및 재료

(가) 비카(vicat) 장치에 의한 경우

(1) 비카 장치 세트〔시멘트 표준주도(標準稠度) 시험장치 : 그림 1·4 참조〕
(2) 저울(칭량 1 kg, 감량 1 g)
(3) 시멘트용 칼(cement knife)
(4) 질그릇 또는 순가락
(5) 모르타르 믹서
(6) 유리판(pat glass plate : 10×10cm)
(7) 흙손(칼)
(8) 스톱 워치(stop watch)
(9) 습기함 또는 습기실
(10) 젖은 걸레
(11) 고무제 스크레이퍼(scraper) 및 혼합기
(12) 메스 실린더(용량 150~200 ml)

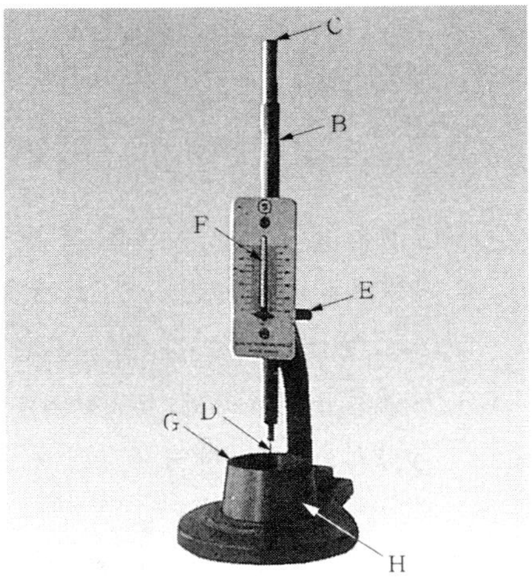

그림 1·4 비카 장치

(13) 시멘트
(14) 온도계

(나) 길모어 침(Gillmore Needles)에 의한 경우

(1) 길모어 장치 세트(그림 1·5 참조)
① 초결침(針) : 무게 113.4±0.58 g, 지름 2.12±0.05 mm
② 종결침 : 무게 453.6±0.58 g, 지름 1.06±0.05 mm
③ 침 끝의 약 0.47 mm의 길이는 원추형으로 되어 있고 그 단면은 평면이며, 침축에 대하여 직각이고 깨끗해야 한다.
(2) 기타 모든 것은 비카 장치에 의한 것과 동일하다.

그림 1·5 길모어 장치

3. 시험방법

(가) 표준주도 시험방법(KS L 5102)

(1) 시멘트 650 g을 저울에 칭량한다.
(2) 표준주도(normal consistency)를 얻기에 적당한 물의 양을 메스 실린더(measuring cylinder)로 재어서 혼합용기 내에 넣는다.
(3) 시멘트를 물 속에 넣고 물을 흡수하도록 30초 동안 둔다.
(4) 혼합기를 시동하여 30초 동안은 제1속으로 혼합한다.
(5) 혼합기를 정지하고 15초 동안에 반죽 전부를 스크레이퍼(scraper)로 긁어내려 모은다.
(6) 다음은 다시 제2속으로 하여 1분간 혼합한다.
(7) (1)~(6)항에 따라서 준비된 시료(cement) 반죽을 고무장갑을 낀 손으로 빠르게

원형(圓形)으로 만들고 두 손을 약 150 mm 정도 벌려 한 손에서 다른 손으로 6회를 던진다.

(8) 한쪽 손바닥 위에 올려놓은 구형(求形)의 시멘트를 다른 손에 쥔 원추형 링(그림 1·4의 G)의 큰 쪽 끝으로부터 밀어넣은 다음 링(ring)을 반죽으로 완전히 채운다.

(9) 링의 큰 쪽에 남아 있는 여분의 시멘트 반죽을 손바닥으로 한번에 떼어낸다.

(10) 링의 큰 쪽 부분이 바닥으로 가도록 하여 유리판(그림 1·4의 H) 위에 가볍게 놓는다.

(11) 다음 작은 쪽 끝에 있는 여분의 반죽은 링의 윗면에 대해서 조금 기울여 잡은 예리한 흙손으로 한번에 경사지게 문질러 링의 윗부분을 잘라낸다.

(12) 판 위에 올려놓은 링 안에 넣은 반죽은 그림 1·4의 로드(rod)의 밑에 중심을 맞추고 그 플런저의(이때 플런저는 꽂으면 된다) 끝 C(플런저의 굵은 끝의 지름 10±0.05 mm)를 반죽의 표면에 접촉시켜 멈춤나사 E를 조인다.

(13) 멈춤나사 E를 조이고 가동지침 F를 눈금자 위쪽에 있는 '0' 표시선에 맞춘다(이때 처음 위치의 눈금을 읽어둔다).

(14) 혼합이 끝난 30초 뒤에 로드를 풀어 놓는다.

(15) 처음 표면에서 10±1 mm의 점까지 내려갔을 때를 표준 반죽질기로 한다.

(나) 비카 장치에 의한 경우(KS L 5108)

(1) 이 표준주도〔(15)항과 같은 정도의 반죽질기〕를 얻은 시험체는 곧바로 습기함이나 습기실에 넣어두어 응결시험을 할 경우를 제외하고는 일체 꺼내지 말아야 된다(비카 시험장치 실험에 한한다).

(2) 위의 (14)항과 같은 반죽질기가 얻어질 때까지 계속 실시해야 한다(이때 시멘트 반죽은 새로운 시멘트로 만들어야 한다).

(3) 응결시간의 결정(KS L 5108)은 다음과 같이 한다.

① 비카 장치의 플런저를 다시 바꾸어 꽂아 위로 가도록 하고 밑에는 지름 1 mm의 표준침으로 바꾸어 끼운다.

② 플런저와 강하하는 표준침과의 전중량(全重量)은 300±0.5 g으로 한다.

③ 습기함이나 습기실에서 꺼낸 시험체를 30분 후부터 15분마다(조강 포틀랜드 시멘트는 10분마다) 1 mm의 침(針)으로 25 mm의 침입도(針入度)를 얻을 때까지 시험한다.

④ 최종적으로 25 mm의 침입도를 얻을 때까지(반죽 이후부터)의 시간을 응결시간(setting time)으로 한다.

(4) 멈춤나사 E를 늦추어 빨리 로드를 풀어 놓고 30초 동안 바늘이 내려가도록 하여 침입도를 결정한다.

(다) 길모어 침에 의한 경우(KS L 5103)

(1) 시멘트의 반죽은 (나)의 비카 장치에 의한 경우의 방법과 동일하게 실시한다.
(2) 반죽된 시멘트를 약 10×10 cm인 유리판 위에 지름 약 7.5 cm, 중앙부분의 두께가 약 1.3 cm이며, 바깥쪽으로 갈수록 점차적으로 얇은 패트(pat)를 만든다(그림 1·6 참조).

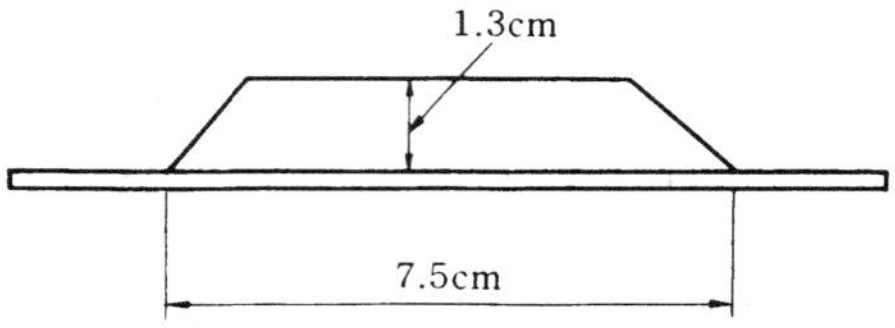

그림 1·6 길모어 장치 패트

(3) 패트를 만들 때는 처음에는 시멘트 반죽을 유리판 위에 놓고 패트의 바깥쪽에서 안쪽으로 훑는 것같이 흙손질을 하여 만든 뒤에 윗면을 편평하게 한다.
(4) 패트는 습기함이나 습기실 내에 정치(靜置)하고 응결시간을 측정하는 때를 제외하고는 꺼내지 않아야 한다.
(5) 응결시간의 결정은 침(針)을 수직의 위치로 놓고 패트의 표면에 가볍게 댄다. 이때 알아볼 만한 흔적을 내지 않고 패트(pat)가 길모어의 초결침을 괴고 있을 때를 시멘트의 초결로 하고, 길모어의 종결침을 괴고 있을 때를 종결로 한다.

4. 주의사항

(가) 표준주도 시험방법(KS L 5102)

(1) 비카(vicat) 장치에 의한 방법에서 반죽판(板), 건조시멘트, 몰드 및 밑판 부근의 공기온도는 20~27.5℃로 유지하여야 한다.
(2) 혼합수의 온도는 23±1.7℃의 범위 내이어야 한다.
(3) 실험실의 상대습도는 50% 이상이어야 한다.
(4) 용기에 넣는 시멘트풀(cement paste)에 기포가 들어가지 않도록 해야 한다.
(5) 시험체는 성형 후 30분 동안 움직이지 않고 습기함 속에 넣어서 응결할 시간을 준다. 이때 습기함의 상대습도는 90% 이상 유지되어야 한다.
(6) 표준주도(normal consistency)의 시멘트풀을 얻을 수 없을 경우에는 새로운 시멘

트로 표준주도를 얻을 때까지 해야 한다.

(7) 표준주도를 얻는 데 필요한 물의 양을 건조시멘트 중량의 백분율로써 계산한다.

(8) 시멘트풀을 원추형 링에 밀어넣어 잘라내고 매끄럽게 하는 작업중 반죽을 압축하지 않도록 해야 한다(KS L 5108 5.1항, 5102 4.2항).

(나) 응결시간 측정방법(비카 장치 시험)

(1) 혼합할 때나 혼합용기에 넣을 때 서툴면 응결용 표준침이 정지하는 높이가 일정하지 않게 되므로 주의해야 한다.

(2) 응결의 측정은 1회 정도는 잘 못 보는 수가 있으므로 연속 3회 정도 되풀이해야 한다.

(3) 침입도 측정은 이미 시험한 곳에서 6 mm 이상 떨어진 곳에서 실시해야 하고, 몰드 내면에 9 mm 이내로 접근해서도 안 된다.

(4) 침입도 시험을 할 동안은 모든 장치의 부품을 움직이지 말아야 한다.

(5) 1 mm의 침은 정확하게 수직이어야 한다.

(6) 침에 묻어 있는 시멘트는 깨끗이 닦아야 한다.

(7) 침입도의 결과를 매 회 기록하고 25 mm의 침입도가 결정되었을 때의 시간을 초결시간으로 하고, 완전히 침의 흔적이 나타나지 않을 때를 종결시간으로 한다.

5. 참고사항

(1) 표준주도의 시멘트풀을 만들 때의 적당한 수량(水量)은 포틀랜드 시멘트로서 25~28%, 혼합 시멘트로서 25~30% 정도이다.

(2) 시멘트의 응결규격은 표 1·4와 같다.

(3) 시멘트의 응결시험 결과의 예는 표 1·5와 같다.

표 1·4 시멘트의 응결규격

규 격	종 류		비이카 시험	
			초결(분)	종결(시간)
KS L 5201	포틀랜드 시멘트	보 통	60 이상	10 이하
		중용열	60 이상	10 이하
		조 강	45 이상	10 이하
KS L 5204	백색 포틀랜드 시멘트		60 이상	10 이하
KS L 5401	포틀랜드 포졸란 시멘트		60 이상	10 이하

표 1·5 응결시험 결과

시멘트의 종류		규 격		시 험 성 적	
		시발(min)	종결(h)	시발(h-m)	종결(h-m)
포틀랜드 시멘트	보 통	60 이후	10 이내	2-33	3-28
	조 강	45 이후	10 이내	2-35	3-38
	초조강	45 이후	10 이내	1-54	2-56
	중용열	60 이후	10 이내	3-21	4-30
고로 시멘트	A종	60 이후	10 이내	2-30	3-40
	B종	60 이후	10 이내	3-10	4-23
	C종	60 이후	10 이내	4-43	6-14
실리카 시멘트	A종	60 이후	10 이내	2-08	3-16
	B종	60 이후	10 이내	–	–
	C종	60 이후	10 이내	–	–
플라이 애시 시멘트	A종	60 이후	10 이내	2-52	4-14
	B종	60 이후	10 이내	2-54	3-50
	C종	60 이후	10 이내	5-44	6-42

<table>
<tr><td>실 험 명</td><td colspan="4">시멘트 응결시간 시험</td><td>1-3</td></tr>
<tr><td>실 험 일</td><td colspan="5">서기 20 년 월 일 요일 날씨</td></tr>
<tr><td rowspan="2">실험일의 상태</td><td>실온(℃)</td><td>습도(%)</td><td>수온(℃)</td><td colspan="2">양생온도(℃)</td></tr>
<tr><td></td><td></td><td></td><td colspan="2"></td></tr>
<tr><td rowspan="3">시 료</td><td colspan="5"></td></tr>
<tr><td colspan="5"></td></tr>
<tr><td colspan="5"></td></tr>
</table>

측 정 번 호	1	2	3	4
시료의 중량(g)				
물의 양(ml)				
주수(注水)시각(h－m)				
시발시각(h－m)				
시발시간(h)				
종결시각(h－m)				
종결시간(h)				

고 찰 :

<table>
<tr><td rowspan="3">실 험 자</td><td rowspan="2">소 속</td><td></td></tr>
<tr><td>과 학년 반 조 학번 :</td></tr>
<tr><td>성 명</td><td></td></tr>
<tr><td colspan="2">검 인</td><td>서기 20 년 월 일 요일 날씨 :</td></tr>
</table>

1-4 시멘트 모르타르의 압축강도 시험

(Test for Compressive Strength of Hydraulic Cement Mortars)
〔KS L 5105〕

1. 시험목적

시멘트의 강도시험은 그 시멘트가 가진 강(强)함을 알고, 품질검사(品質檢査)와 이 시험결과에서 동일한 시멘트를 사용하여 만든 콘크리트의 강도(强度)를 어느 정도 추정(推定)하기 위해서 행하는 시험이다. 모르타르의 배합 및 수량이 규정되어 있어서 그 주도(consistency)는 주로 시멘트에 의해 다르다. 따라서 언제나 균일한 조직을 가진 공시체(specimen)를 만들려면 플로(flow)시험에 의한 모르타르의 주도를 구하기 위해서다. 또한 모르타르에 표준사(標準砂)를 쓰는 것은 사용 모래입자의 차이에 의한 영향을 없애고 시험조건을 일정하게 하기 위함이다.

2. 시험기구 및 재료

(가) 모르타르를 만들 경우

(1) 혼합기 : 혼합용기(전동 혼합기이어야 함) 및 패들(paddle)
(2) 저 울 : 칭량 2 kg, 감량 1 g
(3) 시 계(stop watch)
(4) 메스 실린더(measuring cylinder) : 용량 250 ml~500 ml
(5) 고무제 스크레이퍼(scraper)
(6) 온도계 및 습도계
(7) 표준체 : 0.3 mm(297μ) 체, 0.6 mm(595μ) 체
(8) 시멘트
(9) 표준사

(나) 흐름시험

(1) 플로 테이블(flow table) 및 몰드(그림 1·7 참조)

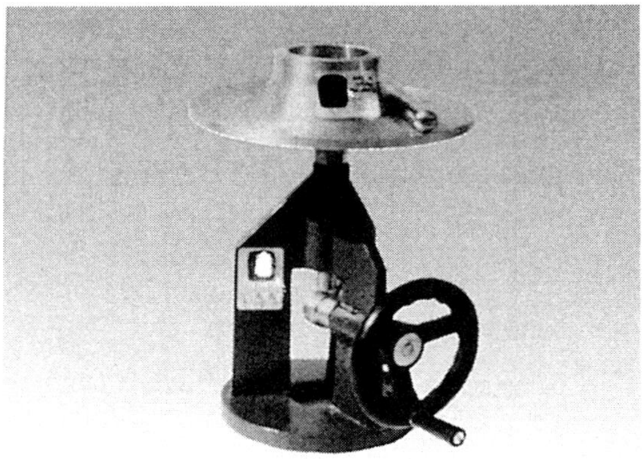

그림 1·7 플로 테이블

(2) 다짐봉(tamper) : 비흡수성, 비마모성, 비취성(非脆性)인 재료로 된 다짐막대로 단면 13×25 mm로 만든다. 이때 찧는 면은 편평하며 길이에 직각이어야 한다.
(3) 흙손 : 길이 100~150 mm
(4) 온도계 및 습도계
(5) 캘리퍼(caliper)
(6) 마른걸레
(7) 시멘트
(8) 표준사

(다) 시험체를 만들 경우

(1) 모르타르 몰드 : 50.8 mm 입방 몰드 3개(그림 1·8 참조)

그림 1·8 압축 몰드

(2) 나무망치
(3) 다짐막대(tamper)
(4) 흙손 : 길이 100~120 mm

(5) 온도계 및 습도계
(6) 대(竹)숟가락
(7) 마른걸레
(8) 시멘트
(9) 표준사
(10) 고무장갑
(11) 그리스(grease)

(라) 시험체 양생 및 탈형(脫型)을 할 경우

(1) 습기함(curing box)
(2) 온도계 및 습도계
(3) 칼(시멘트 칼)
(4) 나무망치
(5) 저장수조

(마) 압축강도를 시험할 경우

(1) 압축형 스크루(screw), 압축강도 시험기(그림 1·9 참조)

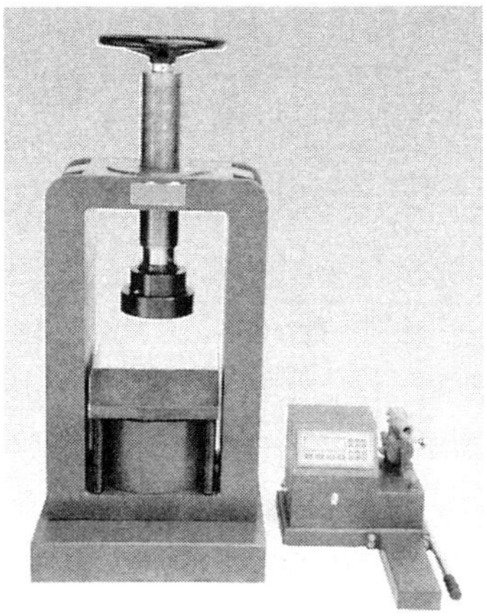

그림 1·9 압축강도 시험기

(2) 마른걸레
(3) 온도계 및 습도계

3. 시험방법

(가) 모르타르(mortar)를 만드는 경우

(1) 표준 모르타르의 배합은 시멘트와 표준사를 1 : 2.45의 중량비(重量比)로 섞는다. 즉, 6개의 시험체를 1배치(batch)로 한번에 반죽할 경우 재료의 양은 시멘트 510 g에 표준사(標準砂) 약 1250 g(1249.5 g)이다.

(2) 혼합수량은 메스 실린더로 계량하되 포틀랜드 시멘트(사용 시멘트) 무게의 48.5%로 하며, 플로(flow)가 110±5%가 될 정도의 양으로 표시한다.

(3) 다음 혼합수(混合水) 전량(全量)을 혼합용기에 넣는다.

(4) 시멘트를 혼합용기에 넣고 혼합기를 제1속으로 30초 동안 혼합한다.

(5) 제1속으로 혼합하고 있는 동안 30초에 걸쳐 표준사 전량(全量)을 서서히 가(加)한다.

(6) 혼합기를 정지한 다음 다시 제2속으로 바꾸어 30초 동안 혼합한다.

(7) 혼합기를 정지하여 90초 동안 방치한다(90초 동안 방치하는 사이 처음 15초 동안에 용기 측면에 부착되어 있는 모르타르를 모두 스크레이퍼로 긁어내고 마지막 시간까지 용기의 뚜껑을 덮어 둔 상태로 방치한다).

(8) 다시 제2속으로 1분 동안 혼합한 후에 혼합을 마친다.

(9) 재혼합이 필요한 경우 용기의 후면에 부착되어 있는 모르타르를 전부(全部) 긁어내린 후 재혼합을 시작해야 한다.

(나) 흐름시험(flow test : KS L 5111)을 할 경우

모르타르의 주도(consistency)를 결정하기 위해서 흐름시험을 한다.

(1) 플로 테이블(그림 1·7 참조) 상면을 마른걸레로 깨끗이 닦은 다음 플로 몰드(flow mould)를 테이블 중앙에 놓는다.

(2) 몰드에 모르타르를 약 2.5 cm의 두께로 넣은 다음 다짐봉(temper)으로 20번 찧는다.

(3) 다시 (2)항과 동일한 방법으로 몰드를 완전히 채운다.

(4) 몰드 윗부분의 면을 평면으로 잘라내고 톱질운동으로 편평하게 한다.

(5) 몰드 주위의 물기를 완전히 제거한다.

(6) 반죽을 끝마친 1분 후 몰드를 수직으로 들어올린다.

(7) 즉시 테이블을 15초 동안에 25회, 1.27 cm의 높이로 낙하시킨다.

(8) 판(table) 위에 퍼져 있는 모르타르를 거의 비슷한 간격으로 4개의 평균 밑지름 증가를 캘리퍼(caliper)로 측정하여 이것을 원지름의 백분율(%)로 표시한다.

(9) 규정된 플로(105~115)를 얻을 때까지 물의 백분율(%)을 변경하여 시험 모르타르를 만든다.

$$\text{백분율}(\%) = \frac{\text{시험 후의 평균 밑지름(mm)} - \text{콘의 밑지름(mm)}}{\text{콘의 밑지름(mm)}} \times 100 \quad (1 \cdot 10)$$

(10) 각 시험 모르타르는 새로운 시료를 사용해야 한다.

(다) 시험체 만들기

(1) 시험체(specimen) 몰드는 분해하여 누수(漏水)를 방지하기 위해 중광유(heavy mineral oil)나 연한 컵 그리스(cup grease)를 적신 걸레로 닦고 모든 면에 그리스를 엷게 바른 다음 조립한다(이때 나무망치로 두들기면서 조립한다.)

(2) 몰드조립 후 누수(漏水)의 유무(有無)를 확인한다.

(3) 남아 있는 그리스는 대(竹)숟가락으로 제거한다.

(4) 흐름시험이 끝난 즉시 모르타르를 혼합용기에 넣고 전 배치(batch)를 보통속도로 15초간 반죽한다. 모르타르 배치의 처음 반죽이 끝난 후 2분 15초 이내에 시험체 성형(成形)을 시작한다.

(5) 두께 약 2.5 cm 모르타르층을 전(全)입방체 칸에 넣는다.

(6) 각 칸에 들어 있는 모르타르를 약 10초 동안에 4바퀴(回轉)로 32회를 찧는다.

(7) 한 바퀴마다 직각으로 방향을 바꾸어 그림 1·10에 표시한 대로 시험체 전면(全面)에 8회에 인접한 찧기를 한다.

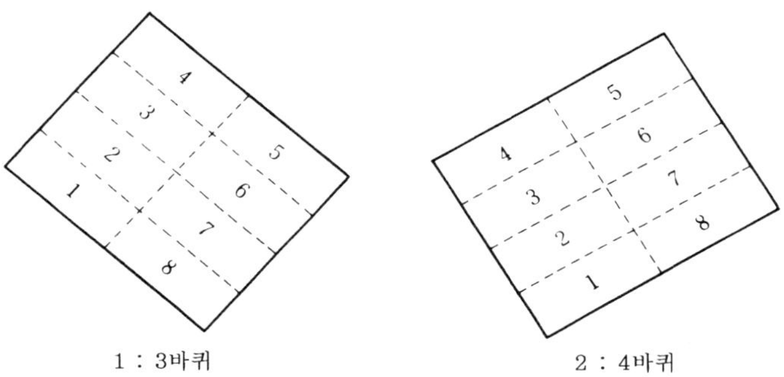

그림 1·10 시험체를 성형할 때 찧는 순서

(8) 4바퀴의 모르타르 찧기(32회)는 하나의 입방체를 마친 후 다음으로 옮긴다.

(9) 전부의 입방체 칸에 대하여 제1층의 찧기를 끝내고, 모든 칸에 남은 모르타르를다시 채우고 1층과 동일한 방법으로 찧는다.

(10) 제2층을 찧는 동안 한 바퀴마다 장갑 낀 손가락과 다짐막대로 밀려나온 모르타르를 몰드에 쌓아 올린다.

(11) 흙손을 이용하여 몰드의 길이 방향에 직각으로 각 입방체의 상면을 고르게 한다.

(라) 시험체 양생(curing) 및 탈형을 할 경우

(1) 성형이 끝난 즉시 몰드에 넣은 그대로 밑판에 얹어서 습기함 혹은 습기실에 20~24시간 보관한다. 이때 표면은 습기에 노출되고 물방울이 떨어지지 않도록 주의해야 한다.

(2) 24시간 이전에 시험체를 몰드에서 빼냈을 경우, 24시간이 될 때까지 습기함이나 습기실 내에 보관한다.

(3) 24시간 이후 시험을 할 경우를 제외하고는 저장용 수조의 깨끗한 물에 담가 놓는다.

(4) 시험체는 성형 후 1일(공기 중 24시간), 3일(공기 중 24시간, 수중 48시간), 7일(공기 중 24시간, 수중 6일간) 및 28일(공기 중 24시간, 수중 27일간)을 양생시킨다.

(5) 압축시험은 각 재령(材令)마다 3개의 시험체에 대하여 행한다.

(마) 압축강도 시험을 할 경우

(1) 재령 1일(24시간) 시험할 경우 시험하는 시료(試片) 이외는 시험할 때까지 젖은 헝겊으로 덮어두거나 23±2℃ 온도의 물 속에 완전히 잠기도록 해야 한다.

(2) 각 시험체는 표면 건조상태가 되도록 물기를 닦아야 하며, 시험체 사이의 접촉면은 모래나 혹은 다른 물질이 없도록 곧은 자를 이용하여 검사한다.

(3) 시험체에 주어지는 하중(荷重)은 균일한 속도로 가하여 시험체가 파괴되도록 주의한다. 즉, 예측 최대하중이 13500 N 이하인 시험체에 대하여 행한다.

(4) 예측 최대하중이 13500 N 이상일 경우에는 예측하중의 초기부하의 1/2까지는 임의의 속도로 부하(負荷)하고 나머지 하중은 계속 가하여 시험체를 파괴해도 좋다.

(5) (3)항 및 (4)항의 최대하중이 20초 이상 80초 이내의 속도로 가한다.

(6) 압축강도는 시험기에 표시된 최대하중을 N/mm^2로 환산한다.

(7) 계산결과는 소수점 이하 1자리에서 반올림하며, 식은 다음과 같다.

$$\text{압축강도} = \frac{\text{최대하중(N)}}{\text{시험체의 단면적}(mm^2)} \qquad (1 \cdot 11)$$

4. 주의사항

(가) 모르타르 만드는 법

(1) 시멘트와 표준사의 배합은 1 : 2.45 중량비로 섞는다.

(2) 혼합수(混合水)의 양은 시멘트 중량에 대한 백분율로 표시한다.

(3) 모르타르 혼합시 재혼합이 필요할 경우 용기의 후면에 부착되어 있는 모르타르를

재혼합 전에 신속히 스크레이퍼로 혼합용기에 긁어 넣어야 한다.

(4) 반죽판, 건조재로, 몰드 밑판 및 혼합용기 부근의 공기온도는 20~27.5℃, 혼합수의 온도는 23±2℃, 시험실 상대습도는 50% 이상이어야 한다.

(5) 시험체의 모든 면은 수평(水平)이어야 한다.

(나) 플로(Flow)시험

(1) 플로시험에서는 모르타르 1회 혼합량을 강도시험 때와 같은 배합 및 수량과 동일하게 한다.

(2) 플로 테이블(flow table)의 지지대는 KS L 5111 2.3항의 규격에 맞게 한다.

(3) 규정된 플로를 얻지 못할 경우 각 시험 모르타르는 새로운 시료로 모르타르를 만들어야 하고 물의 백분율도 변경시킨다.

(다) 시험체 만들기

(1) 몰드에 찧기가 끝났을 때 각 입방체의 상부는 몰드의 윗면보다 약간 나와 있어야 한다(흙손으로 자르기 직전의 형태).

(2) 몰드 윗면의 주위에서 모르타르에서 분리된 물이 흘러나오지 않도록 그리스(grease)를 두껍게 발라야 한다.

(라) 시험체 양생

(1) 만약 24시간 전에 시험체를 몰드에서 빼냈을 경우에는 24시간이 될 때까지 습기함이나 양생실에 보관해야 한다.

(2) 저장용 수조의 물은 언제나 깨끗해야 한다.

(3) 습기함 혹은 양생실 및 저장수조의 물은 23±2℃이어야 하고 습도는 90% 이상이어야 한다.

(마) 압축강도 시험

(1) 시험할 때 눈에 보일 만큼 굽어 있으면 그 면을 편평하게 만들든지 아니면 시험체를 버려야 한다.

(2) 시험체는 시험기 상부 지지블록(bearing block) 중심에 맞추어야 한다.

(3) 쿠션(cushion)재(材) 류(類)를 사용하면 안 된다.

(4) 압축강도 결정에 있어서 명백한 불안전 시험체 또는 동일한 시료, 같은 시간에 시험한 전(全) 시험체 중 평균값보다 10% 이상의 강도 차이가 있는 시험체는 압축강도 계산에는 넣지 않는다.

5. 참고사항

(1) 시멘트의 강도 시험용 표준모래의 규격은 표 1·6과 같다.

표 1·6 강도 시험용 표준모래(KS L 5100)

종별 \ 항목	입도(표준체상의 잔분 %)				
	0.841 mm (841μ)	0.6 mm (595μ)	0.3 mm (297μ)	이토량(%)	단위용적 중량
인장강도 시험용	1.0 이하	95.0 이상	–	0.4 이하	1.53~1.60
압축강도 시험용	–	1.0 이하	95.0 이상	0.4 이하	

(2) 시멘트의 압축강도의 규격은 표 1·7과 같다.

표 1·7 시멘트의 압축강도(MPa)

규 격	종 류		재 령			
			1 일	3일	7일	28일
KS L 5201	포틀랜드 시멘트	보 통	–	12.5 이상	22.5 이상	42.5 이상
		중용열	–	7.5 이상	15 이상	32.5 이상
		조 강	10 이상	20 이상	32.5 이상	47.5 이상
KS L 5204	백색 포틀랜드 시멘트		–	12.74 이상	19.60 이상	28.42 이상
KS L 5401	포틀랜드 포졸란 시멘트(A종)		–	7.85 이상	13.75 이상	23.54 이상
KS L 5211	플라이 애시 시멘트(A종)		–	12.5 이상	22.5 이상	42.5 이상

(3) 모르타르 및 콘크리트의 압축강도는 사용모래, 배합수량, 재령, 온도, 풍화, 양생 등에 좌우된다.

(4) ASTM C 109의 양생시간 허용오차는 표 1·8과 같다.

표 1·8 허용오차

재 령	24시간	3일	7일	28일
허용차	±0.5시간	±1시간	±3시간	±7시간

<table>
<tr><td colspan="3">실 험 명</td><td colspan="3">시멘트의 압축강도 시험</td><td>1-4</td></tr>
<tr><td colspan="3">시 험 일</td><td colspan="4">서기 20 년 월 일 요일 날씨</td></tr>
<tr><td colspan="3" rowspan="2">시험일의 상태</td><td colspan="2">실 온(℃)</td><td colspan="1">습 도(%)</td><td>수 온(℃)</td></tr>
<tr><td colspan="2"></td><td></td><td></td></tr>
<tr><td colspan="3" rowspan="3">시 료</td><td colspan="4"></td></tr>
<tr><td colspan="4"></td></tr>
<tr><td colspan="4"></td></tr>
<tr><td colspan="3">측 정 번 호</td><td>1</td><td>2</td><td>3</td><td>4</td></tr>
<tr><td colspan="3">① 시멘트의 중량(g)</td><td colspan="2"></td><td colspan="2"></td></tr>
<tr><td colspan="3">② 표준사의 중량(g)</td><td colspan="2"></td><td colspan="2"></td></tr>
<tr><td colspan="3">③ 물의 양(ml)</td><td></td><td></td><td></td><td></td></tr>
<tr><td colspan="3">④ 플로 몰드의 밑지름(mm)</td><td>101.60</td><td>101.60</td><td>101.60</td><td>101.60</td></tr>
<tr><td colspan="3">⑤ 4개의 평균 밑지름(mm)</td><td></td><td></td><td></td><td></td></tr>
<tr><td colspan="3">⑥ ⑤−④(mm)</td><td></td><td></td><td></td><td></td></tr>
<tr><td colspan="3">⑦ 흐름값=⑥/④×100(%)</td><td></td><td></td><td></td><td></td></tr>
<tr><td colspan="3">⑧ 다짐수(횟수)</td><td></td><td></td><td></td><td></td></tr>
<tr><td colspan="3">⑨ 공시체 양생온도(℃)</td><td></td><td></td><td></td><td></td></tr>
<tr><td colspan="3">⑩ 재 령(일)</td><td></td><td></td><td></td><td></td></tr>
<tr><td rowspan="7">압축강도</td><td rowspan="3">최 대 하 중
(N)</td><td>1</td><td></td><td></td><td></td><td></td></tr>
<tr><td>2</td><td></td><td></td><td></td><td></td></tr>
<tr><td>3</td><td></td><td></td><td></td><td></td></tr>
<tr><td rowspan="3">압 축 강 도
(N/mm^2)</td><td>1</td><td></td><td></td><td></td><td></td></tr>
<tr><td>2</td><td></td><td></td><td></td><td></td></tr>
<tr><td>3</td><td></td><td></td><td></td><td></td></tr>
<tr><td colspan="2">평 균 값(N/mm^2)</td><td></td><td></td><td></td><td></td></tr>
<tr><td colspan="7">고 찰 :</td></tr>
<tr><td colspan="7"></td></tr>
<tr><td colspan="7"></td></tr>
<tr><td colspan="2" rowspan="3">실 험 자</td><td rowspan="2">소 속</td><td colspan="4"></td></tr>
<tr><td colspan="4">과 학년 반 조 학번 :</td></tr>
<tr><td>성 명</td><td colspan="4"></td></tr>
<tr><td colspan="3">검 인</td><td colspan="4">서기 20 년 월 일 요일 날씨 :</td></tr>
</table>

1-5 시멘트 모르타르의 인장강도 시험

(Test for Tensile Strength of Hydraulic Cement Mortars)

〔KS L 5104〕

1. 시험목적

시멘트의 인장강도 시험(tensile strength test)은 그 시멘트가 갖는 강도를 알고 품질검사와 동시에 그 시험결과로부터 동일 시멘트를 사용하여 만든 콘크리트의 강도를 어느 정도 추정하기 위함이다. 여기서 인장강도 시험용 모르타르에 표준사(標準砂)를 사용하는 것은 모래알의 차이에 의한 영향을 없애고 시험조건을 일정하게 하기 위함이다.

2. 시험기구 및 재료

(1) 인장강도 시험기 : 하중을 연속적으로 270±10 kg/min의 속도로 조절하여 가할 v 수 있고, 부하속ssss도를 조절할 수 있는 장치가 되어 있는 것으로 정밀도는 15 kg 이상의 하중에 대한 오차는 새 기계일 경우 ±1.0%, 사용중인 기계일 경우 ±1.5%이어야 한다.

(2) 몰드(mould) : 그림 1・11 (a)와 같은 모양으로 된 것이며, 시멘트 모르타르에 의해서 침식되지 않는 금속으로 만들어야 한다. 시험체 동부(胴部) 내면간의 넓이는 25.4±0.13 mm, 동부(胴部) 양측간의 가장 두꺼운 점의 두께는 사용 중 몰드는 25.4±0.05 mm, 새 몰드일 경우 25.4(+0.10, −0.15) mm이어야 한다.

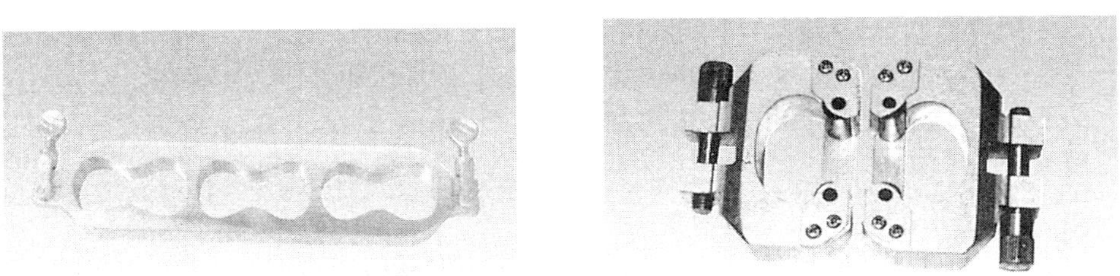

(a) (b)

그림 1・11 (a) 인장시험용 몰드, (b) 브리켓 시험용 클립

(3) 저울 : 칭량 1 kg
(4) 시험체 시험기용 클립(clip)
(5) 흙손 : 길이 10~15 cm
(6) 메스 실린더 : 용량 150~200 ml
(7) 표준체 : 0.841 mm(841μ), 0.6 mm(595μ) 체
(8) 온도계 및 습도계
(9) 혼합용기
(10) 유리판(50 cm × 50 cm × 5 mm)
(11) 광유 및 컵 그리스(cup grease)
(12) 표준사 : 주문진 천연사(KS L 5100 4항의 인장강도 시험)
(13) 고무장갑

3. 시험방법

(가) 모르타르를 만들 경우

(1) 1배치(batch)에서 한번에 혼합하는 건조양은 시멘트 : 표준사(1 : 2.7)의 중량비로 (6개의 시험체에 대한 것은 1000~1200 g, 9개의 시험체에 대해서는 1500~1800 g) 혼합한다.
(2) 표준 모르타르에 사용할 물의 양은 같은 시멘트를 사용하여 표준주도(normal consistency)를 나타낼 순시멘트 반죽을 만드는 데 소요된 수량을 기준으로 정하며 표 1·9와 같다.

표 1·9 표준 모르타르에 대한 물의 양

표준주도의 순시멘트 반죽에 대한 물의 양(%)	15	16	17	18	19	20	21	22	23	24	25	26	27	28	29	30
시멘트 : 표준사(1 : 2.7)의 모르타르에 대한 물의 양(%)	9.2	9.4	9.6	9.7	9.9	10.1	10.3	10.5	10.6	10.8	11.0	11.2	11.4	11.5	11.7	11.9

(3) 시멘트와 모래의 비율이 중량비로 1 : 2.7이 아닐 때 혼합수의 양은 다음 식으로 계산한다(표 1·9는 다음 식으로 구한 값이다).

$$Y = \frac{2}{3} \times \frac{P}{N+1} + K \qquad (1 \cdot 12)$$

여기서 Y : 모래 모르타르에 필요한 수량(%)

P : 표준주도의 순시멘트에 필요한 수량(%)

N : 시멘트 1에 대한 모래의 양(중량비)

K : 표준사에 대한 상수(常數)로 6.5

이 수치는 시멘트와 표준사를 합한 건조중량에 대한 백분율인 것이다. 표준주도의 순시멘트 반죽을 만드는 데 소요되는 물의 양은 '1-3 시멘트 응결시간 시험' 방법 혹은 "표준주도 시험"의 3. 시험방법의 (가)항에 따라서 결정한다.

▶ 예) 시험체 3개 만드는 데 필요한 시료

1) 시멘트 : 150 g

2) 표준사 : 405 g

3) 물 : 62.16 g(표준주도가 26%일 때 물의 양은 11.2%)

(4) 건조재료를 달아서 매끈하고 비흡수적인 판 위에 놓고, 건조상태 그대로 잘 혼합한 다음 중앙에 홈을 만든다.

(5) 정확한 양의 깨끗한 물을 홈에 붓고 홈 가장자리에 있는 재료를 흙손으로 30초 이내에 홈 안으로 걷어 넣는다.

(6) 다음 30초 정도의 흡수할 시간을 둔 다음에 계속해서 손으로 심하게 반죽하여 90초 이내에 작업을 완료한다.

(나) 시험체의 성형 및 양생

(1) 몰드에 모르타르를 채우기 전에 광유를 엷게 바른다.

(2) 모르타르의 반죽이 완료된 후 몰드는 기름을 바르지 않은 깨끗한 유리판 위에 올려 놓고 모르타르를 다지지 말고 몰드에 쌓아 놓는다.

(3) 각 시험체마다 다지는 일이 없이 두 엄지손가락으로 열두 번씩 모르타르를 힘껏 밀어 넣는다(이때 두 엄지손가락을 동시에 작용할 때 80~100 N의 힘이 가해지도록 한다).

(4) 다음 흙손으로 몰드 위를 고른다(이때 흙손으로 2 kg 정도의 힘으로 몰드 위를 다진다).

(5) 광유를 바른 유리판이나 금속판을 몰드 위에 때로는 두 손으로 몰드와 판을 받쳐 들고 몰드가 그 종축의 주위를 회전하도록 뒤집는다.

(6) 다음 위의 판을 때고 다시 쌓아올리기 → 누르기 → 쌓아올리기 → 흙손으로 고르기를 반복한다(이때 두드리거나 찧거나 해서는 안 된다).

(7) 시험체를 모두 성형한 후 몰드에 넣은 그대로 습기함이나 습기실에 20~24시간 보관한다(이때 물방울이 떨어지지 않도록 해야 한다).

(8) 시험체의 수는 각각의 재령에 따라 3개 이상씩 만든다.

(9) 양생(curing)은 '1-4 시멘트 모르타르의 압축강도 시험'에 있어서의 양생방법과 동일하다.

(다) 인장강도 시험

(1) 시험체에 있어서 24시간 시험체는 습기함에서 꺼낸 직후 시험한다.
(2) 꺼낸 나머지 시험체는 시험할 때까지 젖은 헝겊으로 덮어두거나 23±2℃의 물에 완전히 잠기도록 해야 한다.
(3) 각 브리켓(briquet)은 표면 건조상태가 되도록 물기를 잘 닦고, 시험기의 클립(clip)과 접촉하는 면에 붙어 있는 모래나 그 외의 부착물을 제거한다.
(4) 시험체는 클립단의 중심에 오도록 하고 하중은 계속해서 2700±100 N/min의 속도로 부하한다.
(5) 시험한 시험체 중에서 평균보다 15% 이상의 강도차가 있는 시험체는 인장강도 계산에서 제외하고, 만일 이와 같은 시험값이나 시험체가 2개 이상 나올 경우에는 재시험해야 한다.
(6) 강도에 대한 계산식은 다음과 같다.

$$\text{인장강도} = \frac{\text{최대하중(N)}}{\text{시험체의 단면적}(\text{mm}^2)} \qquad (1 \cdot 13)$$

4. 주의사항

(1) 반죽한 건조재료나 몰드 및 밑판 부근의 공기온도는 20~27℃로 유지해야 한다.
(2) 습기함, 습기실 및 혼합수 혹은 시험체 저장용 수조의 온도는 23±2℃이어야 한다.
(3) 시험실 내의 표준습도는 50% 이상, 습기함의 습도는 90% 이상에서 시험체는 저장되어야 한다.
(4) 흙손에는 2kg을 넘지 않는 범위 내의 힘으로 몰드 위를 누른다.
(5) 시험체를 성형할 때 시험체의 표면을 고르게 하는 이외의 두드리거나 찧거나 해서는 안 된다.

5. 참고사항

(1) 모르타르 및 콘크리트의 인장강도는 사용 모래, 혼합수량, 재령, 온도, 양생, 풍화 등에 의하여 좌우된다.
(2) 시멘트 인장강도 시험용 표준사 규격은 표 1·6과 같다.

(3) 시멘트 인장강도 규격은 표 1·10과 같다.

표 1·10 시멘트 인장강도(Mpa)

<table>
<tr><th rowspan="2">규 격</th><th rowspan="2" colspan="2">종 류</th><th colspan="4">재 령</th></tr>
<tr><th>1 일</th><th>3 일</th><th>7 일</th><th>28 일</th></tr>
<tr><td rowspan="3">KS L 5201</td><td rowspan="3">포틀랜드 시멘트</td><td>보 통</td><td>–</td><td>10 이상</td><td>20 이상</td><td>25 이상</td></tr>
<tr><td>중용열</td><td>–</td><td>9 이상</td><td>17 이상</td><td>23 이상</td></tr>
<tr><td>조 강</td><td>20 이상</td><td>26 이상</td><td>–</td><td>–</td></tr>
<tr><td>KS L 5204</td><td colspan="2">백색 포틀랜드 시멘트</td><td>–</td><td>10 이상</td><td>20 이상</td><td>25 이상</td></tr>
</table>

실 험 명	시멘트의 인장강도 시험		1-5
시 험 일	서기 20 년 월 일 요일 날씨		
시험일의 상태	실 온(℃)	습 도(%)	수 온(℃)
시 료			

측 정 내 용			1	2	3	4
① 시멘트의 중량(g)						
② 표준모래의 중량(g)						
③ 물의 양(ml)						
④ 플로 몰드의 지름(mm)			101.60	101.60	101.60	101.60
⑤ 4개의 평균 밑지름(mm)						
⑥ ⑤-④(mm)						
⑦ 흐름값=⑥/④×100(%)						
⑧ 다짐수(횟수)						
⑨ 공시체 양생온도(℃)						
⑩ 재 령(일)						
압축강도	최 대 하 중 (N)	1				
		2				
		3				
	압 축 강 도 (N/mm^2)	1				
		2				
		3				
	평 균 값(N/mm^2)					

고 찰 :		
실 험 자	소 속	
		과 학년 반 조 학번 :
	성 명	
검 인		서기 20 년 월 일 요일 날씨 :

1-6 시멘트의 오토클레이브 팽창도 시험

(Test for Autoclave Expansion of Portland Cement)

〔KS L 5107〕

1. 시험목적

불안정(不安定)한 시멘트를 사용한 콘크리트는 팽창(expansion)으로 인하여 금이 가거나 혹은 뒤틀림을 일으켜 구조물의 내구성을 해치는 원인이 되므로 안정성(安定性)있는 시멘트를 사용하는 것이 필요하다. 따라서, 경화(harding) 중의 용적이 팽창하는 정도를 알아보는 데 그 목적이 있다.

2. 시험기구 및 재료

(1) 오토클레이브(autoclave, 고압솥) : 압력(2±0.07 MPa) 조작용으로 자동압력조절 및 안전밸브의 장치가 있는 것(그림 1 · 12 참조)

(2) 길이 측정용 콤퍼레이터(comparator) 및 표준막대(그림 1 · 13 참조)

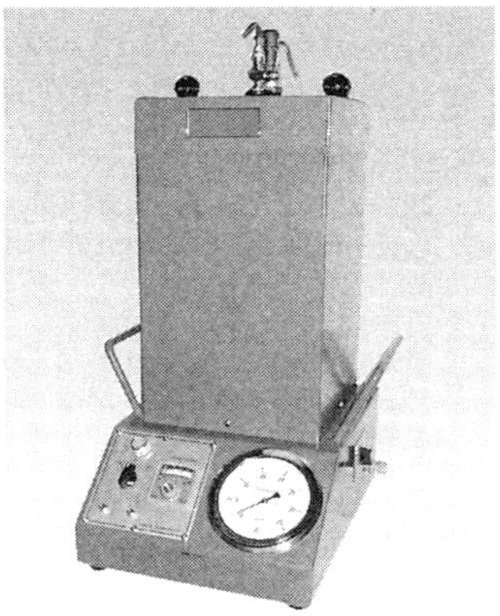

그림 1 · 12 오토클레이브

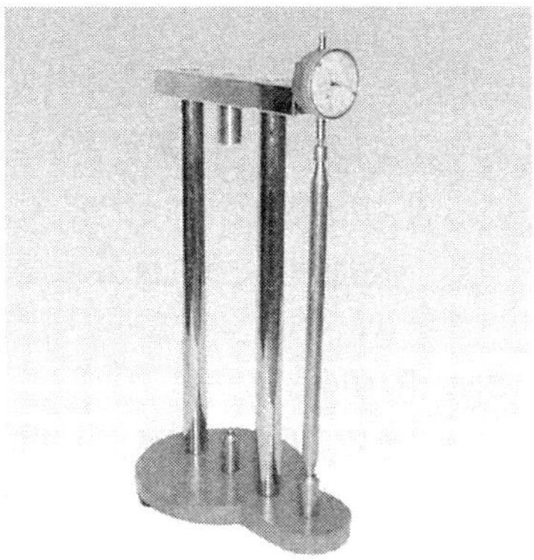

그림 1 · 13 cement length comparator

(3) 몰드 : 단식 혹은 복식(KS L 5107의 2, 3항의 규격품에 맞는 것),
단면 25.4×25.4 mm, 유효표점거리(有效標點距離) 254 mm
(4) 메스 실린더(measuring cylinder) : 200~250 ml
(5) 저울 : 칭량 1 kg
(6) 흙손 : 길이 100~150 mm
(7) 시멘트 칼
(8) 습기함 또는 습기실
(9) 온도계 : 100℃까지 측정 가능한 것
(10) 모르타르 혼합기 : 용기 및 패들(paddle) 부착
(11) 광유 및 석유
(12) 포틀랜드 시멘트
(13) 고무장갑 및 걸레

3. 시험방법

(가) 시험체를 만드는 경우

(1) 표준배치(standard batch)는 먼저 저울에 단 시멘트 500 g에 메스 실린더로 표준주도의 반죽을 만드는 데 알맞은 물을 가하여 KS L 5102의 규정이나 '1-3 시멘트 응결시험' 3의 (가)항에 따라서 혼합한다.
(2) 시험체는 하나만 만든다(만약, 재시험을 할 경우에는 시험체 3개를 만든다).
(3) 혼합이 끝난 즉시 시험체는 2층으로 고르게 채워 만든다. 각 층마다 엄지손가락이나 집게손가락으로 몰드의 구석이나 끼워놓은 표점(標點) 주위와 몰드의 표면을 따라서 반죽을 다져 넣어 균일한 시험체가 되도록 한다.
(4) 위층이 단단하게 되면 흙손의 얇은 날로 반죽을 몰드의 높이대로 깎아내고 표면을 흙손으로 몇 번 문질러 매끈하게 한다.
(5) 시험체 저장은 몰드에 반죽을 채워 성형이 끝나면 몰드에 채워 둔 채 즉시 습기함이나 습기실에 적어도 20시간 정치해 두어야 한다.

(나) 시험체에 의한 시험방법

(1) 성형 후 24±30분에 시험체를 습기실에서 들어내어 즉시 길이를 측정하고, 각 시험체의 4면이 포화증기에 쐬도록 시험체 길이에 끼워 실온상태에 있는 오토클레이브(고압솥) 안에 넣는다.
(2) 시험할 동안 오토클레이브 안에 고압솥 용적의 7~10%의 물을 넣어 언제나 포화

증기로 차 있도록 한다.

(3) 가열 기간의 초기에는 오토클레이브로부터 공기가 빠져나가도록 통기밸브(valve)를 수증기가 나오기 시작할 때까지 열어 놓는다.

(4) 통기밸브를 닫고 가열하기 시작해서부터 45~75분에 증기압이 2±0.07 MPa가 되도록 오토클레이브의 온도를 올리며, 2±0.07 MPa의 압력으로 3시간 동안 유지한다.

(5) 3시간 경과 후 가열을 중지하고 다시 1시간 30분 가량 압력이 0.07 MPa 이하가 되도록 오토클레이브를 냉각한다.

(6) 다음 통기밸브를 조금씩 열어 남은 압력을 천천히 내려 완전히 대기압이 되면 오토클레이브를 열고 시험체를 즉시 90℃ 이상의 물 속에 담근다.

(7) 물 속에서 시험체 주위에 골고루 찬물을 가하여 15분 동안 23℃가 되도록 균일하게 유지하여 냉각한다.

(8) 시험체를 꺼내어 표면이 건조하면 다시 길이를 측정한다.

(9) 오토클레이브 시험 전후의 시험체 길이의 차(差)는 유효표점길이의 0.01%까지 계산하여 팽창도(expansion)로 보고한다. 길이가 수축했을 때는 백분율에 (−)부호를 붙인다.

(10) 측정결과가 규격에 미달할 때는 3개의 시험체를 만들어 재시험을 하여야 하며, 시험한 결과를 평균하여야 한다.

4. 주의사항

(1) 온도는 시험체 및 건조재료에서는 20~27.5℃, 혼합수의 습기함 혹은 습기실은 23±1.7℃, 습도는 50% 이상(실험실 내), 습기함이나 습기실은 90% 이상이어야 한다.

(2) 몰드는 광유를 엷게 바른 후 표점을 끼워야 하며, 기름이 묻어 있지 않도록 깨끗이 한다.

(3) 시험체의 혼합이나 성형조작을 할 때는 깨끗한 고무장갑을 끼워야 한다.

(4) 시험체 저장중 24시간 전에 몰드에서 빼냈을 때는 시험할 때까지 습기함 또는 습기실 안에서 보관해야 한다.

(5) 오토클레이브 시험방법의 안정도 시험에 불합격된 시멘트는 28일 내에 새로운 시료로 재시험해야 한다.

(6) 팽창으로 인하여 금이 가거나 뒤틀리는 원인은 시멘트 클링커(clinker) 중의 유리석회(遊離石灰), 산화마그네슘(MgO), 무수황산(SO_3) 등에 의할 때가 많다.

5. 참고사항

시멘트 안정성(安定性)의 규격은 표 1·11과 같다.

표 1·11 시멘트의 안정도

규 격	종 류		오토클레이브 팽창도(%) 또는 수축도(%)
KS L 5201	포틀랜드 시멘트	보 통	0.8 이하
		중용열	0.8 이하
		조 강	0.8 이하
KS L 5204	백색 포틀랜드 시멘트		0.8 이하
KS L 5401	포틀랜드 포졸란 시멘트		0.5 이하
KS L 5405	혼합재료를 사용하는 플라이 애시		0.5 이하

<table>
<tr><td>실 험 명</td><td colspan="3">오토클레이브 팽창도(시멘트 안정성) 시험</td><td>1-6</td></tr>
<tr><td>시 험 일</td><td colspan="4">서기 20 년 월 일 요일 날씨</td></tr>
<tr><td rowspan="2">시험일의 상태</td><td>실온(℃)</td><td>습도(%)</td><td>수온(℃)</td><td>양생온도(℃)</td></tr>
<tr><td></td><td></td><td></td><td></td></tr>
<tr><td rowspan="3">시 료</td><td colspan="4"></td></tr>
<tr><td colspan="4"></td></tr>
<tr><td colspan="4"></td></tr>
<tr><td>측 정 번 호</td><td>1</td><td>2</td><td>3</td><td>4</td></tr>
<tr><td>시료의 중량(g)</td><td></td><td></td><td></td><td></td></tr>
<tr><td>물의 양(g)</td><td></td><td></td><td></td><td></td></tr>
<tr><td>오토클레이브 팽창도(%)</td><td></td><td></td><td></td><td></td></tr>
<tr><td colspan="5">고 찰 :</td></tr>
<tr><td rowspan="3">실 험 자</td><td rowspan="2">소 속</td><td colspan="3"></td></tr>
<tr><td colspan="3">과 학년 반 조 학번 :</td></tr>
<tr><td>성 명</td><td colspan="3"></td></tr>
<tr><td colspan="2">검 인</td><td colspan="3">서기 20 년 월 일 요일 날씨 :</td></tr>
</table>

1-7 시멘트의 수화열 시험

(Test for Heat of Hydraulic of Cement)

〔KS L 5121〕

1. 시험목적

시멘트의 용해열과 7일 또는 28일간 수화(水和)한 후의 시멘트의 용해열(溶解熱)을 측정함으로써 이들 측정치의 차가 각각 수화한 기간에 있어서의 수화열(水和熱)을 결정하기 위한 시험이다.

2. 시험기구 및 재료

(1) 칼로리미터 : 약 500 ml 진공병(병은 쉽게 들어낼 수 있을 것). 코르크마개, 온수를 채워 마개를 막고 30분 동안 방치할 때 실내온도차 1℃에 대하여 0.001℃/min 이상으로 냉각되어서는 안 된다.

(2) 베크만 온도계 : 0.01℃까지 눈금이 있어야 하고, 온도범위는 약 6℃까지 읽을 수 있어야 한다.

(3) 깔대기 : 유리 및 플라스틱제(길이 76 mm, 안지름 6 mm 이상)

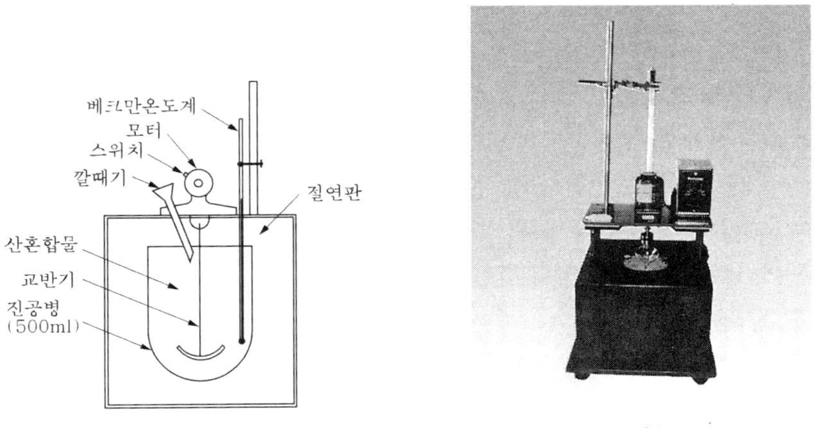

(a) (b)

그림 1·14 열량 측정장치

(4) 교반기 : 유리 및 불환성 플라스틱제(350~700 rpm)
(5) 유리병 : 마개 달린 유리병(안지름 20 mm, 높이 100 mm)
(6) 표준체 : 150 및 850μm
(7) 천 칭 : 칭량 1000±0.1 g
(8) 절연용기 : 두께 25 mm의 절연층을 깐다.
(9) 혼합기
(10) 백금도가니 : 30 ml (뚜껑이 있는 것)
(11) 칭량병 : 높이 40 mm, 나비 약 25 mm의 마개가 달린 것
(12) 사용시약
① 산화아연(ZnO) : 7 g을 900~950℃에서 5분 이내로 가열한 다음 실온으로 냉각 후 정확히 측정하여 칼로미터 안에 넣는다.
② 플루오르화수소산(HF, 비중 1.15) : 80 ml
③ 2M 질산(NHO_2) : 묽은 질산 2M(NHO_2)을 만들 때는 질산(HNO_3 : 비중 1.42) 127 ml를 1 l가 되도록 희석한다.
④ 왁스 : 파라핀 왁스

3. 시험(측정)방법

(가) 칼로리미터의 열용량 측정

(1) 실온보다 약 4~5℃ 낮은 2M 질산 약 400 g을 진공병 안에 넣고 HF(비중 1.15) 8 ml를 가하고 다시 2M 질산을 가하여 내용액의 전체무게를 425.0 g으로 한다(온도계를 설치하고, 깔대기의 끝은 마개의 밑에서 6 mm 나오고 액면(液面) 위로 12 mm 되게 한다).
(2) 칼로리미터를 장치하고 교반용 모터를 시동한다(이때 교반기의 날이 온도계 및 병의 옆이나 아래면(下面) 또는 코르크마개에 닿지 않도록 해야 한다).
(3) 교반기 시동 후 20분 후 동안 0.001℃까지의 온도와 시간을 기록하고 1~2분 동안에 ZnO을 깔때기를 통하여 일정하게 넣는다(깔때기에 붙은 ZnO을 손질하여 산 혼합물에 넣는다).
(4) ZnO을 넣기 시작할 때부터 20 및 40분 뒤의 온도를 0.001℃까지 읽어 기록한다.
(5) 보정온도 상승은 다음과 같다.

$$\left.\begin{aligned} R_0 &= T_{20} - T_0 \\ R &= R_0 - (T_{40} - T_{20n}) \end{aligned}\right\} \qquad (1 \cdot 14)$$

여기서 R_0 : 겉보기 온도 상승(℃)

R : 보정온도 상승(℃)

T_0 : ZnO를 넣기 시작할 때의 칼로리미터 온도(℃)

T_{20} : ZnO를 넣기 시작할 때부터 20분 후의 칼로리미터 온도(℃)

T_{40} : ZnO를 넣기 시작할 때부터 40분 후의 칼로리미터 온도(℃)

(6) 칼로리미터와 내용물의 열용량은 다음 식으로 계산한다.

$$C = \frac{W[256.1 + 0.1(30 - t) + 0.12(T - t)]}{R} \tag{1·15}$$

여기서 C : 열용량(cal/℃); 칼로리미터가 그 내용물의 온도를 1℃ 올리는 데 요하는 열량)

W : ZnO의 무게(g)

t : ZnO를 넣기 시작할 때부터 20분 후의 칼로리미터 온도(℃)

T : 칼로리미터에 넣을 때의 ZnO(실온)의 온도(℃)

R : 보정온도 상승(℃)

(7) 칼로리미터를 열었을 때 ZnO가 흔적이상으로 깔때기 끝이나 마개 등에 묻어 있으면 시험결과는 무효로 하고 다음의 경우에는 재시험을 해야 한다.

① 다른 베크만 온도계를 사용할 경우

② 온도계 교반기 또는 용기의 도장을 다시 했을 경우

③ 새로운 온도계나 용기 및 교반기를 사용했을 경우

④ 새로운 산을 사용했을 경우

⑤ 조작자가 바뀌었을 경우

(나) 수화열의 측정

(A) 시멘트 반죽의 준비

(1) 시멘트 반죽을 혼합하기 직전에 시멘트와 물의 온도는 23±2℃로 한다.

(2) 150 g의 시멘트와 60 ml의 증류수를 스패튤라로 혼합 후 혼합기를 써서 5분 동안 혼합한다.

(3) 4개 이상의 양생용 유리병에 같은 양씩 넣는다(유리병 위에서 약 13 mm 되는 곳까지 채운다).

(4) 유리병에 채운 후 마개로 꽉 막아야 한다(왁스 등을 이용하여 완전히 밀봉한다).

(5) 유리병을 23±2℃되는 함에 시험할 때까지 저장한다.

(B) 용해열 측정용 수화한 시멘트 시료의 준비

(1) 규정된 시험기간이 되면 수화한 시멘트 시료병을 저장공에서 꺼내어 칼로리미터 초기 교반 20분 동안에 병을 부수고 시료를 꺼내어 속히 모르타르 안에서 시료를 전부 깨뜨려 표준체 850μ를 전부 통과하도록 한다.

(2) 다음에 시료를 마개가 잘 맞는 시료병에 넣는다.

(3) 7일간 수화한 시멘트 시료는 수분의 감소를 최소화하게 해야 한다(특히 공기에 노출되지 않도록 하여 CO_2와 작용하지 않아야 한다).

(C) 건조시멘트 열량 측정

(1) 열용량 측정방법에 따라서 건조시멘트의 용해열을 측정한다. ZnO 대신 건조시멘트의 시료 3 g을 0.001 g까지 측정한다.

(D) 수화한 시멘트 열량 측정

(1) 건조시멘트의 열량 측정에 따른다.

(2) 수화한 시멘트의 열량 측정용 시료는 4.18±0.05 g을 사용하며 0.001 g까지 칭량한다.

(E) 강열감량

(1) 4.18±0.05 g의 시료를 백금 도가니에 칭량한다.

(2) 건조시멘트는 1시간 30분 동안 900~950℃에서 강열한다.

(3) 도가니를 즉시 데시케이터 안에 넣어 실온까지 냉각하고 시료를 빨리 칭량한다.

(4) 수화한 시멘트는 칭량한 시료를 처음 1시간 동안 100~110℃에서 건조한 다음 시료를 900~950℃의 머플노 내에 하룻밤 동안 넣어 두거나 5시간 이상 적당한 버너 위에서 가열한다.

(5) 열량계에 넣는 시멘트 시료의 무게는 다음 식에 따라 강열한 시료의 무게를 기준으로 한다.

$$W_1 = \frac{A}{B} \times W \qquad (1 \cdot 16)$$

여기서 W_1 : 강열 후의 무게를 기준으로 한 열량 측정용 시료의 무게(g)
A : 강열 후의 시료의 무게(g)
B : 강열 전의 시료의 무게(g)
W : 열량 측정용 시료의 무게(g)

4. 참고사항

(1) ZnO의 용해열은 30℃에서 256.1 cal/g이다. 30℃ 이하에서는 1℃ 감소될 때마다 용해열은 0.1 cal씩 증가한다. ZnO의 열용량은 0.12 cal/g℃이다. ZnO을 칼로리미터의 최종온도에 도달시키는 데 필요한 열은 유효 용해열에 포함한다.

(2) 진공병의 내부는 플루오르화수소산에 부식되지 않는 물질인 열경화 페놀수지, 열경화 염화비닐 초산수지 및 봉납 등으로 도장한다. 도장은 수시로 검사하여 불안전할 때는 도장을 다시 한다.

(3) KS L 4201에서 수화열 cal/g(kJ/kg)

중용열 시멘트(2종)	7일	28일
	70(290) 이하	80(340) 이하

(4) 재시험을 해야 할 경우에는 다음을 참고한다.

① 28일간 수화열 측정날짜를 초과하였을 경우 준비한 시료 반죽을 그 지난 날짜에 시험을 한다.

② 28일 기준으로 재시험될 용해열에 초과한 날짜에 1일당 0.5 cal/g을 가해진 것으로 해서 보정한다.

③ 이 보정을 받을 수 있는 초과 일자는 4일로 제한한다.

④ 7일간 수화열을 측정한 날짜를 초과했을 경우 반죽의 혼합으로부터 전부 재시험해야 한다.

⑤ 재시험을 할 때는 건조시멘트의 용해열을 측정할 필요는 없다.

5. 계 산

(가) 건조시멘트의 용해열

(1) 보정온도 상승을 정확히 한다(시험방법 참조).

(2) 건조시멘트는 비열이 약 0.2 cal/g℃이므로 만약 최종 칼로리미터 온도가 칼로리미터 안에 넣을 때의 시료의 온도보다 높다면 용해열을 계산할 때 그 온도차의 매 온도당 0.2 cal/g℃를 가하여 보정한다.

$$H_1 = \frac{RC}{W_1} - 0.2(T - td) \qquad (1 \cdot 17)$$

여기서 H_1 : 건조시멘트의 용해열(cal/g)

R : 보정온도 상승(℃)

C : 열용량(cal/℃)
W_1 : 강열 후의 중량을 기준으로 한 시료의 중량(g)
T : 시료를 넣을 때의 온도(℃)
td : 건조시멘트에 대한 측정 후기의 최종 칼로리미터 온도(℃)

(나) 수화한 시멘트의 용해열

(1) 건조시멘트와 같은 방법으로 수화한 시멘트의 용해열을 측정한다.
(2) 보정계산은 다음과 같이 한다.

① 1℃의 온도 증가는 g당 약 0.3 cal의 용해열을 감소시키게 되므로 건조시멘트의 시험을 할 때 온도보다 높다면 그 온도차의 온도당 0.3 cal/g℃를 보정값으로 수화한 시멘트의 용해열값(値)에 가한다.

② 수화한 시멘트의 비열은 강열한 시멘트의 g당 약 0.4 cal/g℃이므로 만약 최종 칼로리미터 온도가 시료의 온도보다 높다면 용해열을 계산할 때 그 온도차의 온도당 0.4 cal/g℃를 가하여 보정한다.

$$H_2 = \frac{RC}{W_1} - 0.4(T - th) - 0.3(td - th) \qquad (1 \cdot 18)$$

여기서 H_2 : 건조시멘트의 용해열(cal/g)
R : 보정온도 상승(℃)
C : 열용량(cal/℃)
W_1 : 강열 후의 중량을 기준으로 한 시료의 중량(g)
T : 시료를 넣을 때의 온도(℃)
td : 건조시멘트에 대한 측정 후기의 최종 칼로리미터 온도(℃)
th : 수화한 시멘트에 대한 측정 후기의 최종 칼로리미터 온도(℃)

(다) 수화열

시멘트의 수화열은 다음 식으로 계산한다.

$$H = H_1 - H_2 - 0.1(th - 25) \qquad (1 \cdot 19)$$

여기서 H : 수화열(강한 시멘트 cal/g)
H_1 : 건조시멘트의 용해열(cal/g)
H_2 : 수화한 시멘트의 용해열(cal/g)
th : 수화한 시멘트에 대한 측정 후기의 최종 칼로리미터 온도(℃)

(라) 최종 온도보정

(1) 수화열 측정에 있어서의 최종 칼로리미터 온도로서는 25℃를 기준으로 하며 시험 결과를 계산할 때 그 온도 변이의 영향을 무시해서는 안 된다.

(2) 최종온도의 증가는 강열한 시멘트의 g당 0.1 cal/g℃의 수화열을 높인다.

(3) 만약 최종온도가 27℃라면 결과를 25℃에 기준하여 0.2 cal/g℃를 수화열 측정값에서 감한다.

<table>
<tr><td>실 험 명</td><td colspan="2">시멘트의 수화열 시험</td><td>1-7</td></tr>
<tr><td>실 험 일</td><td colspan="3">서기 20 년 월 일 요일 날씨</td></tr>
<tr><td rowspan="2">실험일의 상태</td><td>실 온(℃)</td><td>습 도(%)</td><td>수 온(℃)</td></tr>
<tr><td></td><td></td><td></td></tr>
<tr><td rowspan="3">시료 및 시약</td><td colspan="3"></td></tr>
<tr><td colspan="3"></td></tr>
<tr><td colspan="3"></td></tr>
</table>

측 정 일 자	
산화 아연무게(g)	
20분 후의 칼로리미터 온도(℃)	
보온상승 온도(℃)	
칼로리미터의 열용량(cal/℃)	
강열 전 시료의 무게(g)	
강열 후 시료의 무게(g)	
열량 측정용 시료의 무게(g)	
강열 후 무게기준, 열량 측정용 시료의 무게(g)	
건조시멘트 측정 후 최종 칼로리미터 온도(℃)	
건조시멘트의 용해열(cal/g)	
수화한 시멘트 측정 후 최종 칼로리미터 온도(℃)	
수화한 시멘트의 용해열(cal/g)	
수화열(cal/g)	

고 찰 :

<table>
<tr><td rowspan="3">실 험 자</td><td rowspan="2">소 속</td><td></td></tr>
<tr><td>과 학년 반 조 학번 :</td></tr>
<tr><td>성 명</td><td></td></tr>
<tr><td colspan="2">검 인</td><td>서기 20 년 월 일 요일 날씨 :</td></tr>
</table>

제2장

골 재(骨材)

2-1 골재의 체가름 시험
2-2 굵은골재의 밀도 및 흡수량 시험
2-3 잔골재의 밀도 및 흡수량 시험
2-4 잔골재의 표면수량 측정시험
2-5 골재의 단위용적 질량 및 실적률
2-6 골재에 포함된 잔입자 시험
2-7 굵은골재의 연석량 시험
2-8 굵은골재의 마모시험
2-9 골재의 안정성 시험
2-10 콘크리트용 모래에 포함되어 있는 유기 불순물 시험
2-11 골재의 파쇄시험

2-1 골재의 체가름 시험

(Test for Sieve Analysis of Aggregate)

〔KS F 2502〕

1. 시험목적

골재의 입도(粒度)라 함은 골재의 대·소의 입자가 혼합되어 있는 정도를 말하는 것으로 골재의 입도가 적당하면 골재의 단위용적 중량(單位容積重量)이 크고, 시멘트풀(cement paste)이 절약되며 밀도가 높은 콘크리트를 얻게 되어 경제적이다. 그러므로 이 시험을 통하여 골재의 입도상태를 알기 위해서 행한다.

2. 시험기구 및 재료

(1) 삽(shovel)

(2) 저울 : 시료 전중량(試料全重量)의 0.1%까지 측정할 수 있는 감도

(3) 건조기(dry oven) : 105±5℃의 균일한 온도를 유지할 수 있는 것

(4) 체 진동기(sieve shaker) : 수평방향으로 움직이면서 가끔 수직방향의 진동이나 충격을 줄 수 있는 것이 좋다.

(5) 시료 분취기 : 골재의 최대입경별로 사용할 수 있는 분취기(分取器)

(6) 표준체 : KS A 5101(표준체)에 규정한 망체이어야 한다.

① 잔골재용 : 0.08, 0.15, 0.3, 0.6, 1.2, 2.5, 5, 10 mm

② 굵은골재 : 2.5, 5, 10, 16, 19, 25, 30, 40, 50, 80, 100 mm

(7) 사각형 포(布 : quartering canvas) : 현장에서 사용하기 편리한 1.5×1.5 m의 크기로 습기를 흡수하지 않는 방수용(防水用) 천

(8) 시료(試料)

① 시료 분취기 또는 사분법(그림 2·1 참조)으로 필요한 양만큼 시료를 채취하여 105±5℃의 온도로 항량(恒量)이 될 때까지 건조한다.

② 굵은골재와 잔골재가 혼합되어 있는 경우 5 mm 체로 쳐서 잔류하는 것은 굵은 골재로, 통과하는 것은 잔골재로 적용하여 각각 최대입경에 따라 필요한 양을

채취한 후 체가름 시험을 행한다.

③ 5000 g 또는 그 이상인 시료에 대해서는 지름 40 cm 혹은 그 이상의 체를 사용하는 것이 좋다.

④ 시료의 양은 건조 후에 다음의 양을 표준으로 한다.

구분	시료	양
잔골재용	• 1.2 mm 체를 중량비로 95% 이상 통과한 것	100 g
	• 1.2 mm 체에 중량비로 5% 이상 남는 것	500 g
굵은골재용	• 최대치수 10 mm 정도의 것	2 kg
	• 최대치수 15 mm 정도의 것	3 kg
	• 최대치수 20 mm 정도의 것	4 kg
	• 최대치수 25 mm 정도의 것	5 kg
	• 최대치수 40 mm 정도의 것	8 kg
	• 최대치수 50 mm 정도의 것	10 kg
	• 최대치수 65 mm 정도의 것	13 kg
	• 최대치수 80 mm 정도의 것	16 kg
	• 최대치수 90 mm 정도의 것	18 kg

(주) 굵은골재의 경우 사용하는 골재의 최대치수(mm 표시)의 0.2배를 kg으로 표시한 양으로 한다.

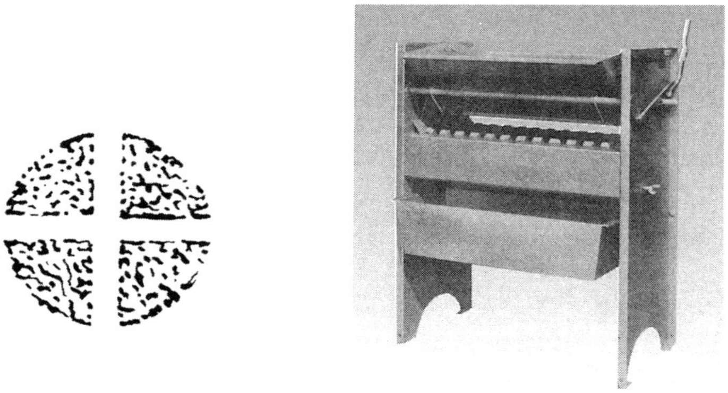

(a) 사분법　　(b) 시료 분취기

그림 2·1 사분법 및 시료 분취기

3. 시험방법

(1) 입도시험 용도에 적합한 체를 준비하여 체눈이 작은 것부터 아래에서 순서대로 체가름한다.

(2) 체가름은 체를 상하 및 수평으로 흔들어 시료가 계속 체 위에서 움직이도록 한다.

(3) 1분 동안 체가름하여 그 통과량이 전시료질량의 0.1% 이하가 될 때까지 계속한다.
(4) 각 체를 통과하는 시료의 중량을 전중량(全重量)에 대한 백분율(%)로 표시한다.
(5) 각 체에 잔류하는 시료의 중량을 전중량에 대한 백분율(%)로 표시한다.
(6) 결과는 용도에 따라서 규정된 한 벌의 체에 잔류하는 시료의 전중량에 대한 백분율(%)로 표시한다.
(7) 결과(표 2·1)는 그림 2·2와 같이 횡축에 체눈의 크기를 대수눈금으로 하고, 종축에는 각 체에 남는 시료의 누가(累加)중량을 백분율(%)로 표시한다(plot).
(8) 조립률(Fineness Modules, FM) 및 최대치수를 구한다.

① 조립률(FM) : 조립률은 표에서 *표가 있는 곳에 한하여 계산한다(표 2·1 참조).

▶ 계산 예 : 잔골재 조립률(FM)= $\frac{4+12+26+68+92+99}{100}=3.01$

굵은골재 조립률(FM)= $\frac{2+45+89+100+500}{100}=7.36$

표 2·1 조립률 및 최대치수 계산 예

체번호	굵은골재				잔골재			
	체에 남는 양의 누계		체에 남는 양		각 체에 남는 양의 누계		각 체에 남는 양	
	g	%	g	%	g	%	g	%
50 mm	0	0	0	0				
*40 mm	275	2	275	2				
30 mm	2025	14	1750	12				
25 mm	4475	30	2450	16				
*20 mm	6750	45	2275	15				
15 mm	10,975	73	4225	28				
*10 mm	13,350	89	2375	16	0	0	0	0
*5 mm	15,000	100	1650	11	20	4	20	4
*2.5 mm		100		0	60	12	40	8
*1.2 mm		100		0	130	26	70	14
*0.6 mm		100		0	343	68	210	42
*0.3 mm		100		0	461	92	121	24
*0.15 mm		100		0	496	99	34	7
접 시					500	100	5	1
합 계				100				100

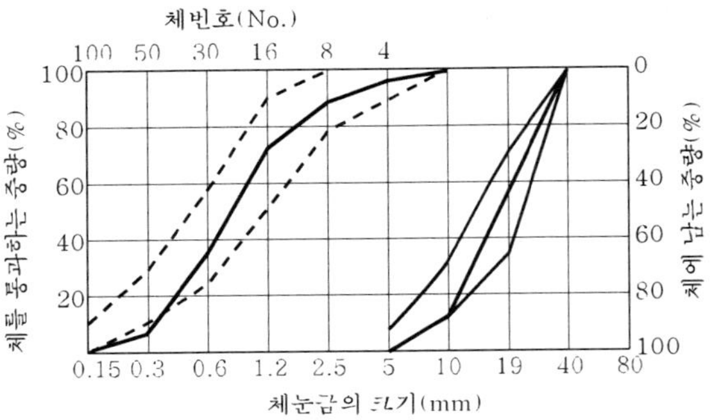

그림 2·2 체분석 곡선

② 굵은 최대치수 : 40 mm

4. 주의사항

(1) 체가름할 경우 체에 잔류한 시료를 손으로 눌러서 통과시키는 일이 없도록 한다.
(2) 체의 망(網)이 골재로 막히기 때문에 체가름 후 남는 양이 단위면적, 즉 1 cm^2당 0.6 g 이하이어야 한다.
(3) 기계로 체가름하였을 경우 다시 손으로 체가름하여 1분 동안에 전시료질량의 0.1% 이하가 되었는가를 확인한다.
(4) 골재 입경(粒經)이 큰 것이 많으면 조립률의 수치도 크다.
(5) 시험은 2회 이상 실시하고 그 평균값을 취한다.
(6) 측정결과의 중량 백분율의 표시는 이와 가장 가까운 정수로 수정하고, 0.08 mm 체를 통과하는 재료를 포함한 전시료의 중량을 기준으로 하여 계산한다.

5. 참고사항

(1) 골재의 조립률(FM)이란 80 mm, 40 mm, 20 mm, 10 mm, 5 mm, 2.5 mm, 1.2 mm, 0.6 mm, 0.3 mm, 0.15 mm 체의 10개의 체를 따로따로 사용했을 경우, 각 체에 남는 양의 전시료에 대한 중량 백분율(%)의 합을 100으로 나눈 값을 말한다.
(2) 굵은골재의 최대값은 중량으로 90% 이상을 통과시키는 체눈의 공칭치수로 나타낸 굵은골재의 치수를 말한다.
(3) 잔골재와 굵은골재의 입도표준은 표 2·2, 표 2·3, 표 2·4, 표 2·5와 각각 같다.

표 2·2 잔골재의 입도의 표준
(일반콘크리트, 포장콘크리트 시방서)

체의 크기(mm)	체를 통과한 것의 중량 백분율(%)
10	100
5	95~100
2.5	80~100
1.2	50~85
0.6	25~60
0.3	10~30
0.15	2~10

표 2·3 잔골재의 입도의 표준
(댐콘크리트 시방서)

체의 크기(mm)	입경별 표준율(%)
10~5	0~5
5~2.5	5~15
2.5~1.2	10~25
1.2~0.6	10~30
0.6~0.3	15~35
0.3~0.15	12~20
0.15 이하	3~10

표 2·4 굵은골재의 입도의 표준(댐콘크리트의 경우)

체의 크기(mm) / 굵은골재의 최대치수(mm)	입경 백분율(%)					
	150~80	120~80	80~40	40~19	19~10	10~5.0
150	35~20	25~10	32~20	30~20	20~12	15~8
120			35~20	35~20	25~15	15~10
80			40~20	40~20	25~15	15~10
40				55~40	35~30	25~15

표 2·5 굵은골재의 입도의 표준(일반콘크리트, 포장콘크리트 표준시방서의 경우)

골재번호	체 / 골재의 공칭치수(mm)	각 체를 통과한 것의 중량 백분율(%)												
		100	90	75	65	50	40	25	20	15	10	5	2.5	1.2
1	90~40	100	90~100	–	25~60	–	0~15	–	0~5		–	–	–	–
2	65~40	–	–	100	90~100	35~70	0~15	–	0~5		–	–	–	–
3	50~25	–	–	–	100	90~100	35~70	0~15	–	0~5	–	–	–	–
357	50~5	–	–	–	100	95~100	–	35~70	–	10~30	–	0~5	–	–
4	40~20	–	–	–	–	100	90~100	20~55	0~15	–	0~5	–	–	–
467	40~5	–	–	–	–	100	95~100	–	35~70	–	10~30	0~5	–	–
57	25~5	–	–	–	–	–	100	95~100	–	25~60	–	0~10	0~5	–
67	20~5	–	–	–	–	–	–	100	90~100	–	20~55	0~10	0~5	–
7	15~5		–	–	–	–	–	–	100	90~100	40~70	0~15	0~5	–
8	10~2.5								100	85~100	10~30	0~10	0~5	0~5

(주) 포장콘크리트의 경우는 골재 번호 467, 57, 67, 7만 해당한다.

(4) 굵은골재의 최대치수는 표 2·6과 같다.

표 2·6 굵은골재의 최대치수

구조물의 종류	굵은골재의 최대치수(mm)
일반적인 경우	25
단면이 큰 경우	40
무근콘크리트	40(부재 최소치수의 1/4을 초과해서는 안 됨)
포장콘크리트의 경우	40 이하
메시브한 콘크리트(큰 교각, 큰 기초 등)	80~100
어느 정도 메시브한 콘크리트 (교각, 두꺼운 벽, 기초 큰 아치 등)	50~80
두꺼운 슬래브	40~50
확대 기초	40
지하벽, 케이슨	50

(5) 골재의 시방입도(示方粒度)를 결정할 때는 구조물의 내구성과 경제성 및 작업성을 고려해야 된다.

Talbot는 다음과 같이 골재의 입도(粒度)를 결정하는 식(式)을 표시하였다.

$$P = 100 \times \left(\frac{d}{D}\right)^n \qquad (2 \cdot 1)$$

단, D : 최대입경(粒徑)

d : 임의의 입경(粒徑)

P : d 입경의 통과중량 백분율

n : 0.35~0.45 사이의 작업성, 경제성, 내구성을 고려해서 추천할 만하여 보통 사용하고 있는 입도와 유사한 입도가 된다.

(6) 잔골재의 조립률은 2.3~3.1 정도가 양호하다.

(7) 굵은골재의 조립률은 6~8 정도가 양호하다.

실 험 명	잔골재의 체가름 시험					2-1(a)
시 험 일	서기 20 년 월 일 요일 날씨					
시험일의 상태	실 온(℃)			습 도(%)		
시 료	채 취 장 소		채 취 날 짜		채 취 자	
체크기(mm)	각 체에 남는 양의 누계		각 체에 남는 양		통 과 량	
	(g)	(%)	(g)	(%)	(G)	(%)
5						
2.5						
1.2						
0.6						
0.3						
0.15						
팬(접시)						
계						
조 립 률						

체가름 곡선

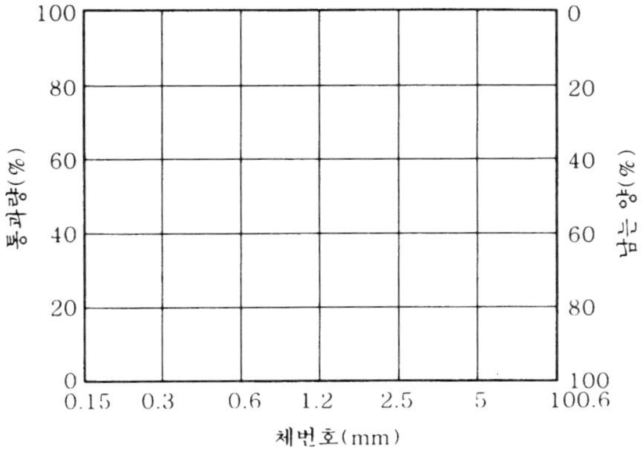

고 찰 :

실 험 자	소 속	과 학년 반 조 학번 :
	성 명	
검 인		서기 20 년 월 일 요일 날씨 :

실 험 명	굵은골재의 체가름 시험			2-1(b)
시 험 일	서기 20 년 월 일 요일 날씨			
시험일의 상태	실 온(℃)	습 도(%)	수 온(℃)	건조온도(℃)

시 료	채 취 장 소	채 취 날 짜	채 취 자

체 크 기(mm)	각 체에 남는 양의 누계		각 체에 남는 양		통 과 량	
	(g)	(%)	(g)	(%)	(G)	(%)
100						
80						
65						
50						
40						
30						
25						
20						
15						
10						
5						
2.5						
팬(접시)						
계						
최대치수(mm)						

체가름 곡선

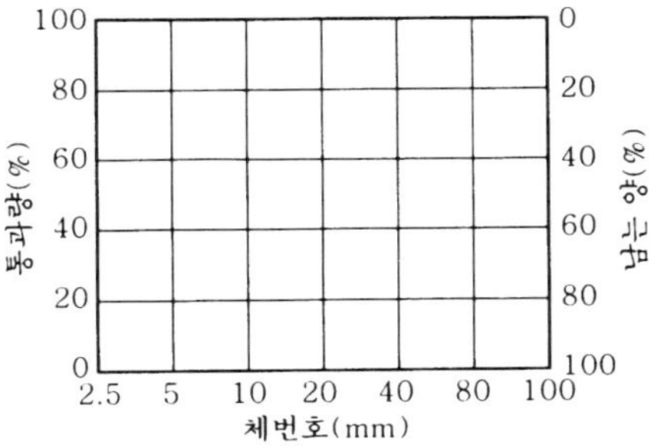

고 찰 :

실 험 자	소 속	
		과 학년 반 조 학번 :
	성 명	
검 인		서기 20 년 월 일 요일 날씨 :

2-2 굵은골재의 밀도 및 흡수량 시험

(Test for Density and Absorption of Coerce Aggregate)

〔KS F 2503〕

1. 시험목적

굵은골재의 일반적인 성질을 파악하고, 또한 콘크리트의 배합설계에 있어서 골재의 절대용적(絕對容積)을 알기 위하여 행한다. 또한, 흡수량(absorption) 시험은 굵은골재 입자 속의 빈틈(空隙)을 알거나 콘크리트의 배합계산에서 사용수량을 조절하기 위함이다.

2. 시험기구 및 재료

(1) 저울 : 칭량 5 kg 이상, 감량 0.5 g 이상(그림 2·3 참조)

① 시료중량의 0.1% 이내를 읽을 수 있는 것

② 수중중량을 계량(計量)할 수 있고, 철망태를 저울접시의 중앙에 매달 수 있는 장치가 있어야 한다.

(2) 철망태(basket) : 굵은골재를 넣을 철망태는 3 mm 정도나 혹은 그 이하의 철선으로 만든 것이어야 하고, 즉 지름 20 cm, 높이 20 cm의 크기를 가진 것이어야 한다.

그림 2·3 굵은골재 비중 측정장치

(3) 수조(水槽) : 철망태를 침수시킬 수 있는 크기의 것
(4) 건조기 : 105±5℃의 온도를 유지할 수 있는 것
(5) 시료 팬(pan)
(6) 데시케이터
(7) 시료 : 굵은골재를 충분히 혼합한 다음, 사분법(四分法) 혹은 시료 분취기로 대략 소요되는 양을 다음과 같이 채취한다.
  ① 5 mm 체를 통과하는 시료는 모두 버린다.
  ② 일반적으로 굵은골재를 여러 무더기로 나누어 시험하는 것이 좋으며, 시료가 40 mm 체에 15% 이상 잔류할 경우에는 40 mm의 무더기 혹은 그보다 작은 무더기에서 합하여 시험한다.
  ③ 시료의 최소질량은 굵은골재 최대치수(mm 표시)의 0.1배를 kg으로 나타낸 양으로 한다.

표 2·7 시료의 최소무게

공칭 최대치수(mm)	15 이하	20	25	40	50	65	75	90
시료의 최소무게(kg)	1.5	2	2.5	4	5	6.5	7.5	9

3. 시험방법

(1) 골재(骨材)를 깨끗하게 충분히 물로 씻어서 골재표면에 부착되어 있는 먼지 등을 제거하고 일정중량(一定重量)이 될 때까지 시료를 105±5℃의 온도에서 건조시키고 1~3시간 정도에 걸쳐 실내온도까지 냉각시킨다.
(2) 다음 실내온도의 물 속에 24±4시간 정도 완전 침수시킨다.
(3) 시료를 물 속에서 꺼낸 후 흡수성이 좋은 천 위에 골고루 굴리면서 시료표면에 있는 물기를 표면건조 포화상태가 되도록 없앤다(이때 큰 낱알은 하나하나 닦아주어도 된다).
(4) 표면건조 포화상태의 시료를 0.5 g까지 칭량한다.
(5) 철망태의 수중중량(水中重量)을 칭량한다(이때 물의 밀도는 0.997±0.002여야 한다).
(6) 철망태에 시료를 넣어서 전 수중중량(全水中重量)을 칭량한다.
(7) 밀도 및 흡수량은 다음 식에 의하여 구한다.

① $$\text{밀도} = \frac{A}{B-C} \times \rho_w \qquad (2 \cdot 2)$$

② $$\text{표면건조 포화상태의 밀도} = \frac{B}{B-C} \times \rho_w \qquad (2 \cdot 3)$$

③ 겉보기 밀도 $= \dfrac{A}{A-C} \times \rho_w$ (2・4)

④ 흡수율(%) $= \dfrac{B-A}{A} \times 100$ (2・5)

A : 건조기에서 건조시킨 공기 중의 시료중량(g)

B : 공기 중에서 표면건조 포화상태 중량(g)

C : 시료의 수중중량(g)

ρ_w : 시험온도에서의 물의 밀도(g/cm^3)

15℃ ; 0.9991 g/cm^3, 20℃ ; 0.9982 g/cm^3, 25℃ ; 0.9970 g/cm^3

(8) 동일시료에 대하여 시험은 2회 이상 실시하며, 그 측정값의 차이가 밀도시험인 경우 0.01 g/cm^3 이하, 흡수량 시험인 경우 0.03% 이하이어야 한다.

4. 주의사항

(1) 시료를 표면건조 상태로 하는 작업 중 골재 내부의 수분이 증발하지 않도록 주의해야 한다.

(2) 수중중량(水中重量)을 칭량할 때 수위(水位)를 일정하게 해야 한다.

(3) 흡수량 및 밀도값을 보통 습윤상태(damp 또는 wet condition)의 골재를 사용하는 콘크리트 배합설계의 기준으로 이용할 때에는 굵은골재를 항량(一定重量)이 될 때까지 건조시킬 필요가 없다.

5. 참고사항

(1) 채취장소 및 풍화의 정도에 따라서 밀도 및 흡수량에 변화가 생긴다.

(2) 굵은골재의 밀도라는 것은 표면건조 포화상태(saturated surface dry condition)에 있어서의 골재입자의 밀도를 말하는데, 밀도가 큰 것은 일반적으로 강도가 크고 흡수량은 적으며, 동결(凍結)에 대한 내구성(耐久性)이 강하다.

(3) 골재에 존재하는 수분을 표시하면 그림 2・4와 같다.

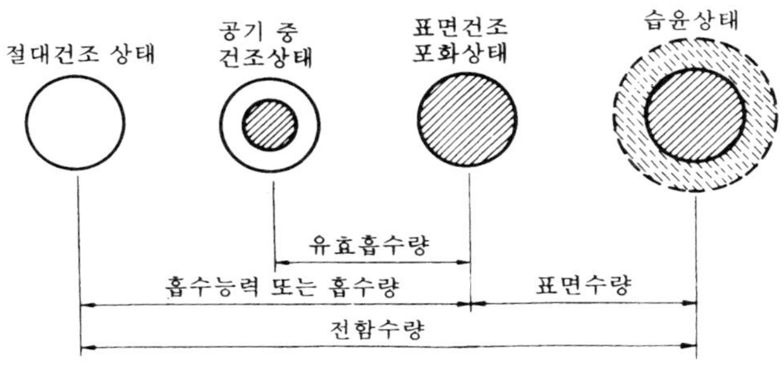

그림 2・4 골재의 수분상태

(4) 표 2・8은 일본의 西澤(니시사와)씨가 깬 돌과 자갈에 대한 밀도, 흡수량, 로스앤젤스에 의한 마모량, 안정성(황산나트륨)과의 관계를 연구 분류한 것이다.

표 2・8 내구성으로 본 골재의 분류

골 재	분 류	밀 도(g/cm³)	흡수량(%)
잔골재	A B C	2.65 이상 2.65~2.50 2.50 이하	1.5 이하 1.5~3.5 3.5 이하
굵은골재	A B C	2.68 이상 2.68~2.56 2.56 이하	1.0 이하 1.0~2.0 2.0 이하

단, 표에서 A는 내구성이 가장 좋은 것, B는 보통을 표시하는 것이며, C는 내구성을 요하는 구조물에는 사용하지 않는 것이 좋다고 되어 있다.

실 험 명	굵은골재의 밀도 및 흡수량 시험			2-2
시 험 일	서기 20 년 월 일 요일 날씨			
시험일의 상태	실온(℃)	습도(%)	수온(℃)	건조온도(℃)
시 료	채 취 장 소	채 취 날 짜	채 취 자	

측 정 내 용	1	2	3	4
① 표면상태의 시료의 중량(g)				
② 물 속의 철망태와 시료의 중량(g)				
③ 물 속의 철망태의 중량(g)				
④ 물 속 ②－③(g)의 시료의 중량				
⑤ 표면건조 포화상태의 밀도 ①/(①－④)				
⑥ 허용차				
⑦ 평균값				
⑧ 건조 후의 시료의 중량(g)				
⑨ 흡수량				
⑩ 허용차				
⑪ 평균값				

고 찰 :

실 험 자	소 속	과 학년 반 조 학번 :
	성 명	
검 인		서기 20 년 월 일 요일 날씨 :

2-3 잔골재의 밀도 및 흡수량 시험

(Test for Density and Absorption of Fine Aggregate)

〔KS F 2504〕

1. 시험목적

잔골재의 일반적인 성질을 판단하고, 또 콘크리트의 배합설계에 있어서 잔골재의 절대용적(絕對容積)을 알기 위하여 행한다. 즉, 잔골재의 흡수량 시험(absorption test)은 잔골재 입자(粒子)의 공극(空隙)을 알 수 있고, 콘크리트의 배합설계 계산에서 사용수량을 조절하기 위함이다.

2. 시험기구 및 재료

(1) 저울(balance) : 칭량 1 kg, 감도 0.1 g

(2) 원추형 몰드(conical mould) : 윗지름 40±3 mm, 아랫지름 90±3 mm, 높이 75±3 mm, 최소두께 0.8 mm의 금속제(그림 2・3 참조)

(3) 플라스크(flask) : 20℃에서 용량 500 ml

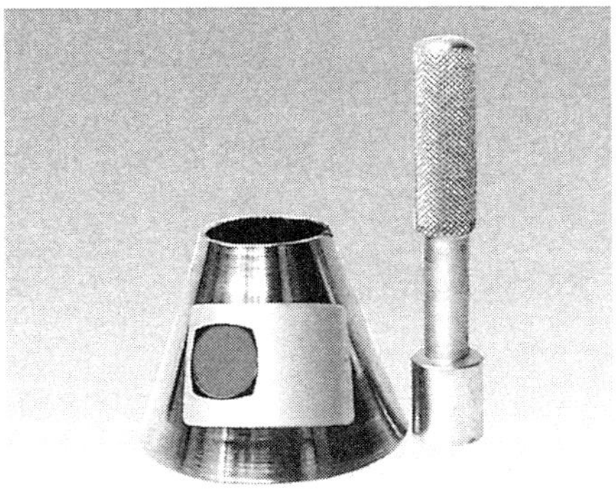

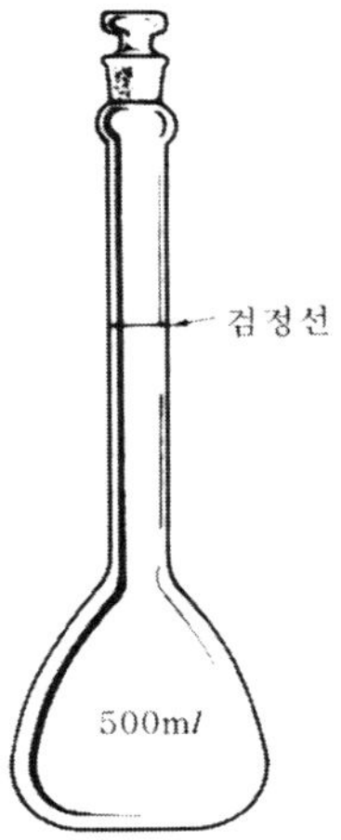

그림 2・5 원추형 몰드와 플라스크

(4) 시료 분취기(sample splitter)
(5) 건조기(dry oven) : 105±5℃ 유지할 수 있어야 한다.
(6) 다짐막대(tamper) : 중량 340 g, 지름 25 mm인 원형(그림 2·5 참조)
(7) 데시케이터(desiccator)
(8) 수조
(9) 시료 : 약 1000 g의 잔골재

3. 시험방법

(1) 준비된 시료 중에서 사분법(그림 2·1 참조)에 의해서 취한 1000 g은 적당한 팬(pan)이나 그릇에 넣어서 건조기로 105±5℃의 온도를 유지시켜 항량이 될 때까지 건조시킨 후 24±4시간 동안 침수시킨다.
(2) 침수시킨 시료를 편평한 그릇에 펴놓고 따뜻한 공기를 보내면서 천천히 시료를 자주 해쳐 주며 균등하게 건조시킨다(이때 잔골재의 표면에 물기가 거의 없을 때까지 계속한다).
(3) 다음 시료를 원추형 몰드(conical mould)에 다지지 말고 서서히 자연스럽게 넣은 후 표면을 다짐대로 가볍게 25회 다진다.
(4) 몰드를 연직으로 빼 올린 후 잔골재가 처음으로 흘러내릴 때의 상태를 표면건조 포화상태라 한다〔만약, 흘러내리지 않으면 처음 흘러내릴 때까지 (2)와 (3)의 작업을 계속해야 한다〕.
(5) 표면건조 포화상태〔(4)의 작업 후〕의 잔골재 500 g 이상의 시료들을 곧바로 플라스크에 넣고 20℃의 물을 500 ml의 눈금까지 채운다(즉, 물을 플라스크의 90% 정도의 용량까지 채운다).
(6) 플라스크를 편평한 면 위에 굴려서 기포를 제거한다.
(7) 다음 시료가 들어 있는 플라스크를 항온수조(恒溫水槽)에 넣어 23±1.7℃의 온도로 조정한 후 플라스크, 시료, 물의 중량을 0.1 g까지 기록한다.
(8) 플라스크에서 잔골재를 끄집어내어 항량(一定重量)이 될 때까지 105±5℃에서 건조시킨 후 데시케이터(desiccator)로 실내온도까지 냉각시킨 후 중량을 단다.
(9) 23±1.7℃의 물을 플라스크의 검정선 용량까지 채워 중량을 측정한다.
(10) 잔골재의 밀도 및 흡수량은 다음 식으로 구한다.

① 겉보기 밀도 $= \dfrac{A}{B+A-C} \times \rho_w$ (2·6)

② 밀도 $= \dfrac{A}{B+m-C} \times \rho_w$ (2·7)

③ 표면건조 포화상태 밀도 $= \dfrac{m}{B+m-C} \times \rho_w$ (2・8)

④ 흡수율(%) $= \dfrac{m-A}{A} \times 100$ (2・9)

단, A : 건조기에서 건조시킨 시료의 공기 중 질량(g)
B : 물을 채운 플라스크 질량(g) 또는 용적(ml)
C : 시료와 물을 검정선까지 채운 플라스크의 질량(g)
m : 표면건조 포화상태의 시료의 질량(g)
ρ_w : 시험온도에서 물의 밀도(g/cm^3)

(11) 위의 실험을 2회 이상 실시하여 측정값의 차가 밀도시험일 경우에는 $0.01\,g/cm^3$ 이하, 흡수량 시험일 경우 0.05% 이하이어야 한다.

4. 주의사항

(1) 산적(山積)된 골재에서 대표적인 시험용 골재를 채취할 때는 여러 곳에서 취하는 것이 좋다.
(2) 잔골재를 원추형 몰드에 넣을 때 표면을 다짐대의 무게만으로 25회 다지도록 한다.
(3) 시료를 플라스크에 넣기 전에 미리 물을 조금 넣어 두면 플라스크가 깨질 염려가 없다.
(4) 건조 후(표면건조 포화상태) 시료의 중량과 플라스크에 넣는 물의 중량은 0.1 g까지 칭량해야 한다.
(5) 원추형 몰드 시험은 반드시 약간의 표면수가 있을 경우 행한다.
(6) 만약, 최초시험에서 원추가 흘러내리면 이것은 잔골재가 표면건조 포화상태를 넘어서 건조된 것을 의미하므로 약간의 물을 분무기로 살수(撒水)한 다음 약 30분 정도 데시케이터에 넣어 두었다가 시험해야 한다.

5. 참고사항

(1) 4분법(四分法)은 골재를 거의 비슷한 두께(厚)로 원형(圓形)에 가깝도록 펴놓고 두 줄의 지름으로 4등분 후 서로 대각에 해당하는 시료를 택하는 방법이다.
(2) 잔골재의 밀도는 보통 2.5~2.65 정도이다.
(3) 잔골재의 흡수량은 보통 1% 정도이다.
(4) 비중이 큰 것은 치밀하여 흡수량이 적고 내구성이 크다.
(5) 굵은골재의 비중은 2.55~2.70 정도이다.

실 험 명	잔골재의 밀도 및 흡수량 시험			2-3
시 험 일	서기 20 년 월 일 요일 날씨			
시험일의 상태	실온(℃)	습도(%)	수온(℃)	건조온도(℃)
시 료	채 취 장 소	채 취 날 짜	채 취 자	

측 정 내 용	1	2	3	4
① 플라스크의 번호				
② 플라스크의 중량(물포함)(g)				
③ 시료의 중량(표면건조 포화상태)(g)				
④ (플라스크)+(물)+(시료)의 중량(g)				
⑤ 물의 중량(g)(②+③−④)				
⑥ 표면건조 포화상태의 밀도 ③/(⑤)				
⑦ 허 용 차				
⑧ 평 균 값				
⑨ 시료의 건조중량(g)				
⑩ 흡수량 ((③−⑨)/⑨×100(g)				
⑪ 허 용 차				
⑫ 평 균 값				

고 찰 :

실 험 자	소 속	과 학년 반 조 학번 :
	성 명	
검 인		서기 20 년 월 일 요일 날씨 :

2-4 잔골재의 표면수량 측정시험

(Test for Surface Moisture in Fine Aggregate)

〔KS F 2509〕

1. 시험목적

골재의 표면수란 골재입자의 표면에 부착되어 있는 물을 말하며, 골재에 포함되어 있는 물에서 골재의 공극에 흡수된 물을 뺀 나머지 물을 말한다.

잔골재의 표면수가 모르타르(mortar)나 콘크리트의 혼합용수에 미치는 정도(程道)를 알고 조정하기 위해서 행한다.

2. 시험기구 및 재료

(1) 저울 : 용량 2 kg 이상, 감도 0.1 g 이하의 것

(2) 플라스크(flask) : 차프만 플라스크(Chapmam flask), 비중병(pycnometer) 용기, 용량은 다져지지 않는 시료용적의 2~3배, 눈금 0.5 ml 이하까지 읽을 수 있는 것

(3) 피펫(pipette), 뷰렛(burette)(그림 2·6 참조)

(4) 시료 : 잔골재 400 g 이상(표면수량을 측정할 잔골재를 대표할 수 있는 것이어야 한다)

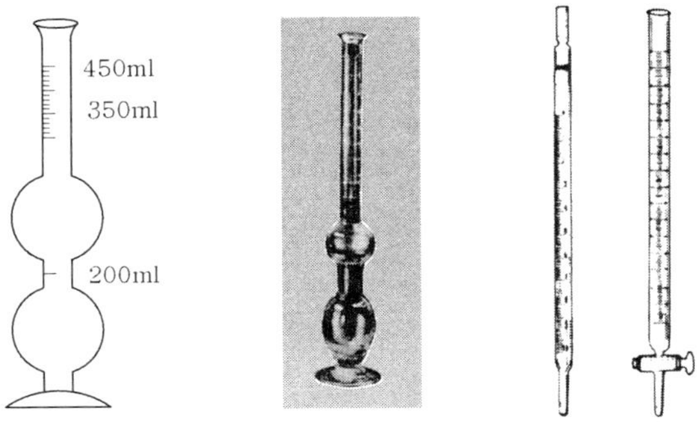

그림 2·6 차프만 플라스크 및 피펫

3. 시험방법

(가) 중량법(重量法)

(1) 대표적 시료 200 g을 채취하여 칭량한다(W_s).

(2) 용기의 표시선까지 물을 채운 후 무게를 g 단위로 칭량한다(W_c).

(3) 다음 용기의 물을 비운다.

(4) 시료를 충분히 침수시킬 수 있는 양을 용기 속에 다시 넣는다.

(5) 용기 속에 시료(200g)를 넣은 후 가볍게 흔들어 기포를 제거한다.

(6) 용기의 표시선까지 물을 채운 후 g 단위로 중량을 칭량한다(W).

(7) 시료에 의해서 배제된 물은 다음 식으로 계산한다(V_s).

$$V_s = W_c + W_s - W \qquad (2 \cdot 10)$$

단, V_s : 시료에 의해서 배제된 물의 중량(g)

W_c : 표시선까지 물이 들어 있는 용기중량(g)

W_s : 시료의 중량(g)

W : 표시선까지 물을 채웠을 때의 시료가 들어 있는 용기의 중량(g)

(나) 용적법(容積法)

(1) 시료를 충분히 침수시킬 수 있는 물의 양을 ml로 칭량하여 용기 속에 넣는다(V_1).

(2) 잔골재인 시료 200 g 이상을 칭량 후 용기 내에 넣어 흔들어서 기포를 없앤다.

(3) 시료와 물의 혼합된 용적을 눈금으로 ml까지 읽는다(V_2).

(4) 시료에 의해서 배제된 물의 용량은 다음과 같이 구한다(V_s).

$$V_s = V_2 - V_1 \qquad (2 \cdot 11)$$

단, V_s : 시료에 의해서 배제된 물의 용량(ml)

V_2 : 시료와 물의 혼합용량(ml)

V_1 : 시료를 완전히 침수시키는 데 소요되는 물의 용량(ml)

(다) 시험결과의 계산

표면건조 포화상태에 대한 시료의 표면수율 P_1(%)과 습윤상태의 시료에 대한 표면수율 P_2(%)는 다음 식으로 구한다.

$$P_1 = \frac{V_s - V_d}{W_s - V_s} \times 100 \qquad (2 \cdot 12)$$

$$P_2 = \frac{V_s - V_d}{W_s - V_d} \times 100 \quad (2 \cdot 13)$$

$$V_d = \frac{W_s}{\text{밀도(시료의)}} \quad (2 \cdot 14)$$

단, P_1 : 표면건조 포화상태의 잔골재를 기준으로 한 표면수율(%)

P_2 : 습윤상태의 잔골재의 중량을 기준으로 한 표면수율(%)

V_d : 시료중량(W_s)의 값을 표면건조 포화상태 때의 밀도로 나눈 값

V_s : 배제된 물의 중량(g)

W_s : 시료의 중량(g)

4. 주의사항

(1) 시험은 같은 시료에 대하여 2회 실시하고 오차가 0.3% 이하이어야 한다.

(2) 이 시험의 정밀도는 잔골재가 표면건조 포화상태에 있을 때의 밀도를 정확히 측정하는 데 따라 좌우된다.

(3) 시료의 크기 및 용기의 치수만 적당하게 수정한다면 동일한 시험방법으로서 굵은 골재에 대한 표면수 측정도 가능하다.

(4) 용적법에서의 V_d는 시료중량을 '2-3 잔골재의 밀도 및 흡수량 시험'에서 구한 표면건조 포화상태의 밀도로 나눈 값이다.

(5) 정확한 눈금에 의한 계산을 하지 않으면 (−)값이 나오게 된다.

5. 참고사항

(1) 골재의 표면수량은 표 2·9와 같다.

표 2·9 골재의 표면수량

골재의 상태	표면수량(%)
젖은 자갈 또는 부순돌	1.5~2
아주 젖은 모래(쥐면 손바닥이 젖는다)	5~8
보통 젖은 모래(쥐면 모양이 지어지고 손바닥에 약간의 수분이 묻는다)	2~4
젖은 모래(쥐어도 모양은 바로 무너지고 손바닥이 약간 젖는 것을 느낄 수 있다)	0.5~2

(주) 같은 정도의 표면수량으로 보일 때도 굵은 모래일수록 표면수는 적다.

(2) 모래의 함수율과 단위용적 중량은 그림 2·7과 같다.

단, 그림 2·7에서

A, B, C, D는 표준계량법에 의한 것이고,

A', B', C', D'는 같은 방법 중 다짐방법에 의한 경우이다.

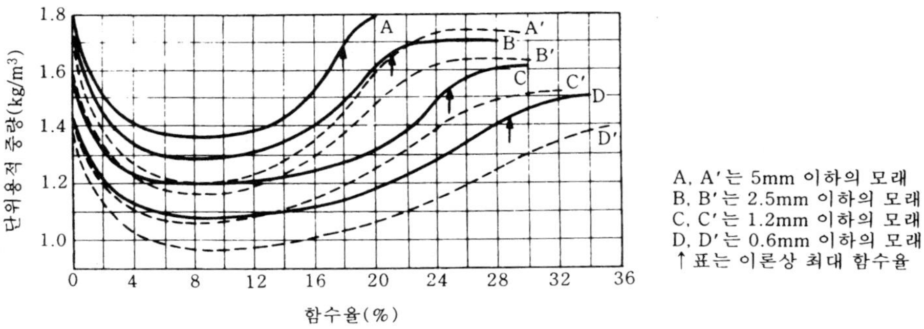

그림 2·7 모래의 함수율과 단위용적 중량

실 험 명	잔골재의 표면수량 측정시험			2-4
시 험 일	서기 20 년 월 일 요일 날씨			
시험일의 상태	실온(℃)	습도(%)	수온(℃)	건조온도(℃)
시 료	채취장소	채취날짜	채취자	표건비중

측 정 내 용	1	2	3	4
중 량 법				
① (용기)+(표시선까지의 물)의 중량 W_c(g)				
② 시료의 중량 W_s(g)				
③ (용기)+(표시선까지의 물)+(시료)의 중량 W(g)				
④ V_s =①+②−③(g)				
⑤ V_d =②/표건비중				
⑥ 표면건조·포화상태 수량 $p_1 = \frac{\text{④}-\text{⑤}}{\text{②}-\text{④}} \times 100(\%)$				
⑦ 표면 습윤상태의 수량 $p_2 = \frac{\text{④}-\text{⑤}}{\text{②}-\text{⑤}} \times 100(\%)$				
⑧ 허용차				
⑨ 평균값				
용 적 법				
⑩ 시료를 완전히 침수시킬 수 있는 물의 용적 V_1(cc)				
⑪ (시료)+(물)의 용적 V_2(cc)				
⑫ V_s =⑪−⑩(cc)				
⑬ 표면 건조 포화상태 수량 $p_1 = \frac{\text{⑫}-\text{⑤}}{\text{②}-\text{⑫}} \times 100(\%)$				
⑭ 표면 습윤상태의 수량 $p_2 = \frac{\text{⑫}-\text{⑤}}{\text{②}-\text{⑤}} \times 100$				
⑮ 허용차				
⑯ 평균값				
고 찰 :				

실 험 자	소 속	과 학년 반 조 학번 :
	성 명	
검 인		서기 20 년 월 일 요일 날씨 :

2-5 골재의 단위용적 질량 및 실적률 시험

(Test for Bulk Density of Aggregates and Solid Content in Aggregates)
〔KS F 2505〕

1. 시험목적

골재의 단위용적(單位容積 : unit weight)이라는 것은 절건상태(absolute dry condition)에 있어서 1 m^{3}당의 질량을 말하며, 콘크리트의 제조, 배합결정, 현장에서의 골재를 계량할 때 필요하므로 시험을 행한다.

2. 시험기구 및 재료

(1) 저울 : 시료질량의 0.1%까지 칭량할 수 있는 것
(2) 다짐대(tamper) : 지름 16 mm, 길이 50~60 cm의 크기를 가진 강재 직선봉으로 끝은 지름 16 mm의 반구형(半球形)으로 된 것
(3) 삽(hand shovel)
(4) 건조기(dry oven) : 105±5℃의 온도를 유지할 수 있는 것
(5) 골재 단위용적 질량 용기(measure)(그림 2·8 참조)
　① 용기의 용적은 이를 채우는 데 필요한 물의 양으로 검사한다.
　② 손잡이가 있는 금속제의 원통형으로 밑면이 편평하고 수밀해야 한다.
　③ 거칠게 사용하더라도 견딜 수 있는 강도를 가질 것

그림 2·8 단위용적기

④ 시료의 최대입경에 따라서 표 2·10에 규정된 용기를 사용해야 한다.

표 2·10 용기와 다짐 횟수

굵은골재의 최대치수 mm	용 적 L	안높이/안지름	1층당 다짐 횟수
5(잔골재) 이하	1~2	0.8~0.15	20
10 이하	2~3		20
10 초과 40 이하	10		30
40 초과 80 이하	30		50

3. 시험방법

시료를 채우는 방법은 봉다지기에 따르기로 한다. 다만, 굵은골재의 치수가 커서 봉다지기가 곤란한 경우 및 시료를 손상할 염려가 있는 경우는 충격에 의한다.

(가) 봉(棒) 다지기에 의한 경우

(1) 시료를 용기의 1/3 정도 채우고 윗면을 손가락으로 고른 후 다짐대로 소요 횟수로 균등하게 다진다.
(2) 다음 시료를 2/3 정도(바닥에서) 넣고 (1)과 동일한 방법으로 다진다.
(3) 용기에 시료가 넘쳐흐르도록 쌓아 놓고 (1), (2)와 같은 방법으로 다진다.
(4) 여분의 시료(상면에 남아 있는)는 잔골재의 경우에는 다짐대를 사용하여 표면을 고른다. 또한, 굵은골재일 경우에는 표면을 손이나 곧은 자로 고르고 용기의 상면에서 굵은골재의 튀어나온 부분이 윗면의 빈틈과 대략 같도록 한다.
(5) 용기 내의 시료질량을 0.1%(시료중량의)까지 칭량한다.

(나) 충격에 의한 경우

(1) 용기를 콘크리트 슬래브(slab) 같은 견고한 기초면 위에 놓고 시료를 용기의 1/3 정도 채운다.
(2) 다음 용기의 한쪽을 약 5 cm 정도 들었다가 낙하시킨다.
(3) 다음 반대쪽을 약 5 cm 들었다가 낙하시킨다.
(4) 위의 (2), (3)과 같이 번갈아 가면서 한쪽에 25회(양쪽 합하면 50회) 낙하시킨 후 흔들어 다진다.
(5) 용기 2/3 정도(바닥에서)로 채우고 (1), (2), (3)과 같이 흔들어 다진다.
(6) 마지막으로 시료를 용기에서 넘쳐흐르도록 채우고 흔들어 (4)와 같이 다진다.

(7) 골재의 표면은 다음과 같이 한다.

① 잔골재인 경우 : 다짐대를 사용하여 다진다.

② 굵은골재인 경우 : 굵은골재 입자의 튀어나온 부분이 윗면의 빈틈과 대략 같게 한다.

(8) 용기의 시료질량을 시료질량의 0.1%까지 측정한다.

4. 시료 중의 함수량 측정

(1) 용기에 넣어서 질량을 측정한 시료는 사분법(四分法) 또는 시료 분취기로 함수량 측정을 위한 시료를 다음과 같이 채취한다.

(2) 시료의 습윤상태중량은 채취한 후 질량을 정확히 단다.

(3) 다음 105±5℃에서 항량이 될 때까지 건조시킨 후 다시 질량을 단다. 단, 시료의 함수량이 1% 이하라고 생각될 때는 함수량의 측정을 생략해도 좋다.

표 2·11 시료의 종류와 채취량(2회 시험의 표준량)

시료의 종류		시료의 채취량	저울의 눈금량
잔골재		1 kg	0.1 g
굵은골재 (최대치수 mm)	10~15	4 kg	0.4 g
	20~25	10 kg	1 g
	40~60	20 kg	2 g
	65 이상	40 kg	4 g

5. 단위용적 질량 계산

(1) 골재의 단위용적 질량은 다음 식으로 산출하고 유효숫자 3자리까지 계산한다.

① 함수량을 측정했을 경우 골재 단위용적 질량(kg/L)

$$\frac{\text{용기 중의 시료질량(kg)}}{\text{용기의 용적}(\text{L}^3)} \times \frac{\text{함수량 측정용 시료의 건조후 질량(kg)}}{\text{함수량 측정용 시료의 건조전 질량(kg)}} \qquad (2\cdot15)$$

② 함수량을 측정하지 않았을 경우 골재 단위용적 질량(kg/L)

$$\frac{\text{용기 중의 시료중량(kg)}}{\text{용기의 용적(L)}} \qquad (2\cdot16)$$

③ 골재의 실적률(G)는 다음 식에 따라 산출하고 유효숫자 3자리로 끝맺음한다.

$$G = \frac{T}{d_b} \times 100 \text{ 또는 } G = \frac{T}{d_s} \times (100 + Q) \qquad (2 \cdot 17)$$

여기서 G : 골재의 실적률(%)

T : 위에서 구한 단위용적 질량(kg/L)

d_b : 골재의 절건밀도(kg/L)

Q : 골재의 흡수율(%)

d_s : 골재의 표건밀도(kg/L)

(2) 보고서에서는 다음 사항을 기록한다.

① 골재의 단위용적 질량

② 시료의 다짐방법

③ 함수량 측정의 유무

6. 주의사항

(1) 시료는 기건상태(氣乾狀態)로 건조시킨 후 충분히 혼합한다.

(2) 용기에 시료를 채울 때 대소입자(大小粒子)가 분리되지 않도록 한다.

(3) 다짐대로 첫 층을 다질 때 용기의 밑바닥에 다짐대가 닫지 않도록 하고 2층 혹은 3층을 다질 때 전층(前層)을 관통할 수 있는 힘만 가한다.

(4) 동일시료는 같은 방법으로 측정했을 때 결과의 차는 1% 이내이어야 한다.

(5) 잔골재는 함수량(含水量)에 따라서 단위중량이 크게 달라진다. 이와 같은 현상을 '부푸러짐 현상' 이라 한다.

(6) 모래를 용적(容積)으로 구입할 경우 함수상태를 유의한다.

(7) 시험은 2회 이상 실시한다.

(8) 단위용적 질량의 평균값에서의 차는 0.01 kg/L 이하이어야 한다.

실 험 명	골재의 단위용적 질량시험		2-5
시 험 일	서기 20 년 월 일 요일 날씨		
시험일의 상태	실 온(℃)	습 도(%)	
시 료	채 취 장 소	채 취 날 짜	채 취 자

측 정 번 호	잔골재		굵은골재	
	1	2	1	2
① 용기용량(L)				
② (시료+용기)질량(kg)				
③ 용기질량(kg)				
④ 시료질량 ②−③(kg)				
⑤ 단위용적 질량 ④/①(kg/L)				
⑥ 허용차				
⑦ 평균값				

고 찰 :

실 험 자	소 속	
		과 학년 반 조 학번 :
	성 명	
검 인		서기 20 년 월 일 요일 날씨 :

2-6 골재에 포함된 잔입자(0.08 mm 체를 통과하는) 시험

(Test for Amount of Material Finer than 0.08mm Sieve in Aggregate)

〔KS F 2511〕

1. 시험목적

골재 중에 포함되어 있는 미세한 물질이 많아지면 콘크리트 1 m^3에 대하여 필요로 하는 수량(數量)이 많아지고, 또 이들 물질이 콘크리트 표면에 모여서 건조 수축되므로 금이 가거나 깨지기 쉽다. 그러므로 골재에 포함된 미세한 물질을 0.08 mm(74μ) 체로 통과하는 중량을 정하는 시험이다.

2. 시험기구 및 재료

(1) 시료 분취기

(2) 저울 : 시료무게의 0.1% 이상 정밀도로 칭량할 수 있는 것

(3) 체 : 0.08 mm 체와 1.2 mm 체에 가까운 체를 한 조로 사용한다.

(4) 용기 : 골재를 씻기 위하여 심하게 휘저어도 시료와 물이 손실이 없을 정도의 크기일 것

(5) 건조기 : 105±5℃의 온도를 유지할 수 있는 것

(6) 시 료

① 시료는 그 재료를 대표할 수 있는 것

② 잘 혼합되고 재료의 분리가 일어나지 않을 정도의 충분한 수분을 포함하고 있는 것

③ 건조 후 중량은 대략 표 2·12와 같아야 한다.

표 2·12 건조 후 시료중량

체의 크기(mm)	시료의 최소무게(근사값)(kg)
2.5	0.1
5	0.5
10	2.0
20	2.5
40 및 그 이상	5.0

3. 시험방법

(1) 채취한 시료를 105±5℃의 온도에서 일정중량(一定重量)이 될 때까지 건조시킨다.
(2) 건조기에서 들어내어 실온이 될 때까지 기다려 그 중량을 0.1%까지 정확하게 계량한다.
(3) 시료를 용기에 넣고 시료를 덮을 정도로 충분히 물을 가한다.
(4) 시료를 충분히 휘저어 굵은입자와 잔입자를 완전히 분리시키고 0.08 mm 체를 통과하는 잔입자를 세척수에 뜨게 하여 세척수와 같이 유출되도록 한다.
(5) 씻은 물을 0.08 mm 체 위에 1.2 mm 체를 얹은 2개의 체 위에 붓는다.
(6) 한 벌로 된 2개의 체 위에 남은 모든 재료는 세척된 시료 중에 다시 넣는다.
(7) 이 작업은 세척수(洗滌水)가 맑아질 때까지 반복한다.
(8) 다 씻은 시료는 105±5℃의 온도에서 항량이 될 때까지 건조시킨다.
(9) 건조한 시료를 0.1%까지 정확히 계량한다(C).
(10) 시험결과는 다음 식으로 구한다.

$$A(\%) = \frac{B-C}{B} \times 100 \qquad (2 \cdot 18)$$

단, A : 0.08 mm 체를 통과하는 잔 입자량의 백분율(%)
B : 씻기 전의 시료의 건조중량(g)
C : 씻은 후의 시료의 건조중량(g)

(11) 시험결과에 검산이 필요할 경우 씻은 물을 증발시키거나 여과지로 여과시킨 후 잔재(殘滓)를 충분히 건조시켜 계량하여 다음 식으로 그 백분율을 계산한다.

$$A(\%) = \frac{R}{B} \times 100 \qquad (2 \cdot 19)$$

단, R : 잔재(殘滓)의 중량(g)

4. 주의사항

(1) 채취하는 시료는 분리되지 않은 정도의 습기가 있는 대표적인 시료라야 한다.
(2) 휘젓는 작업은 No. 200 체를 통과하는 아주 잔입자가 굵은입자로부터 완전히 분리되어 씻는 물과 함께 유출되도록 충분히 휘저어야 한다.
(3) 미세한 물질이 골재표면에 부착하였을 경우 골재입자와 시멘트풀(cement paste)과의 부착이 방해되고 강도를 저하시키는 때도 있다.
(4) 휘저어 체 위에 부을 때 굵은입자는 가능한 씻는 물과 함께 유출되지 않도록 한다.

5. 참고사항

씻기시험에서 잃어버리는 중량의 한도(%)는 다음과 같다.
(1) 잔골재의 경우(표 2·13)

표 2·13 씻기시험에서 잃어버리는 중량의 한도(%)

종 류	무근콘크리트	철근콘크리트	포장콘크리트	댐콘크리트
콘크리트 표면이 마모작용을 받는 경우	3.0(5.0)	3.0(5.0)	3.0(5.0)	3.0(7.0)
기 타	5.0(7.0)	5.0(7.0)	3.0(5.0)	5.0(7.0)

(주) ( ) 안은 부순돌(碎砂)의 경우이며, 씻기시험에서 잃어버리는 것이 돌가루(碎石粉)이고, 점토, 조개껍질 같은 것을 포함하지 않을 때의 최대값을 말한다.

(2) 굵은골재의 경우 최대값은 부순돌(碎砂)인 경우에는 1%로 하고, 씻기시험에서 잃어버리는 것이 부순 돌가루일 경우에는 1.5%로 해도 좋다.

실 험 명	2-6 골재에 포함된 잔입자(0.08 mm 체를 통과하는) 시험			2-6
시 험 일	서기 20 년 월 일 요일 날씨			
실험실의 상태	실온(℃)	습도(%)	수온(℃)	건조온도(℃)

시 료	채 취 장 소	채 취 날 짜	채 취 자

측 정 내 용	1	2	3
① 씻기 전의 시료의 건조중량(g)			
② 씻은 후의 시료의 건조중량(g)			
③ 잔재(殘滓)의 중량(g)			
④ 0.08 mm 체를 통과한 잔입자의 배분율(%) : (①−②)/① × 100			
⑤ 검산 ③/① × 100(%)			

고 찰 :

실 험 자	소 속	과 학년 반 조 학번 :
	성 명	
검 인		서기 20 년 월 일 요일 날씨 :

2-7 굵은골재의 연석량 시험

(Test for Content of Soft Particles in Coarse Aggregate)

〔KS F 2516〕

1. 시험목적

연석(軟石)이라는 것은 재질(材質)이 부드러운 것과 긁히기 쉬운 것으로 굵은골재에 포함되어 있는 연석(軟石)의 양을 긁기 경도(硬度)를 기준으로 하여 결정하기 위해서 행하는 시험이다.

2. 시험기구 및 재료

(1) 저 울

(2) 표준체 : 10 mm, 15 mm, 20 mm, 25 mm, 40 mm, 50 mm 체

(3) 황동봉 : 지름 약 1.6 mm, 로크웰 경도가 HRB 65~75인 것

(4) 재료(材料)

① 시료(試料)는 기건상태(氣乾狀態)의 것으로 10 mm 체에 남는 것이어야 한다.

② 시험하는 굵은골재는 10 mm, 15 mm, 20 mm, 25 mm, 40 mm 및 50 mm 체로 체가름한 각 무더기는 표 2·14의 시료 전량의 10% 이상을 각각 함유하고 있는 것이어야 한다.

③ 만일, 전량(全量)의 10% 미만일 경우 무더기의 시료에 대해서는 시험을 하지 않는다.

표 2·14

체의 치수(mm)	10~15	15~20	20~25	25~40	40~50
시료의 중량(g)	200 이상	700 이상	1500 이상	3000 이상	60,000 이상

④ 그러나 시험결과의 계산에서는 그 무더기의 전후(前後)에 있어서의 평균값을 가지고 그 무더기의 값으로 한다.

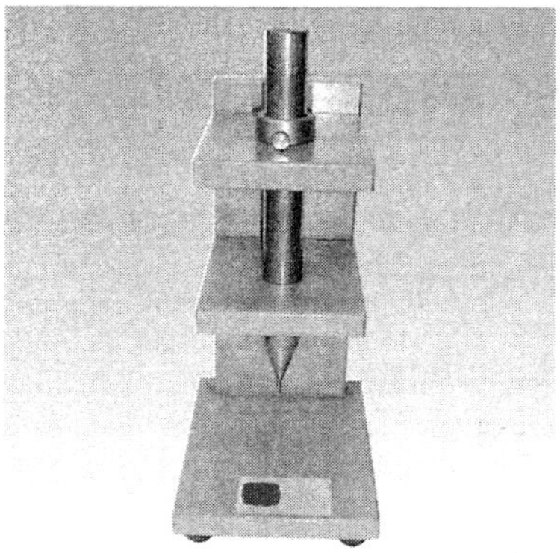

(a)

(b)

그림 2·9 경도 측정기

⑤ 만일, 전후의 무더기 중 어느 것이나 빠져 있으면 존재하는 쪽의 값을 가지고 그 무더기의 값으로 한다.

3. 시험방법

(1) 시료를 1개씩 황동봉(棒)으로 약 10 N 정도의 압력을 가하면서 긁는다.

(2) 이때 골재에 황동색(色)이 붙지 않고 긁히거나 입자(粒子)의 일부가 떨어져 갈 경우 이 시료를 연석입자로 본다.

(3) 다른 사항을 계산 및 기록한다.

① 시험한 시료의 각 무더기의 중량과 개수(個數)

② 각 무더기에서 연석의 중량과 개수

③ 각 무더기에서 연석의 중량 백분율(%) 및 개수 백분율(%)

④ 굵은골재의 연석 백분율(%)은 다음 식으로 구한다.

$$\begin{matrix}\text{굵은골재의}\\\text{연석 백분율(\%)}\end{matrix} = \frac{\left[\begin{matrix}\text{각 무더기의}\\\text{중량 백분율(\%)}\end{matrix}\right] \times \left[\begin{matrix}\text{각 무더기에서}\\\text{연석입자의 백분율(\%)}\end{matrix}\right]}{100} \tag{2·20}$$

단, 10 mm보다 작은 골재에 대해서는 계산하지 않는다.

4. 주의사항

(1) 황동봉을 연필심처럼 축대에 끼워 시험하면 편리하다. 이때 막대기의 끝은 뾰족하게 하지 않는다.

(2) 황동봉으로 긁었을 경우 사암질(砂岩質)의 시료에서는 일부의 입자가 떨어져 나가더라도 긁힌 부분에 황동색이 묻는 때가 있다. 이와 같은 입자도 연석입자(軟石粒子)로 본다.

5. 참고사항

(1) 부드러운 석편(石片)의 함유량 한도는 5%를 최대값으로 한다.

(2) 시료의 연석량 계산 예(표 2 · 15)를 보면 다음과 같다.

표 2 · 15 시료의 연석량 계산 예

통과하지 않는 체(mm)	통과하는 체(mm)	각 무더기의 중량 백분율(%)	시험 전의 각 무더기의 중량(g)	각 무더기의 연석 중량 백분율(%)	굵은골재의 연석 백분율(%)
10	15	11.0	200[1]	7.2	0.8[3]
15	20	17.0	600[1]	5.1	0.9[3]
20	25	32.0	1500[1]	3.2	1.0[3]
25	40	35.0	4500[1]	2.0	0.7[3]
40	50	5.0	–	2.0[2]	0.1[3]
합 계		100.0	6800	–	3.5

(주) 10 mm보다 적은 골재는 제외한다.
1) 이 경우에는 최소량을 채취했으며, 이보다 더 많은 양을 채취해도 좋다.
2) 다음으로 적은 알맹이를 가진 무더기(群)의 연석중량을 취했다.
3) 연석중량 백분율〔식 (2 · 23) 이용〕을 취한 표 2 · 16 시료의 연석량 계산 예의 굵은골재의 연석 백분율은 3.5%가 되며, 규정의 5%보다 적기 때문에 합격한 것으로 한다.

실 험 명	굵은골재 중의 연석량 시험	2-7
시 험 일	서기 20　　년　　월　　일　　요일 날씨	

시험일의 상태	실 온(℃)	습 도(%)

시 료	채 취 장 소	채 취 날 짜	채 취 자

연 석 중 량 백 분 율

남는 체 (mm)	통과하는 체 (mm)	체분석 시험 각군 중량(g)	① 각 무더기의 중량 백분율 (%)	② 시험 전의 각 무더기의 중량(g)	③ 각 무더기의 연석 중량(g)	④ 각 무더기의 연석 중량 백분율 ③/② (%)	⑤ 굵은골재의 연석 백분율 ①×④/100 (%)
10	15						
15	20						
20	25						
25	40						
40	50						
합계			100.0				

연 석 개 수 백 분 율

남는 체 (mm)	통과하는 체 (mm)	체분석 시험 각군 중량(g)	① 각 무더기의 중량 백분율 (%)	② 시험 전의 각 무더기의 개수	③ 각 무더기의 연석 개수	④ 각 무더기의 연석 개수 백분율	①×④/100 (%)
10	15						
15	20						
20	25						
25	40						
40	50						
합계			100.0				

고 찰 :

실 험 자	소 속	과　　학년　　반　　조 학번 :
	성 명	
검 인		서기 20　　년　　월　　일　　요일 날씨 :

2-8 굵은골재의 마모(닳음)시험

(Test for Resistance to Abrasion of Coarse Aggregate)

〔KS F 2508〕

1. 시험목적

도로(道路)용 콘크리트 및 댐(dam)용 콘크리트와 같이 마모저항이 필요한 경우에는 강경(强硬)치 않으면 안 된다. 일반적으로 굵은골재의 마모손실이 적을수록 콘크리트 마모저항의 우열(優劣)을 정할 수 있으며, 이 시험은 로스앤젤스 시험기(Los Angels machine)에 의해서 굵은골재(coarse aggregate)의 마모(abrasion) 저항을 시험한다.

2. 시험기구 및 재료

(1) 시료 분취기 및 저울

(2) 로스앤젤스 시험기 세트(Los Angels abrasion testing machine set : 그림 2·10 참조)

① 지름 710 mm, 안쪽 길이 510 mm의 양면이 밀폐된 강철제의 원통형

② 원통 내부에 돌출된 철제(鐵製) 선반은 89 mm의 폭인 것

그림 2·10 마모 시험기

(3) 철구(鐵球) : 지름이 약 47.5 mm, 중량 390~445 g의 주철 또는 강철로서 사용수량과 허용 총중량은 표 2·16과 같다.

표 2·16 골재 입경에 따른 철구의 수량과 중량

등급(입경)	사용철구수	사용철구의 총중량(g)
A	12	5000±25
B	11	4580±25
C	8	3330±20
D	6	2500±15
E	12	5000±25
F	12	5000±25
G	12	5000±25
H	10	4160±25

(4) 체(sieves) : 체가름용 표준체

(5) 시 료

① 깨끗하고 건조된 것으로 105±5℃의 온도로 일정량이 될 때까지 건조시킨 것

② 골재의 시료는 표 2·17과 같이 입도의 중량(重量)을 7개 등급 중 하나로 선정해야 한다.

③ 시료의 A, B, C, D급은 1 g, E, F, G급은 5 g의 정밀도로 칭량한다(표 2·17 참조).

표 2·17 사용재료의 등급에 따르는 중량

정방형 체눈을 가진 체의 크기(mm)		중 량							
통과체	남는 체	A	B	C	D	E	F	G	H
80	65	–	–	–	–	2500±50	–	–	–
65	50	–	–	–	–	2500±50	–	–	–
50	40	–	–	–	–	5000±50	5000±50	–	–
40	25	1250±25	–	–	–	–	5000±25	5000±25	–
25	20	1250±25	2500±10	–	–	–	–	5000±25	–
20	15	1250±10	2500±10	–	–	–	–	–	5000±10
15	10	1250±10	2500	2500±10	–	–	–	–	5000±10
10	5	–	–	2500±10	–	–	–	–	–
5	2.5	–	–		5000±10	–	–	–	–

3. 시험방법

(1) 표 2·16에 의하면 시료와 철구를 로스앤젤스 마모 시험기에 넣은 후 매분 30~33회의 회전수로 회전시킨다.

(2) 시료가 표 2·17에서 A, B, C, D 입도의 경우 500회, E, F, G의 경우 1000회 회전시킨다.

(3) 시료를 끄집어내어 1.7 mm 체로 체가름한다.

(4) 1.7 mm 체에 남는 시료를 물로 씻는다.

(5) 시험결과의 계산은 다음 식으로 한다.

① $$\text{마모율}(\%)=\frac{\text{시험 전의 시료무게(g)}-\text{시험 후의 시료무게(g)}}{\text{시험 전의 시료무게(g)}} \qquad (2\cdot 21)$$

② 마모(닳음)손실 중량(g)=

시험 전 시료의 중량(g)−시험 후 No.12(1.7 mm) 체에 남는 시료의 중량(g)

(2·22)

4. 주의사항

(1) 암석을 거의 입방체에 가까운 입형이 되도록 손으로 깨어진 것을 이 방법에 의해서 시험한 경우의 마모감량은 같은 암석으로 만든 부순돌(碎石)에 대하여 시험한 경우의 마모감량의 약 85% 정도이다.

(2) 100회전에서의 마모율과 500회전에서의 마모율 비율이 1/5을 넘지 않으면 그 시료는 균일성이 있다고 본다.

(3) 앵글의 선반에서는 철구가 앵글의 바깥쪽 면에 부딪히는 방향으로 시험기를 회전시킨다.

5. 참고사항

(1) 로스앤젤스 시험기에 의한 굵은골재의 마모감량(백분율)의 한도는 40% 이하라야 한다(댐콘크리트 표준시방서 4.5.6).

(2) 마모(닳음)율이 40% 이상인 굵은골재라도 선정된 배합비로 만든 콘크리트에서 만족한 강도를 얻었다면 사용해도 좋다.

(3) 포장콘크리트의 마모율은 35% 이하라야 한다(포장콘크리트 표준시방서 4.5.5).

(4) 데발(deval) 시험기에 의한 굵은골재의 마모시험 방법은 KS F 2520에 따른다.

(5) 상기의 시험방법 외에 석질판정 시험법은

① 골재충격 시험기

② 골재파쇄 시험기

③ 10% 세립치 시험

④ 골재파손 시험

⑤ 촉진연마 시험

실 험 명	굵은골재의 마모(닳음)시험			2-8
시 험 일	서기 20 년 월 일 요일 날씨			
시험일의 상태	실온(℃)	습도(%)	수온(℃)	건조온도(℃)

시 료	채 취 장 소	채 취 날 짜	채 취 자

체의 크기 또는 번호		각 무더기의 중량(g)	각 무더기의 중량 백분율(%)	입도구분	철구의 수	회전수	① 시험 전의 시료의 중량(g)
남는 체 (mm)	통과체 (mm)						
	25						
2.5	5						
5	10						
10	15						
15	20						
20	25						
25	40						
40	50						
50	65						
65	80						
합 계			100.0				

② 시험 후 1.7 mm 체에 남는 시료의 중량(g)	
③ 마모손실 중량 ①－②(g)	
④ 마모(닳음)율 $\frac{③}{②} \times 100$	

고 찰 :

실 험 자	소 속	
		과 학년 반 조 학번 :
	성 명	
검 인		서기 20 년 월 일 요일 날씨 :

2-9 골재의 안전성(安全性) 시험

(Test for Soundness of Aggregates)

〔KS F 2507〕

1. 시험목적

황산나트륨 또는 황산마그네슘 포화용액(飽和溶液)으로 인하여 골재의 붕괴에 대한 저항성을 알아보기 위한 시험으로 풍우(風雨), 한서(寒署)의 작용에 대하여 내구적(耐久的)인 콘크리트를 만들려면 내구적 골재를 사용하는 것이 필요하며, 기상작용에 대한 골재의 안정성을 판단하기 위한 자료를 얻을 수 있다.

2. 시험기구 및 재료

(1) 저 울

① 잔골재용 : 용량 500 g 이상, 감도 0.1 g 이하까지 칭량가능한 것

② 굵은골재용 : 용량 5000 g, 감도 1 g 이하까지 칭량가능한 것

(2) 표준체

① 잔골재용 : 0.15, 0.3, 0.6, 1.2, 2.5, 5, 10 mm 체

② 굵은골재용 : 5, 10, 15, 20, 25, 30, 40, 50, 65, 80 mm 체

(3) 건조기(乾燥期) : 105±5℃의 온도로 조절가능한 것

(4) 비중계(比重計) : 용액의 비중을 ±0.001까지 측정가능한 것, 비중계의 눈금은 1.0~1.4 정도가 좋다.

(5) 온도조절 장치(temperature regulation) : 용액에 담근 시료를 필요의 온도로 유지할 수 있어야 한다.

(6) 금속제 망태(容器 : containers, baskets) : 시료를 담아서 용액 속에 넣는 용기로서 시료가 빠져나가지 않고 용액만 들어갈 구멍이 뚫린 용기〔망(網) 눈이 5 mm 정도의 것〕

(7) 시험용 용액 : 용액의 양은 침수시킬 시료체적의 5배 이상이어야 한다.

① 황산나트륨 포화용액

㉠ 25~30℃의 깨끗한 물 1l당 순도 99.5% 이상의 무수 황산나트륨(Na_2SO_4)을 약 250 g 또는 순도 99.5%의 결정 황산나트륨(Na_2SO_4, $10H_2O$)을 약 750 g의 비율로 가하여 잘 휘저으면서 용해시킨 후 21±1℃의 온도로 냉각시킨다.

㉡ 용액은 자주 휘저으면서 21±1℃의 온도로 48시간 이상 보존 후 시험에 사용한다.

㉢ 시험에 사용할 때 용액의 비중은 1.151~1.174이어야 한다.

② 황산마그네슘 포화용액

㉠ 25~30℃의 깨끗한 물 1l당 순도 99.5%의 황산마그네슘($MgSO_4 \cdot 7H_2O$)을 약 1400 g의 비율로 잘 휘저으면서 용해시킨 후 21±1℃의 온도로 냉각시킨다.

㉡ 용액은 자주 휘저으면서 21±1℃의 온도로 48시간 이상 보존 후 시험에 사용한다.

㉢ 시험에 사용할 때 용액의 비중이 1.295~1.308이라야 한다.

3. 시료의 준비

(1) 잔골재(細骨材) 시험용

① 잔골재의 체가름 시험을 해서 표 2·18에 표시된 5종의 무더기에 상당하는 알맹이의 백분율을 구한다.

표 2·18

통 과 체(mm)	잔 류 체(mm)
0.6 mm	0.6 mm
1.2 mm	0.6 mm
2.5 mm	1.2 mm
5.0 mm	2.5 mm
10 mm	5.0 mm

② 백분율이 5% 이상인 무더기(群)에 대해서만 시험을 행한다.

③ 백분율이 5% 이하인 경우 그 전후의 무더기(群)의 시험결과의 평균값을 취하되, 어느 한편의 시험결과가 비어 있을 때는 나머지 한편의 시험결과만 취한다.

④ 잔골재를 0.3 mm 체에 담아 물로 깨끗이 씻은 다음 0.3 mm 체에 남은 알맹이를 취하고 건조기에서 105±5℃의 온도에서 항량이 될 때까지 건조시킨 후 체가름한다.

⑤ 각 무더기에서 약 110 g을 취하여 다시 체가름한 후 시료 100 g을 저울에 달아 각각 따로따로 용기에 보존한다.

⑥ 체눈에 걸린 낱알을 시료에 포함시키지 말고 10 mm 체에 남는 시료는 잔골재로 취급하지 않는다.

(2) 굵은골재(粗骨材) 시험용

① 굵은골재는 5 mm 체에 잔류하는 것에 대해서만 표 2・19처럼 체가름하여 중량 백분율이 5% 이상인 무더기에 대해서만 시험한다.

② 만약, ①과 같은 방법으로 체가름하여 중량 백분율이 5% 이하인 무더기는 그 전후 무더기 시험결과의 평균값을 취하되, 어느 한편의 시험결과가 비어 있을 경우 나머지 한편의 시험결과를 취한다.

③ 흐르는 물에 굵은골재를 씻고 105±5℃의 건조기에서 항량이 될 때까지 건조시킨 후 표 2・19에 규정된 한 벌의 체로서 체가름한다.

④ 표 2・19에 정해진 양(量)만큼 저울에 달아 각각 따로 용기에 보관한다.

⑤ 이러한 경우 20 mm 체눈보다 큰 무더기의 시료는 낱알의 숫자를 세어야 한다.

표 2・19 시료의 최소무게

체의 공칭치수에 의하여 구분한 각 무더기의 낱알의 크기(mm)	시료의 최소중량(g)
5~10	300
10~15	500
15~20	750
20~25	1000
25~40	1500
40~60	3000
60~80	3000

(3) 암석(岩石) 시험용

① 가능한 한 같은 모양의 크기로서 1개의 중량이 약 100 g 되도록 한다.

② 시료를 물로 깨끗이 씻어 105±5℃의 건조로(乾燥爐)에서 항량(恒量)이 되도록 건조시킨다.

③ 그 다음 5000±100 g을 취한다.

4. 시험방법

(1) 준비된 시료를 황산나트륨(Na_2SO_4) 또는 황산마그네슘($MgSO_4 \cdot 7H_2O$)이 들어 있는 금속제 망태(容器)에 16~18시간 용액의 표면이 시료의 윗면보다 15 mm 이상 높게 올라오도록 하여 담가 둔다.

(2) 용액의 증발이나 이물질의 혼입방지를 위하여 뚜껑을 덮는다(이때 용액 중의 시료 온도는 21±1℃로 유지해야 한다).

(3) 시료를 용액에서 꺼내어 용액을 15±5분 동안 배수시킨다.

(4) 105±5℃의 건조로에서 항량이 될 때까지 건조시킨다.

(5) 항량이 된 시료를 실내온도까지 냉각시킨다.

(6) 이상의 (1)~(5)의 조작을 약 5회 정도 반복한다.

(7) 약 5회의 조작이 끝난 후 시료를 깨끗한 물로 씻는다〔씻는 물에 소량의 염화바륨($BaCl_2$) 용액을 가해도 흰 앙금이 생기지 않을 때까지 계속 씻어야 한다〕.

(8) 황산나트륨 용액이나 황산마그네슘 용액을 완전히 제거한 후 105±5℃의 건조기에서 항량이 될 때까지 건조시킨다.

(9) 건조시킨 각 시료의 무더기를 잔골재에 대해서는 시험 전에 잔류했던 것과 같은 체로 체가름한 후에 잔류한 시료의 중량을 칭량하여 각 시료의 무더기 손실중량 백분율(%)을 구한다.

(10) 암석의 경우 시료를 손가락으로 가볍게 눌러서 3조각 이상으로 분열된 낱알은 손실된 것으로 간주한다.

(11) 나머지 암석시료를 칭량하여 손실중량 백분율을 구한다. 또한, 낱알의 파괴(破壞)상태를 상세히 관찰한다.

(12) 또한, 굵은골재일 경우에는 표 2·20과 같은 체로 (9)항과 같은 동일한 방법으로 무더기 손실중량 백분율(%)을 구한다.

표 2·20 손실측정에 사용할 체

손실측정에 사용할 체 (mm)	체의 공칭치수에 의하여 구분한 각 무더기의 낱알 크기(mm)
30	65~40
15	40~19
8	19~10
5	10~5

5. 시험결과의 계산

(가) 잔골재 및 굵은골재의 경우

시험 후 다음 사항을 기록한다.

(1) 시험 전의 각 시료 무더기의 중량(g)과 백분율(%)

(2) 각 시료 무더기의 손실중량 백분율(%)

(3) 골재의 손실중량 백분율(%)

① 골재의 손실중량 백분율(%)

$$= \Sigma \frac{(\text{각무더기의중량백분율}) \times (\text{각무더기의손실중량백분율})}{100} \qquad (2 \cdot 23)$$

② 각 무더기의 시료 손실중량 백분율(%)

$$= \left(1 - \frac{\text{시험전시료가머무른체에잔류한시험후의시료중량}}{\text{시험전시료중량}}\right) \times 100 \qquad (2 \cdot 24)$$

단, 위의 ①과 ②의 결과처리는 '3. 시료의 준비'에서 (1)-②, ③, ④ 그리고 (2)-①, ②를 참고하여야 한다. 0.3 mm 체를 통과하는 낱알에 대해서는 손실중량 백분율을 0으로 가정하여 계산한다.

(4) 20 mm보다 굵은 낱알일 경우 다음 내용을 기록한다.

① 시험 전의 각 시료 무더기의 낱알에 대한 수

② 손상된 낱알의 수〔붕괴(崩壞), 할열(割裂), 박리(剝離), 균열(龜裂)〕 등으로 분류하여 기록한다.

③ 용액의 종류(황산나트륨 혹은 황산마그네슘)

(나) 암석의 경우 다음 사항을 계산 기록한다.

(1) 시험 전의 시료의 중량

(2) 시험 후 3조각 이상으로 분열된 낱알의 수 및 중량(g)

(3) 낱알의 파괴상태(붕괴, 균열, 박리, 할열 등으로 분열)

(4) 암석의 손실중량 백분율(%)

$$= 1 - \frac{\text{3조각 이상으로부서진낱알을제외한중량(g)}}{\text{시험전의시료중량(g)}} \times 100 \qquad (2 \cdot 25)$$

6. 주의사항

(1) 이 시험을 기준으로 공사에 쓰이는 안정성에 대한 허용한계를 규정할 때는 시험에 사용한 포화용액(飽和溶液)의 종류에 따라 같은 골재라도 시험결과가 현저한 차를 나타내므로 주의해야 한다.

(2) 더러워진 두 시험용 용액은 거른 후 비중을 검사하여 황산나트륨일 경우 1.151~1.174, 황산마그네슘일 경우 1.295~1.308 범위 내에 있을 때 다시 사용하되 10회 이상 반복 사용하지 못한다(시험에 사용할 때 밑바닥에 결정이 생겨 있어야 한다).

(3) 시험용 용액을 담을 그릇은 용액에 의하여 상하지 않는 것으로 유리제품을 사용하고 용량은 시료용적의 6배 이상인 것으로 한다.

(4) 금속제 망태는 시험용 용액으로 상하지 않는 것으로 골재 입자가 빠지지 않도록 되어 있는 망눈을 가진 것이어야 한다.

(5) 시료의 잔골재는 10 mm 체에 남는 낱알을 제외하고 먼저 개략(概略)의 체가름에 의해서 약 110 g을 따서 다시 정성껏 체가름하여 100 g의 시료를 취하는 것이 좋다.

(6) 체눈에 끼어 있는 낱알은 시료에 포함하지 않아야 한다.

(7) 시료를 건조시키기 위하여 필요한 시간보다 길게 건조를 계속하는 것은 적당하지 않다.

7. 참고사항

(1) 손실중량이 표 2·21의 규정한도를 넘은 골재라 할지라도 이것을 사용한 콘크리트가 예상되는 기상작용에 대하여 만족한 내구성(耐久性)을 얻었을 경우 책임기술자의 승인을 얻어 실시해도 좋다.

(2) 황산나트륨 혹은 황산마그네슘 포화용액에 의한 안정성 시험을 5회 반복했을 때의 골재 손실중량 백분율 한도는 표 2·21와 같다.

표 2·21 손실중량 백분율 한도

규 격	시험용 용액	손실중량 백분율(%)	
		잔 골 재	굵은골재
KS F 2526	황산나트륨	10% 이하	12% 이하
KS F 2526	황산마그네슘	15% 이하	18% 이하

(3) 손실중량이 표 2·21의 규정한도를 넘을 경우라도 기술책임자의 승인이 있을 경우 사용해도 좋다.

(4) 기상작용을 받지 않을 경우에는 잔골재에 한하여 표 2·21의 규정에 관해서 고려하지 않아도 된다.

(5) 시료 손실중량의 계산 예는 표 2·22와 같다.

이 골재의 손실중량 백분율은 잔골재는 5.39%, 굵은골재로서 8.10%가 되고 표 2·22에서 한도가 잔골재의 경우 10% 이하, 굵은골재의 경우 12% 이하이므로 어느 것이나 합격이다.

표 2·22 손실중량의 계산 예

체눈의 크기(mm)		각 무더기의 중량 백분율(%)	시험 전의 각 무더기의 중량(g)	각 무더기의 손실중량 백분율(%)	골재의 손실중량 백분율(%)
통 과	잔 류				
잔골재의 안정성 시험					
0.15	–	5.0	–	–[1]	–
0.3	0.15	11.4	–	–[1]	–
0.6	0.3	26.0	100	4.2	1.1[4]
1.2	0.6	25.2	100	4.8	1.2[4]
2.5	1.2	17.0	100	8.0	1.4[4]
5.0	2.5	10.8	100	11.2	1.2[4]
10	5.0	4.6	–	11.2[2]	0.5[4]
계		100.0	400	–	5.4
굵은골재의 안정성 시험					
65	40	22.0	300[3]	11.2	2.5[4]
40	20	23.0	500[3]	9.6	2.2[4]
20	10	35.0	750[3]	8.0	2.8[4]
10	5	20.0	1000[3]	4.8	1.0
계		100.0	2550	–	8.5

(주) 1) 0.3 mm 체를 통과하는 낱알에 대해서는 손실중량 백분율을 0으로 하였다.
2) 다음으로 작은 낱알의 무더기의 손실중량 백분율을 취한 것
3) 이 경우에는 최소량을 취하였으나 이보다 더 많은 시료를 취하여도 좋다.
4) $\frac{(\text{각무더기의중량백분율}) \times (\text{각무더기의손실중량백분율})}{100}$ 이다.

실 험 명	골재의 안정성 시험			2-9
시 험 일	서기 20 년 월 일 요일 날씨			
시험일의 상태	실온(℃)	습 도(%)	수 온(℃)	건조온도(℃)

시 료	잔골재		굵은골재		암 석	
용액의 종류						

체눈의 크기(mm) 통 과	잔 류	각 무더기의 중량(g)	① 각 무더기의 중량 백분율(%)	② 시험 전의 각 무더기 중량(g)	③ 시험 후의 각 무더기의 중량(g)	④ 각 무더기의 손실중량 백분율 (1−③/②)×100	⑤ 골재의 손실중량 백분율 ①×④/100
잔 골 재 안 정 성 시 험							
0.15							
0.3	0.15						
0.6	0.3						
1.2	0.6						
2.5	1.2						
5.0	2.5						
10	5.0						
합 계			100.0				
비 고							
굵 은 골 재 의 안 정 성 시 험							
80	65						
65	40						
40	20						
20	10						
10	5						
합 계			100.0				

관찰(20 mm 이상의 낱알)	시험 전 개수		파괴상황	붕괴 할열 박리 균열 기타
	이상을 나타낸 개수			
비 고				

암 석 의 안 정 성 시 험			
① 시험 전의 시료의 중량		관 찰	3조각 이상으로 쪼개진 낱알의 수
② 시험 후 3조각 이상으로 쪼개지는 낱알의 중량		파괴상황	붕괴 균열 할열 기타 박리
③ 손실중량 백분율 $\left(1-\frac{①-②}{①}\right)\times 100(\%)$			

고 찰		
실 험 자	소 속	과 학년 반 조 학번 :
	성 명	
검 인		서기 20 년 월 일 요일 날씨 :

2-10 콘크리트용 모래에 포함되어 있는 유기 불순물 시험

(Test for Organic Impurities in Sands for Concretes)

〔KS F 2510〕

1. 시험목적

시멘트 모르타르 또는 콘크리트에 사용되는 천연사 중에 함유되어 있는 유기불순물(有機不純物)의 유해량을 대략 결정하기 위해서 행한다. 이 시험의 중요성은 모래의 사용여부를 결정하기 전에 보다 정확한 모래에 대한 시험의 필요성 유무(有無)를 미리 알아보는 데 있다.

2. 시험기구 및 재료

(1) 시험용 유리병(2개) : 고무마개를 갖고 130 ml와 200 ml의 눈금이 있는 용량 400 ml의 무색 유리병

(2) 시료 분취기(sample splitter)

(3) 메스 실린더(measuring cylinder)

(4) 피펫(pipette)

(5) 화학천칭

(6) 식별용 표준색 용액을 만드는 법

① 10%의 알코올로 2%의 탄닌산 용액을 만든다.

② 물 97에 가성소다 3의 질량비로 섞어 3%의 수산화나트륨(NaOH) 용액을 만든다.

③ 탄닌산 2.5 ml를 3%의 수산화나트륨 용액 97.5 ml에 탄다.

④ 이것을 용량 400 ml의 무색 시험용 기구 유리병에 넣는다.

⑤ 고무마개를 막고 잘 흔들어 섞은 후 24시간 가만히 놓아 둔다(이때 표준색 용액이 된다).

3. 시험방법

(1) 시료 분취기 또는 시분법으로 대표적 시료 450 g을 취한다.
(2) 시료를 용량 400 ml의 무색 시험용 유리병에 130 ml되는 눈금까지 채운다.
(3) 여기에 3%의 수산화나트륨(가성소다) 용액을 가하여 모래와 용액의 전량이 200 ml가 되도록 넣는다.
(4) 병마개를 막고서 잘 흔들어 준 후 약 24시간 가만히 정치(靜置)시켜 놓는다.

4. 시험결과 판정

(1) 색도측정은 24시간 가만히 놓아 둔 시험용 유리병에 식별용 표준색 용액이 준비된 후 24시간을 경과하지 않은 표준색 용액을 75 ml 눈금까지 넣는다.
(2) 다음 시료 윗부분의 투명한 용액의 색을 표준색 용액의 색과 비교한다.
(3) 이때 시료 윗부분의 용액이 표준색 용액보다 연한지 또는 진한지, 동일한가를 기록한다.
(4) 두 병을 가까이하여 실질적으로 같은 색의 배경에 대고 충분히 관찰 비교한다.
(5) 모래 위쪽의 시험용액의 색도가 표준색 용액보다 연한 경우 그 모래는 합격이다.
(6) 시료용액의 색이 표준색 용액보다 진할 경우 그 모래를 사용하기 전에 골재로써 모르타르 압축강도에 의한 잔골재 시험(KS F 2514)을 해야 할 필요가 있음을 나타내는 것이다.

5. 주의사항

(1) 표준색 용액은 변색하므로 시험할 때마다 만들어야 하며, 2%의 탄닌산 용액은 10 ml 정도 만드는 것이 색도의 차가 적게 된다.
(2) 3%의 수산화나트륨(가성소다) 용액은 표준색 용액, 시험용 용액을 합한 양(量)보다 조금 많이 만들면 편리하다(수산화나트륨 9 g+물 291 g).
(3) 영구 보관할 수 있는 표준색 용액을 만들려면 화학용(化學用)의 염화철($FeCl_2 \cdot 6H_2O$) 9.0 g과 염화코발트($COCl_2 \cdot 6H_2O$) 1.0 g을 물 100 ml에 용해시켜 여기에 염산을 0.3 ml 넣고 유리병에 넣어 밀폐시켜 두면 반영구적(半永久的)으로 사용할 수 있다.

6. 참고사항

(1) 유기 불순물의 판정표준 예는 표 2·23과 같다.

표 2·23 유기 불순물의 판정표준 예

색	적 부	1:3 모르타르의 f_7, f_{28}의 저하율(%)
무색 혹은 담황색	좋은 콘크리트에 사용할 수 있다.	0
녹황색	사용해도 좋다.	10~20
적황색	콘크리트 강도가 적을 때 사용할 수 있다.	15~30
담적갈색	사용할 수 없다.	25~50
암적갈색	사용할 수 없다.	50~100

(2) 만일, 시험용액의 색도가 표준색 용액보다 진하더라도 소량의 석탄 또는 이와 유사한 분말이 함유되어 있는 경우에는 그 잔골재를 사용해도 좋다(KS F 2526).

(3) 시험용액의 색도가 표준색 용액보다 진하더라도 그 잔골재로 만든 모르타르 공시체의 압축강도가 그 잔골재를 3%의 수산화나트륨 용액으로 씻고 다시 물로 씻어서 사용한 모르타르 공시체 압축강도의 95% 이상으로 되는 잔골재는 사용해도 좋다. 이때 모르타르 공시체의 재령은 7일, 28일로 한다.

표 2·24 (a) 잔골재의 유해물 함유량의 한도(콘크리트 표준시방서 2.4.3)

종 류	최대값(%)
점토덩어리	1.0*
No.200(0.08 mm) 체 통과량 콘크리트 표면이 마모작용을 받는 경우 기타의 경우	 0.3** 5.0**
석탄, 갈탄 등으로 비중이 2.0의 액체에 뜨는 것	
콘크리트의 외관이 중요한 경우	0.5***
기타의 경우	1.0***
염화물(염화물 이온량)	0.02****

(주) * 잔골재는 1.2 mm 체에 걸리는 것을 시료로 한다.
** 부순모래 및 고로슬래그의 경우 0.08 mm 체를 통과하는 재료가 점토나 조개질이 아닌 돌가루인 경우에는 그 최대값을 각각 5%와 7%로 하여도 좋다.
*** 고로슬래그 잔골재에는 적용하지 않는다.
**** 잔골재의 절대건조 중량에 대한 백분율이며, 염화나트륨으로 환산하면 약 0.04%에 상당한다.

표 2 · 24 (b) 굵은골재의 유해물 함유량의 한도

종 류	최대값(%)
점토덩어리	0.25
연한 석편	5.0*
0.08 mm 체 통과량	1.0**
석탄, 갈탄 등으로 비중이 2.0의 액체에 뜨는 것	
콘크리트의 외관이 중요한 경우	0.5***
기타의 경우	1.0***

(주) * 교통이 심한 슬래브 또는 경도가 특히 요구되는 경우에 적용한다.
** 부순돌의 경우 0.08 mm(No.200) 체 통과량(씻기시험에서 없어지는 것)이 돌가루인 경우에는 최대값을 1.5%로 해도 좋다. 다만, 고로슬래그 굵은골재의 경우 최대값을 5%로 해도 좋다.
*** 고로슬래그 굵은골재에는 적용하지 않는다.

(4) 잔골재의 유해물 함유량 허용값은 표 2 · 24 (a)와 같다.
점토 덩어리 시험은 KS F 2512, 0.08 mm 체 통과량 시험은 KS F 2511, 석탄, 갈탄 등 비중 2.0의 액체에 뜨는 것에 대한 시험은 KS F 2513(골재에 포함된 경량편 시험방법)에 따른다. 또, 염화물 함유량 시험은 KS F 2515(골재의 염화물 함유량 시험방법)에 따른다.

(5) 잔골재를 씻을 때 가는 낱알이 손실되지 않도록 주의해야 하며, 씻은 잔골재의 시험용액의 색도가 표준색 용액보다 연해야 한다.

<table>
<tr><td>실 험 명</td><td colspan="3">모래의 유기 불순물 시험</td><td>2-10</td></tr>
<tr><td>시 험 일</td><td colspan="4">서기 20 년 월 일 요일 날씨</td></tr>
<tr><td rowspan="2">시험일의 상태</td><td>실온(℃)</td><td colspan="2">습도(%)</td><td>실온(℃)</td></tr>
<tr><td></td><td colspan="2"></td><td></td></tr>
<tr><td rowspan="2">시 료</td><td>채취장소</td><td colspan="2">채취날짜</td><td>채취자</td></tr>
<tr><td></td><td colspan="2"></td><td></td></tr>
<tr><td>측 정 번 호</td><td>1</td><td>2</td><td>3</td><td>4</td></tr>
<tr><td>용액의 색</td><td>표준색의 ( )배</td><td>표준색의 ( )배</td><td>표준색의 ( )배</td><td>표준색의 ( )배</td></tr>
<tr><td colspan="5">고 찰 :</td></tr>
<tr><td rowspan="2">실 험 자</td><td>소 속</td><td colspan="3">과 학년 반 조 학번 :</td></tr>
<tr><td>성 명</td><td colspan="3"></td></tr>
<tr><td colspan="2">검 인</td><td colspan="3">서기 20 년 월 일 요일 날씨 :</td></tr>
</table>

2-11 골재의 파쇄시험

(Test for Determination of Aggregates Crushing Value)
〔KS F 2541〕

1. 시험목적

골재 자체가 약하면 비빌 때 믹서 안에서 골재가 부서져서 밀도가 변화하고, 머캐덤 공법(Macadam road construction method) 등에 의한 포장의 경우 전압(全壓)에 의해서 쇄석이 부서지는 수가 있으므로 골재의 파쇄시험은 골재 자체의 강도를 조사하는데 시험을 행하여 영국의 규격으로서는 주로 포장용 골재의 시험에 사용되고 있다. 즉, 압축하중에서 골재의 저항성을 알아보기 위함이다.

2. 사용기구 및 재료

(1) 계량용기 : 안지름 115 mm, 높이 178 mm의 원통형
(2) 시험용기 : 안지름 154 mm, 높이 130 mm의 원통형
(3) 강제 프레스(손잡이가 있는 것) : 지름 100~150 mm, 높이 100~115 mm
(4) 다짐봉 지름 16 mm, 길이 450~600 mm
(5) 체 : 13 mm, 10 mm, 2.5 mm

그림 2·11 파쇄 시험기

3. 시험방법

(1) 13 mm 체를 통과하고 10 mm 체에 남는 표면건조 포화상태의 골재를 2회의 시험에 사용하는 분량으로 6.5 kg을 준비한다.
(2) 시료를 개량용기에 3층으로 채우고 각 층을 다짐대로 25회 다진다.
(3) 골재표면을 정규로 평평히 한다(용기의 상면이 같도록 한다).
(4) 용기의 시료를 팬에 100~110℃로 4시간 이내로 건조한다.
(5) 시료를 실온으로 냉각하고 중량을 1 g까지 칭량한다.
(6) 시료를 시험용기에 3층으로 나누어 채우고 각 층을 25회 다짐한다(표면을 평평히 하고 이때 시료의 두께는 10 cm이다).
(7) 프레스를 시험용기 내에 수평으로 놓고 손잡이를 빼낸다.
(8) 프레스를 넣은 그대로 시험용기를 압축시험기에 얹어서 10분간 총하중 400 kN에 이를 때까지 일정 속도로 재하한다(프레스가 기울어지면 시험용기 내벽에 접촉하는 우려가 있으니 주의해야 한다).
(9) 400 kN에 달한 후 하중을 0에 돌린다.
(10) 시험용기 내의 시료를 2.5 mm 체로 체가름하고 체를 통과하는 중량을 1 g까지 칭량한다(2.5 mm 체에 남는 시료의 중량을 달아서 전시료의 중량에서 빼는 것이 좋다).
(11) 시험은 2회 실시한다.

4. 참고사항

(1) 10~13 mm 이외의 시료에 대해서 시험을 행할 때는 표 2·25과 같이 용기 치수 하중을 달리해서 시험을 행할 수 있다.
(2) 표준 파쇄시험은 13 mm 체를 통과하고 10 mm 체에 남는 골재에 대하여 시험한다.

표 2·25

시료의 크기(mm)	시료용기의 지름(mm)	하중(t)	파쇄한 시료를 체가름한 체의 치수(mm)
50~40	305	160	10
40~25	305	160	6.4
25~20	305	160	5.0
20~13(15)	152	40	3.2
13~10	152	40	2.5
10~6.4	76	40	1.7
6.4~5.0	76	10	1.2
5.0~3.2	76	10	0.9
3.2~2.4	76	10	0.6

( )는 체를 대용해도 좋다.

5. 계 산

2회 시험마다 다음 식에서 파쇄값을 0.1%까지 정확히 계산하여 평균한다.

$$\text{파쇄값}(\%) = \frac{\text{2.5mm 체를 통과한 시료의 질량(g)}}{\text{표면건조 포화상태의 시료의 질량(g)}} \times 100 \qquad (2 \cdot 26)$$

다만, 파쇄값이 30% 이상인 것은 골재의 파쇄값이 7.5~12.5% 범위에 들 때까지 적당히 하중을 조절하여 다음 식으로 계산한다.

$$F = \frac{14W}{P+4} \qquad (2 \cdot 27)$$

여기서 F=10% 파쇄하중(kN)

W=세립의 백분율이 7.5~12.5% 범위에 들 때까지의 재하하중(kN)

P=하중(kN)에서의 2회의 시험에서 생긴 세립의 평균백분율

실 험 명	골재의 파쇄시험	2-11
시 험 일	서기 20 년 월 일 요일 날씨	

실험실의 상태	실 온(℃)	습 도(%)

시 료	채 취 장 소	채 취 날 짜	채 취 자

시험번호 및 시험		파쇄시험		10% 파쇄하중 시험		
		1회	2회	1회	2회	3회
시료의 크기(mm)						
하중(t)						
시료의 중량 (g)	① 전시료					
	② 체에 남은 시료					
	③ 체를 통과한 시료 ①－②					
체의 치수(mm)						
파쇄값(%) ③/①×100						
파쇄값 평균(%)						

고 찰 :

실 험 자	소 속	과 학년 반 조 학번 :
	성 명	
검 인		서기 20 년 월 일 요일 날씨 :

제3장

콘크리트

3-1 포틀랜드 시멘트 콘크리트의 슬럼프 시험
3-2 콘크리트의 압축강도 시험
3-3 콘크리트의 쪼갬 인장강도 시험
3-4 콘크리트의 휨강도 시험
3-5 콘크리트 블리딩 시험
3-6 굳지 않은 콘크리트의 압력법에 의한 공기 함유량 시험
3-7 굳지 않은 콘크리트의 씻기분석 시험
3-8 콘크리트의 배합설계
3-9 슈미트 해머에 의한 콘크리트 강도의 비파괴 시험
3-10 콘크리트의 정탄성계수와 푸아송비 시험

3-1 포틀랜드 시멘트 콘크리트의 슬럼프 시험

(Test for Slump of Portland Cement Concrete)

〔KS F 2402〕

1. 시험목적

이 시험은 실험실 혹은 현장에서 콘크리트의 슬럼프를 측정하는 시험으로 비소성(非塑性) 및 비점성(非粘性)인 콘크리트에는 적합하지 않으며, 굵은골재 최대치수 크기가 40 mm를 넘는 콘크리트의 경우에는 40 mm를 넘는 굵은골재를 제거한다. 즉, 구조물의 안정성과 내구성을 가지며, 워커빌리티(workability)를 판단하는 수단으로 널리 사용되고 있다.

2. 시험기구 및 재료

(1) 슬럼프 콘(slump cone) : 공시체(供試體) 성형용(成形用) 몰드로 밑면의 안지름이 200 mm, 윗지름의 안지름이 100 mm, 높이가 300 mm의 절두원추형(切頭圓錐形)으로 상하면은 서로 평행이고 원추의 축과 직각이어야 한다(그림 3·1 참조).

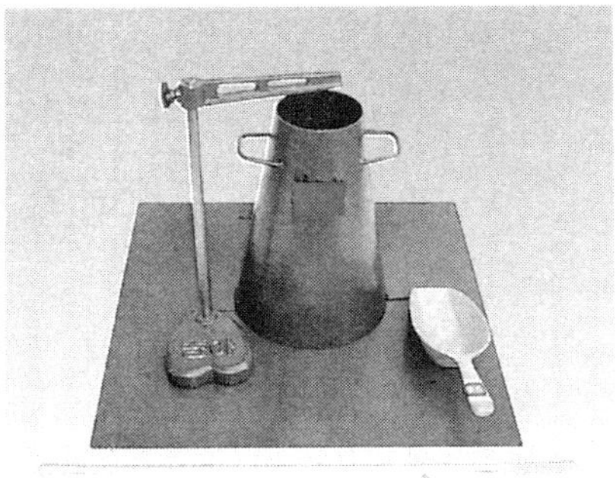

(a)

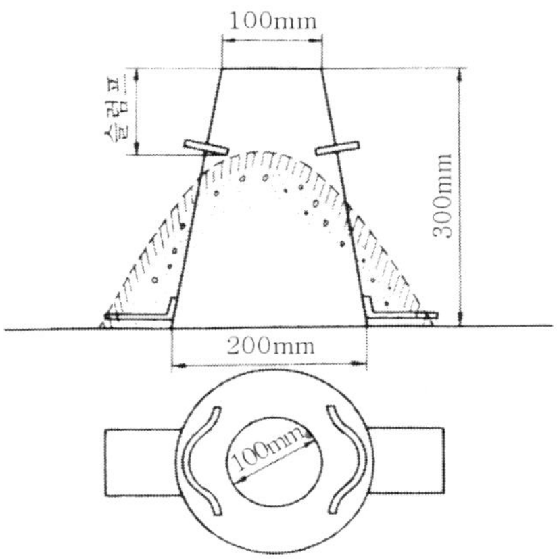

(b)

그림 3·1 슬럼프 몰드

(2) 수밀성(水密性) 평판(平板)
(3) 다짐대(tamping rod) : 지름 16 mm, 길이 500~600 mm의 곧은 원형 강봉으로 한쪽 끝이 반구(半球)형
(4) 소형 삽(hand scoop)
(5) 흙손
(6) 슬럼프 측정기(scale)
(7) 콘크리트 믹서(mixer)
(8) 메스 실린더
(9) 비커
(10) 저울
(11) 시료 팬

3. 시료채취 방법

시료채취 방법은 'KS F 2401 굳지 않은 콘크리트의 시료채취 방법'을 참고한다.

(1) 고정식 배치(batch) 믹서로부터 시료를 채취할 경우, 시료는 믹서에서 배치의 대략 중간쯤에 배출되는 유출물에 용기를 대고 채취하거나 유출물이 용기 안으로 유입되도록 흐름을 전환시켜 채취해야 한다. 믹서로부터의 흐름을 제한하여 콘크리트의 재료분리가 일어나지 않도록 주의해야 한다.
(2) 포장용 믹서로부터 시료를 채취할 경우, 포장용 믹서로부터 배출된 콘크리트 더미에서 적어도 5곳의 다른 부분으로부터 시료를 채취하여 모아야 한다.
(3) 회전하는 드럼(drum) 트럭 믹서 또는 애지테이터(agitator)로부터 시료를 채취할 경우, 시료를 전(全) 배치의 배출을 통하여 3회 또는 그 이상의 규칙적인 간격으로 채취해야 하며, 배출이 시작될 때나 끝날 때에 채취해서는 안 된다. 시료채취는 전유출을 통하여 반복적으로 용기를 갖다 대고 채취하거나 또는 용기 안으로 유입되도록 유출을 전환시켜 채취해야 한다. 배치의 배출률은 드럼의 회전속도로써 조절해야 하며, 방출구의 크기로써 조절해서는 안 된다.
(4) 호퍼(hopper) 또는 버킷(bucket) 등에서 시료를 채취할 경우, 시료는 1배치분의 콘크리트에 대하여 호퍼 또는 버킷에서 유출되는 콘크리트 흐름의 중간쯤의 여러 곳에서 채취한다.
(5) 덤프(dump) 트럭 등에서 채취할 경우, 시료는 트럭의 짐판(荷臺)의 중앙부근 여러 곳에서 표면의 콘크리트를 제거하고 깊이가 중간 정도되는 몇 곳에서 채취하든가 또는 배출된 콘크리트의 삼각형의 무더기의 여러 곳에서 채취한다.

(6) 손수레에서 시료를 채취할 경우, 시료를 타설할 위치에 될 수 있는 대로 가까운 곳에서 1배치의 중간쯤의 콘크리트를 운반하는 손수레의 여러 곳에서 채취한다.

4. 시험방법

(1) 몰드(cone)를 젖은 걸레로 닦은 후 편평하고 습한 비흡수성의 단단한 평판 위에 놓고 콘크리트를 채워 넣을 동안 2개의 발판을 디디고 서서 움직이지 않게 그 자리에 단단히 고정시켜야 한다.
(2) 채취한 콘크리트 시료를 거의 같은 양의 3층으로 나누어 채운다.
(3) 각 층을 다짐대로 25회씩 단면 전체를 골고루 다진다. 첫 층은 다짐대를 약간 기울여서 다짐횟수의 약 절반을 둘레에 따라 다지고, 그 다음에 다짐대를 수직으로 해서 중심을 향하여 나선상으로 다져 나간다.
(4) 첫 층은 전 깊이를 다지고 둘째 층과 맨 위층은 각각 그 층의 깊이만 다지는데, 그 아래층을 약간 관입할 정도로 다진다.
(5) 맨 위층을 채워서 다질 때는 콘크리트를 몰드 위에 수북히 쌓고서 다진다. 만약, 다져서 콘크리트가 몰드의 윗면보다 아래로 내려가면 여분의 콘크리트가 항상 슬럼프 몰드 윗면에 있도록 콘크리트를 추가해서 넣는다.
(6) 맨 위층을 다 다진 후 시료의 윗면을 흙칼로 몰드 윗면과 편평하게 고른다. 그리고 시료로부터 조심성 있게 수직방향으로 몰드를 벗겨 올린다. 이때 몰드를 벗기는 작업은 2~3초 정도로 끝내야 하며, 콘크리트에 비틀림 운동을 주지 않도록 조심스럽게 윗방향으로 들어올려야 한다. 몰드에 시료를 채우기 시작해서 벗길 때까지 전 작업을 중단없이 3분 내에 끝마쳐야 한다.
(7) 전항(6)의 작업이 끝난 후(5초 정도) 공시체가 충분히 주저앉은 다음 몰드의 높이와 공시체 밑면의 원중심부터의 공시체 높이와의 차(差)를 mm 단위(5mm의 정밀도)로 구하여 슬럼프값으로 한다.
(8) 만일, 거의 다 무너져 버리거나, 또는 콘크리트의 한 면이나 부분이 전단(專斷)되어 떨어지거나 하면, 그 시험값은 버리고 시료의 다른 부분을 재시험한다.

5. 주의사항

(1) 몰드를 벗기기 전 밑 평판표면을 깨끗이 닦아 준다.
(2) 1층의 콘크리트를 다질 때 평판을 찔러서는 안 된다.
(3) 슬럼프가 커서 슬럼프 시험으로 재료가 분리될 우려가 있는 경우에는 다짐횟수를 10회로 하는 경우도 있다.

(4) 만약, 한 콘크리트 시료에 대한 2회의 연속적 시험이 다 무너져 버리거나, 또는 공시체 덩어리로부터 콘크리트의 한 부분이 떨어지거나 하면 그 시료는 슬럼프 시험을 하는 데 필요한 소성과 점성이 결핍되어 있는 것이다.

(5) 몰드에 시료를 넣을 때 한쪽에서 떠 넣지 말고 전후좌우로 흩어 넣어야 한다.

6. 참고사항

(1) 슬럼프 시험을 끝낸 즉시 다짐대로 콘크리트의 측면을 가볍게 두들겨서 그 모양을 보는 것은 콘크리트의 성형성(plasticity)을 판단하는 데 좋은 참고가 된다.

(2) 반죽질기 시험방법에는 슬럼프 시험 외에 흐름시험(flow test), 켈리 볼(Kelly ball, 미국 캘리포니아 대학 Kelly 교수가 고안한 것) 관입시험(KS F 2415), 리몰딩(remoulding)시험, 이리바렌(Iribarren) 시험 등이 있다. 콘크리트의 워커빌리티를 시험한다는 것은 콘크리트의 작업(打入)의 난이 정도, 재료분리에 저항하는 정도를 측정하는 것으로서 이것을 완전하게 측정하는 방법은 아직 없다. 된 반죽(硬練) 콘크리트에 있어서는 최근에 사용하기 시작한 진동식의 컨시스턴시(consistency) 미터에 의하면 워커빌리티가 쉽게 판단되는 경우가 많다.

(3) 슬럼프가 큰 콘크리트를 사용하면 콘크리트의 작업은 용이하나 블리딩(bleeding)이 많아지고, 굵은골재는 모르타르로부터 분리되는 경향이 심하다. 그러므로 작업에 적합한 범위 내에서 되도록 작은 슬럼프의 콘크리트를 칠 필요가 있다. 단위수량을 작게 하고 슬럼프의 값을 작게 한 콘크리트를 사용하여도 충분히 진동 다지기를 행하면 만족할 만한 콘크리트를 얻을 수 있다. 한국 콘크리트시방서에는 내부진동기를 사용하는 것을 원칙으로 하고 있으므로 내부진동기를 사용하는 경우의 슬럼프의 최대값은 표 3·1과 같다.

(4) 리몰딩(remolding) 시험은 1932년 T.C. Power가 제안한 방법으로 슬럼프 콘을 흐름판(flow table)에 놓고 콘크리트를 다져 넣은 다음 콘을 벗기고 콘크리트 표면에 무게 19 N의 원판(圓板) 미끄럼이 부착되어 있는 것을 올려놓는다. 흐름판을 6 mm 상하운동을 시켜 콘크리트가 흘러내리게 한다. 콘크리트가 지름 305 mm, 높이 203 mm의 원통(흐름판에 미리 놓고 이 안에 슬럼프 콘을 넣어 콘크리트를 다져 넣는다)의 높이와 같아졌을 때 낙하횟수(Jig)를 컨시스턴시로 표시한다. 이 시험에서는 재료분리의 상태를 알 수 없는 결점이 있다. 된 비빔 및 진동다짐을 하는 콘크리트의 Jig는 40~50이고, 철근콘크리트용 콘크리트의 Jig는 15 ~30 정도이다.

표 3·1 슬럼프의 표준값(콘크리트 표준시방서 2.8.7)

종 류		슬럼프값(mm)
철근콘크리트	일반적인 경우	60~180
	단면적이 큰 경우	40~150
무근콘크리트	일반적인 경우	60~180
	단면적이 큰 경우	40~130

(주) 1) 유동화 콘크리트의 슬럼프에 대해서는 콘크리트 표준시방서 11장의 2.2.2를 참고하면 된다.
2) 여기서 제시한 슬럼프값은 구조물의 종류에 따른 슬럼프의 범위를 나타낸 것으로 실제로 각종 공사에서 슬럼프값을 정하고자 할 때 구조물의 종류나 부재의 형상, 치수 및 배근 상태에 따라 알맞은 값으로 정하되 충전성이 좋고 충분히 다질 수 있는 범위에서 가능한 작은 값으로 정해야 한다.
3) 콘크리트의 운반시간이 길 경우 또는 기온이 높을 경우는 슬럼프가 크게 저하되므로 운반중의 슬럼프 저하를 고려한 슬럼프값에 대하여 배합을 정해두어야 한다.
4) 이 조항의 슬럼프값은 진동기를 사용할 경우이며 진동기를 사용하지 않을 경우 시험에 의해 정한다.

(5) 관입시험(貫入試驗 : eindringsprufufemg)은 독일 DIN 1048로 규정된 시험법으로 포장콘크리트와 같이 된 비빔에서 비교적 시멘트량이 적은 콘크리트에 적용된다. 측정법은 지름 100 mm, 길이 300 mm, 무게 150 N의 관입봉(貫入棒)을 콘크리트 표면으로부터 200 mm의 콘크리트의 컨시스턴시로 한다. 진동다짐 콘크리트에는 보통 e는 40~50 mm가 좋다. e값이 30 mm 이하가 되면 콘크리트가 너무 된 비빔이 되어 측정값의 변화도 크게 된다.

(6) 반죽질기(consistency)란 주로 수량의 다소에 따르는 반죽이 되고 진 정도를 나타내는 아직 굳지 않은 콘크리트의 성질을 말한다.

(7) 워커빌리티(workability)란 반죽질기 여하에 따르는 작업난이의 정도 및 재료의 분리에 저항하는 정도를 나타내는 아직 굳지 않은 콘크리트의 성질을 말한다.

(8) 성형성(plasticity)이란 거푸집에 쉽게 다져 넣을 수 있고 거푸집을 제거하면 천천히 형상이 변하기는 하지만 허물어지거나 재료가 분리하거나 하는 일이 없는 아직 굳지 않은 콘크리트의 성질을 말한다.

(9) 피니셔빌리티(finishability)란 굵은골재의 최대치수, 잔골재율, 잔골재의 입도, 반죽질기 등에 의한 마무리(finishing)하기 쉬운 정도를 나타내는 굳지 않은 콘크리트의 성질을 말한다.

(10) 삽으로 시료를 뜰 때 반드시 삽에 흙손을 대고 뜨되 삽으로 뜬 시료 중 굵은 입자의 골재가 절대로 떨어지지 않도록 해야 한다.

(11) 공시체 1개용의 각 재료의 단위량은 아래 표와 같다.

$$W/C=51\%,\ \text{슬럼프}=75\ \text{mm},\ f_{28}=18\ \text{N/mm}^2$$

① 중량비 = 1 : 1.98 : 3.74

② 공시체 1개의 순용적은 5.2989l

③ 골재는 표면건조 포화상태

재 료	C(kg)	W(kg)	S(kg)	G(kg)
단위량	329	168	650	1,232
1 batch : 6 l	1.97	1	3.9	7.0

실 험 명	콘크리트의 슬럼프 시험			3-1
시 험 일	서기 20 년 월 일 요일 날씨			
시험일의 상태	실온(℃)	습도(%)	수온(℃)	양생온도(℃)
시 료	채취장소	채취날짜	채취자	

시방배합	굵은골재의 최대치수(mm)	슬럼프의 범위(mm)	공기량의 범위(%)	물시멘트비 W/C(%)	잔골재율 s/a(%)	단위량(kg/m³)						
						물 W	시멘트 C	잔골재 S	굵은골재 G		혼화재료	
									mm~ mm	mm~ mm	혼화재	혼화제(ml/m³)

측정내용	1	2	3	4
슬럼프(mm)				
다짐대로 콘크리트 측면을 때렸을 때의 상태				
피니셔빌리티(finishability)				
콘크리트의 온도(℃)				

고 찰 :

실 험 자	소 속	과 학년 반 조 학번 :
	성 명	
검 인		서기 20 년 월 일 요일 날씨 :

3-2 콘크리트의 압축강도 시험

(Test for Compressive Strength of Moulded Concrete Cylinders)

〔KS F 2405〕

1. 시험목적

콘크리트의 압축강도(compressive strength)는 콘크리트의 품질을 표시하는 기준으로서 널리 쓰이고 있다. 압축강도 시험목적은 다음과 같다.

(1) 임의로 배합한 콘크리트 강도를 알고 적당한 소요강도의 콘크리트를 만드는 데 적합한 배합을 선정한다.

(2) 주어진 재료가 사용하는 데 적합한가 아닌가를 판정하여 요구되는 제성질(諸性質)을 가지는 콘크리트를 가장 경제적으로 만드는 재료를 선정하기 위함이다.

(3) 압축강도를 알고 다른 성질을 추정한다.

(4) 콘크리트의 품질을 관리하기 위함이다.

(5) 실제의 구조물에 사용된 콘크리트의 품질을 알고 설계에서 가정한 압축강도, 기타의 성질이 있는가 없는가를 조사한다. 또, 거푸집(form)을 제거하는 시기를 결정한다.

(6) 콘크리트 품질을 확인하기 위해 공사착수 전과 공사중에 압축강도 시험을 행한다.

2. 시험기구 및 재료

(1) 공시체 성형용 몰드 : 지름 150 mm, 높이 300 mm(그림 3·2 참조)

(2) 다짐막대 : 지름 16 mm, 길이 500~600 mm로서 그 한쪽 끝은 반구형일 것

(3) 캐핑(capping)용 금속압판 또는 두께 6 mm 이상의 유리판

(4) 흙손

(5) 작은 삽(hand scoop)

(6) 압축강도 시험기(그림 3·2 참조)

(7) 콘크리트의 믹서(mixer)

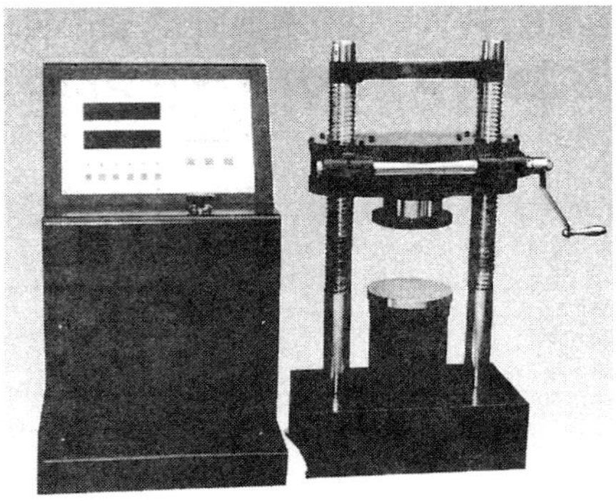

그림 3·2 압축강도 시험기

(8) 슬럼프 측정기구
(9) 공기량 측정기구
(10) 진동기(KS F 2403에 맞는 것)
(11) 캘리퍼(caliper)
(12) 공시체 집게(specimen clipper)

3. 혼합 및 시험방법

(가) 콘크리트의 혼합

(1) 콘크리트를 삽 또는 적당한 시험실용 혼합기로 혼합한다. 콘크리트의 1배치(batch)량은 공시체를 제작하였을 때 약 10% 정도의 콘크리트가 남도록 혼합한다(단, AE제 콘크리트는 삽 비빔을 하지 않는다).

(2) 삽으로 혼합하는 경우, 흙손이나 삽을 사용하여 깨끗하고 물이 새지 않는 습한 철판 위에서 혼합해야 하며, 이때의 순서는 다음과 같다.

① 시멘트와 잔골재가 충분히 섞일 때까지 혼합한다.

② 굵은골재를 가하여 배치에 굵은골재가 균일하게 분포될 때까지 혼합한다.

③ 굵은골재를 충분히 혼합한 후 물을 가하여 콘크리트가 외관상 균일하게 보이고 소요의 반죽질기를 가질 때까지 혼합한다. 수량을 증가함으로써 슬럼프(slump)를 조정할 필요가 생겨 콘크리트의 혼합이 지연되는 경우에는 새로운 배치를 만들어 슬럼프 시험을 해야 한다.

(3) 믹서로 혼합하는 경우, 사용믹서에 대한 특별한 혼합방법이 없는 경우에는 위의 혼합순서에 따라 혼합한다. 1배치(batch)의 혼합이 끝나고 믹서로부터 콘크리트를 받아낼 때에 믹서에 모르타르가 붙어 있게 되므로, 이 양(量)만큼의 모르타르를

보충해야 한다. 재료의 분리를 방지할 필요가 있을 경우에는 믹서로 혼합한 콘크리트를 깨끗하고 물이 새지 않는 습한 철판 위에 옮긴 후 삽이나 흙손으로 재혼합하면 된다.

(4) 보통형의 믹서로부터 모르타르를 전부 받아내는 것은 곤란하고, 특히 회전드럼형(drum type)의 믹서에서는 더욱 그렇다. 이런 경우 배치의 배합을 조절하기 위해서 다음 방법을 사용한다.

① 믹서 안에 모르타르를 미리 바르는 방법
시험 배치를 혼합하기 직전에 시험 배치와 거의 같은 배합의 가(假) 배치를 믹서로 혼합하여 믹서 안에 모르타르를 미리 발라둔다. 유출 후의 믹서에 붙어있는 모르타르는 시험 배치의 모르타르 손실을 방지한다.

② 모르타르를 더 넣는 방법
시험 배치는 믹서에 붙는 모르타르의 양을 보충할 수 있도록 여분(餘分)의 모르타르를 넣고 배합한다. 이 경우 시험 배치를 혼합하기 전에 믹서를 깨끗이 해야 한다.

(나) 공시체(specimen) 성형 및 시험방법

(1) 몰드 둘레의 이음매(繼目)에 그리스(grease)를 엷게 발라 조립한다.

(2) 몰드 안에 콘크리트의 시료를 3층으로 채운다. 각 층의 용적은 비슷해야 하며, 콘크리트를 한 삽씩 채워 나갈 때는 몰드 안의 콘크리트가 대칭적으로 균일하게 채워지도록 몰드의 윗면 주위를 따라 삽을 옮겨가면서 콘크리트를 몰드에 미끄러뜨려서 채워 넣어야 한다. 그 후 다짐대를 원형으로 돌리면서 다시 콘크리트를 고르게 분포시켜야 하며, 각 층을 25회씩 다진다(슬럼프 시험과 동일).

(3) 콘크리트를 다질 때는 몰드의 단면 전체를 균일하게, 또 다짐대가 그 밑층까지 관입되도록 다져야 한다. 맨 밑층의 경우에는 그 깊이만 다진다.

(4) 다짐대에 의한 빈틈이 남아 있을 경우에는 몰드의 측면을 빈틈이 없어질 때까지 가볍게 두드린다.

(5) 맨 위층을 다진 후 흙손으로 콘크리트의 표면을 고르고 유리판 또는 금속판으로 수분이 증발하지 않도록 콘크리트 표면을 덮어둔다(내부진동기를 사용할 경우 2층으로 나누어서 각 층의 60 cm^2에 1회 찌른다).

(6) 콘크리트가 몰드 내에서 공시체 성형 후 2~4시간 또는 그 이상의 시간이 경과하여 응결하면 되게 반죽한 순시멘트풀(cement paste)로 공시체의 윗면을 캐핑(capping)한다.

(7) 굳지 않은 콘크리트에 대하여 (6)항의 순시멘트풀로 캐핑하지 않는 공시체는 시험

전에 캐핑해야 한다. 캐핑 후 18시간 이내에 시험할 공시체에 대해서 예상되는 공시체의 압축강도와 같거나 또는 그 이상의 강도를 갖는 유황과 입상재료(粒狀材料)의 혼합물을 사용해도 좋다. 이러한 캐핑은 2시간 이상 지난 후에 하중을 가해야 한다. 극한강도(ultimate strength)가 35 N/mm^2 이하로 예상되는 공시체의 캐핑은 공시체의 반죽질기와 같은 반죽질기의 특수한 고강도의 석고로 하되 이것의 50 mm 입방체의 압축강도가 35 N/mm^2 이상 되어야 한다.

(8) 캐핑 후 18시간 또는 그 이후에 시험할 공시체에 대해서는 알루미나 시멘트(alumina cement)를 사용할 수 있다. 포틀랜드 시멘트를 사용할 수도 있으나 이것은 가압시에 유동이나 파괴를 일으키지 않도록 충분히 양생해야 한다.

(9) 공시체를 성형하고 24~48시간 경과 후 몰드를 제거하고 시험 전까지 21~25℃의 온도에서 습윤상태로 저장하여 양생한다. 이때 공시체를 유수중(流水中)에 넣어서는 안 된다.

(10) 공시체의 수는 배합이 달라질 때마다 서로 다른 재령에 대하여 3개 이상이어야 한다.

(11) 양생실에서 꺼낸 즉시로 시험을 해야 하며, 공시체를 습윤양생실(濕潤養生室)에서 꺼내어 시험할 때까지는 젖은 마포나 모포로 덮어서 습기를 보호하고, 공시체는 반드시 습윤상태에서 시험해야 한다.

(12) 시험하기 전에 공시체의 지름을 최소 0.1 mm까지 측정하여야 하며, 공시체 높이의 중앙에서 서로 직교하는 두 방향의 지름을 측정하여 평균한 것을 공시체의 지름으로 하고, 이 평균 지름은 공시체의 단면적을 계산하는 데 사용하여야 한다. 또한 캐핑을 포함한 공시체의 높이를 최소 1 mm까지 측정하여야 하고 공시체의 지름은 다음과 같이 구한다.

$$d(\text{mm}) = \frac{d_1 + d_2}{2} \tag{3 · 1}$$

단, d : 공시체의 지름, d_2, d_1 : 그 방향의 지름

(13) 구면좌(球面座)로 된 가압판 바로 밑에 있는 시험대(試驗臺)나 또는 압판(壓板) 위에 편평한 가압판을 놓는다.

(14) 상하부 가압판과 공시체의 지압면(支壓面)을 깨끗이 닦고 공시체 하부 가압판 위에 공시체의 축이 상부 가압판의 구좌의 중앙에 반드시 오도록 하여 올려놓는다. 구면좌로 된 가압판을 공시체 위에 접촉시키려 할 때는 손으로 그의 가동부를 조용히 회전시켜서 고르게 접촉되도록 하여야 한다.

(15) 공시체에 충격을 주지 않도록 똑같은 속도로 하중을 가한다. 하중을 가하는 속도

는 압축응력도의 증가율이 매초 0.6±0.4 MPa가 되도록 한다.

(16) 하중을 공시체가 파괴될 때까지 가압하고 시험 중에 공시체가 받은 최대하중을 유효숫자 3자리까지 기록하고, 또 이것을 공시체의 단면적으로 나눈 값을 압축강도로 하고, 유효숫자 3자리로 끝맺는다.

$$\text{압축강도}(\mathrm{N/mm^2}) = \frac{\text{최대하중}(\mathrm{N})}{\text{공시체 단면적}(\mathrm{mm^2})} \qquad (3 \cdot 2)$$

4. 시험결과의 표시방법

(1) 공시체의 번호
(2) 지름(표준형이 아니면 높이까지)(mm)
(3) 단면적($\mathrm{mm^2}$)
(4) 최대하중(N)
(5) 파괴된 형태(단, 공시체가 정상적 파괴형태인 원추형으로 파괴되지 않는 경우)
(6) 공시체 및 캐핑의 결함
(7) 공시체의 재령
(8) 시험한 공시체 중에서 2개가 10% 이상의 편차를 나타낼 때 압축강도는 각각의 값으로 표시하며 그 사실을 명기한다.
(9) 양생방법 및 양생온도
(10) 기타

5. 주의사항

(1) 슬럼프 시험은 '3-1 콘크리트의 슬럼프 시험'에 의한다.
(2) 몰드에 콘크리트를 채울 때 슬럼프값에 따라 다짐방법이 달라진다(표 3·2 참조).
(3) 공시체의 지름에 따라 다짐횟수가 달라진다(표 3·2 참조).
(4) 압축 시험용 공시체의 단면(端面)에 0.05 mm 이상의 요철(凹凸)이 있어서는 안 된다.

표 3·2

슬럼프의 값	다짐방법	공시체의 지름(mm)	다짐횟수/층
75 mm를 초과	다짐대	75~150	25
25~75 mm	다짐대 또는 진동기	200	50
25 mm 미만	진동기	250	75

(5) 캐핑면은 곧은 자로서 서로 다른 방향의 지름에서 적어도 3번 이상 측정해서 평면인지 확인해야 한다.
(6) 콘크리트 압축강도는 각 공시체(보통 3개 이상)의 압축강도의 평균값을 나타낸다.
(7) 캐핑은 될 수 있는 한 엷게 하고 완성된 면의 평면도는 0.05 mm 이내이어야 한다.
(8) 공시체의 캐핑은 두께 6 mm 이상의 판유리 또는 두께 13 mm 이상이고 적어도 몰드의 지름보다 25 mm 이상 큰 최소표면을 가진 금속압판을 사용하여 캡(cap)을 성형한다.
(9) 압판(押板)의 밑면이 몰드의 윗면에 닿을 때까지 시멘트풀을 누른다.
(10) 캡이 수축하지 않도록 캐핑하기 2~4시간 전에 캐핑에 사용할 시멘트를 된 풀(dry paste)로 혼합해야 한다.
(11) 이 시멘트풀에 부착되는 것을 방지하기 위해 압판의 밑면에 기름을 칠하든가 엷은 종이를 끼우면 좋다.
(12) 습한 모래, 습한 마포를 덮어서 양생하는 경우 그 중의 온도가 수분의 증발에 따라 주위의 기온보다 항상 낮아지므로 주의해야 한다.
(13) 압축강도 시험은 보통재령은 7일과 28일에, 장기재령은 3개월, 6개월 및 1년으로 한다.
(14) 현장에서의 압축강도 시험용 공시체 성형 및 양생은 KS F 2404에 따른다.
(15) 구조물에 있어서 콘크리트의 강도를 알고 싶을 때에는 구조물과 같은 상태에서 양생한다.
(16) 공시체의 지름은 골재의 최대공칭 치수의 3배 이상이라야 한다.
(17) 시험한 공시체 중에서 1개가 평균값보다 10% 이상의 편차를 나타낼 때에는 그 공시체는 압축강도 계산에 넣지 않는다.
(18) 공시체의 상하면에 요철(凹凸)이 있으면 강도의 값은 작아진다.

6. 참고사항

(1) 콘크리트의 압축강도에 미치는 영향 중 주요인이 되는 것은 다음과 같다.

① 물-시멘트비(water-cement ratio : W/C) 법칙 : 강경(强硬)하고 청정(淸淨)한 골재를 사용한 플라스틱(plastic)한 콘크리트의 시공상의 근본조건인 강도, 수밀성, 내구성 기타의 성질은 단위수량과 단위 시멘트량의 비(比)에 의하여 정해진다. 이것은 물-시멘트비 법칙이다. 물-시멘트비 법칙이 적용되는 콘크리트의 물-시멘트(W/C)와 압축강도와 f_{28}의 관계는 다음과 같이 표시한다.

$$f_{28} = A + B\frac{C}{W} \qquad (3 \cdot 3)$$

여기서 A, B : 재료의 품질, 취급방법에 따라 정해지는 상수(常數)

C/W : 시멘트-물비

② 공시체의 치수 : 공시체 치수는 콘크리트 강도에 영향을 미친다. 더욱이 공시체의 높이와 지름의 비가 일반적으로 적을수록 강도가 크다.

③ 재령에 의한 강도가 증가 : 콘크리트의 압축강도는 재령과 함께 증대되나 강도의 증진율은 경화 초기에 있어서 빠르고 장기(長期)에 걸침에 따라 완만하게 증대한다.

④ 양생에 의한 강도의 증가 : 콘크리트는 습윤상태에서 양생하면 장기에 걸쳐서 강도가 증가된다. 만약, 대기 중에 방치(放置)하면 건조하여 그 후에 있어서의 강도의 증진은 매우 적다. 양생온도에 따라서도 영향을 받는다.

(2) 공사 중에 책임기술자의 지시에 따라 콘크리트의 양생의 적부와 거푸집을 떼어낼 시기를 정하기 위해, 또는 조기에 재하할 수 있는지를 확인하기 위해 현장 콘크리트와 똑같은 상태로 양생한 공시체를 사용하여 강도를 시험해야 한다. 이 시험결과로 얻어진 강도가 표준양생을 한 공시체의 강도보다 현저하게 작은 경우에는 책임기술자의 지시에 따라 현장 콘크리트의 양생방법을 개선해야 한다.

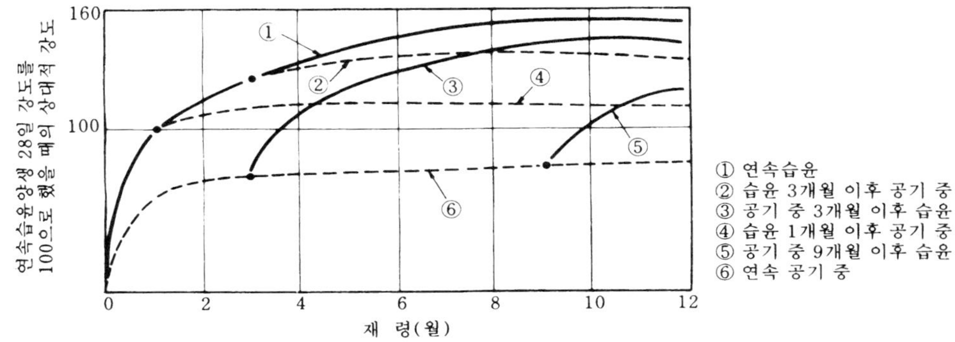

그림 3·3 양생방법과 압축강도와의 관계

(3) 콘크리트의 압축연단에서의 허용압축응력(f_{ca})은 다음과 같다.

$$f_{ca} = 0.4 f_{ck} \qquad (3 \cdot 4)$$

(4) 압축강도 시험에 사용하는 공시체(specimen)의 모양은 높이를 지름의 2배로 하는 원통형이며, 지름 150 mm, 높이 300 mm의 것을 표준으로 하여 재령 28일에 있어서의 강도를 기준으로 할 때가 많다.

(5) 압축강도에 의한 콘크리트의 관리는 일반적인 경우 공시체의 재령 28일의 강도(무근 및 철근콘크리트) 또는 91일

(6) 재하방법(載荷方法)

① 시험기(試驗器) 가압판(加壓板)의 한 쪽은 구접면(球接面)이라야 한다.

② 공시체는 가압방향으로 정(正) 중앙(中央)에 오도록 시험기에 두고 시험기의 가압판(加壓板)과 공시체의 끝면과는 바로 붙인다. 이때 사이에 쿠션재를 넣어서는 안 된다.

실 험 명	콘크리트의 압축강도 시험			3-2
시 험 일	서기 20 년 월 일 요일 날씨			
시험일의 상태	실온(℃)	습도(%)	수온(℃)	양생온도(℃)

시 료	채취장소	채취날짜	채취자

시방배합	굵은골재의 최대치수 (mm)	슬럼프의 범위 (mm)	공기량의 범위 (%)	물시멘트비 W/C (%)	잔골재율 s/a (%)	단위량(kg/m^3)						
						물 W	시멘트 C	잔골재 S	굵은골재 G		혼화재료	
									mm~ mm	mm~ mm	혼화재	혼화제 (ml/m^3)

공 시 체 번 호	1	2	3	4
재령(일)				
평균지름(mm)				
단면적(mm^2)				
평균높이(mm)				
슬럼프(mm)				
중량(kg)				
파괴하중(N)				
압축강도(N/mm^2)				
평균 압축강도(N/mm^2)				
양생방법				
양생온도(℃)				
공시체의 파괴상태				

고 찰 :

실 험 자	소 속	과 학년 반 조 학번 :
	성 명	
검 인		서기 20 년 월 일 요일 날씨 :

3-3 콘크리트의 쪼갬 인장강도 시험

(Test for Splitting Tensile Strength of Molded Concrete Cylinders)

〔KS F 2423〕

1. 시험목적

이 시험은 콘크리트의 원주형 공시체를 옆으로 놓고 그 지름의 양끝에 집중하중을 가하여 인장강도를 구하는 시험으로 인장강도(引張强度)는 직접 휨을 받는 콘크리트 도로상판(道路床板), 수조 등에 있어서 매우 중요하다. 즉, '3-2의 콘크리트 압축강도 시험'에서의 시험목적과 동일하다.

2. 시험기구 및 재료

(1) 공시체 성형용 몰드

(2) 압축 시험기 : KS F 2405〔콘크리트 압축강도 시험에 규정된 것(그림 3·2참조)〕

(3) 지지봉 또는 지지판 : 표면은 지압면에 따라 측정할 때 0.02 mm 이내의 요철이 있어서는 안 된다. 최소 폭은 5 cm 이상이라야 하고 두께는 구형 또는 직사각형 지지블록의 끝에서 공시체 끝까지의 거리보다 작아서는 안 된다.

(4) 지압판 : 각 공시체에 대하여 공칭두께 3 mm, 폭은 약 2.5 cm, 길이가 공시체의 길이와 같거나 조금 길고 흠이 없는 베니어판으로 된 지압판이 2매 있어야 한다.

(5) 캘리퍼(caliper)

(6) 베니어판(두께 10 mm 정도의 것)

3. 시험방법

(1) 공시체의 치수(지름 15 cm의 원주체), 성형 및 양생은 '3-2 콘크리트의 압축강도 시험'과 동일하게 한다.

(2) 공시체의 양단면(兩端面)에 지름을 나타내는 선(線)은 공시체와 같은 축면상(軸面上)에 있어야 한다. 공시체의 길이를 측정한다. 길이는 0.1 mm의 정밀도로 2곳

이상을 측정한다. 공시체의 지름은 0.1 mm 정밀도로 중앙의 3곳에서 측정하여 평균값을 계산한다.

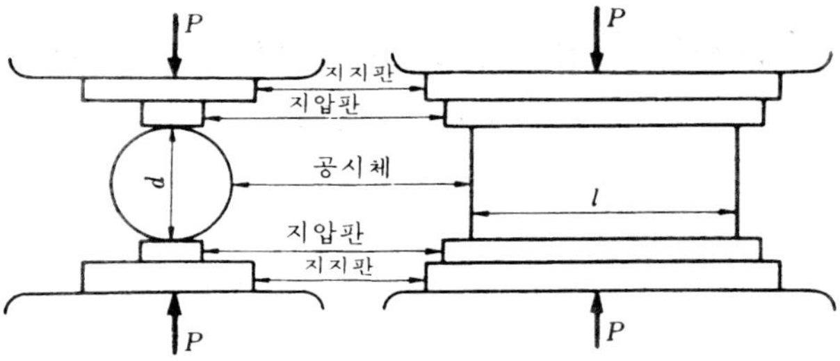

그림 3·4 콘크리트 인장강도 시험방법

(3) 공시체와 지지판 사이의 상하에 베니어판을 대고 공시체를 옆으로 올려놓고, 하부 지지판의 중심축과 상부 가압판의 중심축 및 공시체를 옆으로 올려놓는다. 하부 지지판의 중심축과 상부 가압판의 중심축 및 공시체의 지름 표시선이 모두 일직선상에 있도록 공시체 위치를 조정하여 놓는다.

(4) 공시체가 파괴될 때까지 계속해서 하중(荷重)을 가하여 인장강도가 매초 0.06 ±0.04 MPa(=N/mm²)의 일정한 비율로 증가되도록 한다.

(5) 공시체의 인장강도는 다음 식으로 계산하고 유효숫자 3자리로 끝맺는다.

$$f_{tu} = \frac{2P}{\pi l d} \tag{3·5}$$

여기서 f_{tu} : 인장강도(引張强度 : N/mm²)

P : 공시체 파괴시의 최대하중(N)

d : 공시체의 지름(mm)

l : 공시체의 지름(mm)

4. 시험기록

시험결과 다음의 사항을 기록 보고한다.

(1) 공시체의 번호

(2) 공시체의 지름과 길이(mm)

(3) 최대하중(N)

(4) 인장강도(N/mm²)

(5) 시험중에 파괴된 굵은골재 단면의 전단면적에 대한 추정비율(%)

(6) 재령

(7) 양생방법 및 양생온도
(8) 공시체의 결함유무
(9) 파괴상황, 하중의 편심유무 기타

5. 주의사항

(1) 공시체의 제작은 KS F 2403(시험실에서 콘크리트의 압축 및 휨강도 시험용 공시체를 제작하고 양생하는 방법)과 KS F 2044(현장에서 콘크리트의 압축 및 휨강도 시험용 공시체를 제작하고 양생하는 방법)에 따른다.
(2) 수중양생한 공시체는 양생실에서 꺼내어 시험할 때까지의 기간은 젖은 모포로 덮어서 습윤상태로 즉시 시험해야 한다.
(3) 공시체의 상하 직선부분과 가압판(加壓板)과의 사이에 간격이 있으면 하중을 균등하게 받지 않아 공시체가 국부적으로 파괴될 때가 있다. 공시체 몰드의 이음부(繼目部)가 가압판에 접하도록 하면 간격이 생겨서 좋지 않다.
(4) 시험기 상하의 가압판은 평행이 되지 않으면 안 된다.
(5) 공시체의 지름은 골재의 최대치수의 3배 이상으로 한다.
(6) 하중을 가할 때는 충격이 없도록 주의한다.
(7) 파괴시 시험기의 최대하중, 파괴형태, 콘크리트의 외관을 기록한다.

6. 참고사항

(1) 콘크리트의 인장강도는 그 압축강도에 비하여 일반적으로 매우 적은 것으로 보통 콘크리트에서는 압축강도의 1/9~1/13 정도이고, 경량골재 콘크리트에서는 1/9~1/15 정도이다.

표 3·3 인장, 압축, 휨강도와의 관계

강도(N/mm²)			강도비		
f_{cu}(압축)	f_{bu}(휨)	f_{tu}(인장)	f_{cu}/f_{tu}	f_{bu}/f_{tu}	f_{cu}/f_{bu}
10	2.05	1.04	9.6	1.97	4.9
20	3.29	1.85	10.8	1.78	6.1
30	4.26	2.5	12.0	1.70	7.0
40	5.18	3.1	12.9	1.67	7.7
50	6.07	3.7	13.5	1.64	8.2
60	6.84	4.26	14.1	1.60	8.8

(2) 미국 포틀랜드 시멘트협회연구소에서 콘크리트의 압축(f_{cu}), 인장(f_{tu}), 휨(f_{bu})강도의 관계를 연구한 결과가 표 3·3과 같다.

(3) 콘크리트 구조설계기준(부록 1.3.1)에서 콘크리트의 허용휨 인장응력은 다음과 같다. 허용휨 인장응력(무근의 확대 기초판과 벽체), $f_{tu} = 0.42\sqrt{f_{ck}}$

실 험 명	콘크리트의 인장강도 시험			3-3
시 험 일	서기 20 년 월 일 요일 날씨			
시험일의 상태	실온(℃)	습도(%)	수온(℃)	양생온도(℃)
시 료	채취장소	채취날짜	채취자	

시방배합	굵은골재의 최대 치수 (mm)	슬럼프의 범위 (mm)	공기량의 범위 (%)	물시멘트비 W/C (%)	잔골재율 s/a (%)	단위량(kg/m³)						
						물 W	시멘트 C	잔골재 S	굵은골재 G		혼화재료	
									mm~ mm	mm~ mm	혼화재	혼화제 (ml/m³)

공 시 체 번 호	1	2	3	4
재령(일)				
평균지름(mm)				
평균길이(mm)				
최대하중(N)				
인장강도(N/mm2)				
평균 인장강도(N/mm2)				
양생방법				
양생온도(℃)				
공시체의 결함유무				
파괴상황, 하중의 편심유무, 기타				

고 찰 :

실 험 자	소 속	과 학년 반 조 학번 :
	성 명	
검 인		서기 20 년 월 일 요일 날씨 :

3-4 콘크리트의 휨강도 시험(단순보의 3등분점 하중법)

Test for Flexual Strenght of Concrete
(Using Simple Beam with Third-Point Loading)
〔KS F 2408〕

1. 시험목적

콘크리트 보(Beam)에 휨 모멘트(moment)를 가하여 파괴하고 그 인장측에 생기는 휨강도를 계산하기 위함이다. 즉, 포장판(鋪装板)처럼 휨강도를 기준으로 배합 설계하는 경우 실시한다.

2. 시험기구 및 재료

(1) 압축 시험기 휨시험 장치
(2) 휨강도 시험용 몰드(그림 3·5 참조)
(3) 나무망치
(4) 슬럼프 측정기구
(5) 공기량 측정기구
(6) 다짐대
(7) 진동기
(8) 저울 및 스케일
(9) 콘크리트 믹서

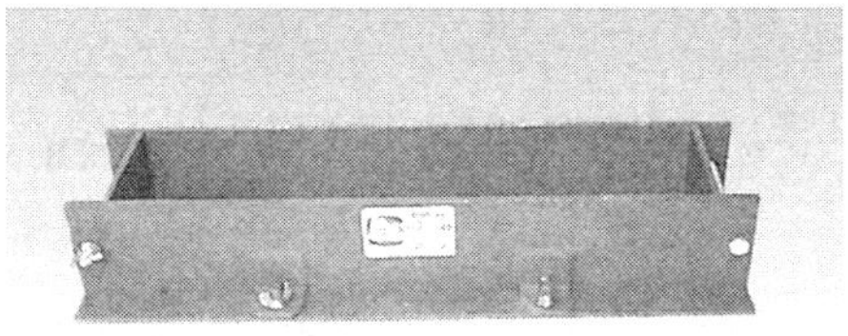

그림 3·5 휨강도 시험용 몰드

3. 휨강도 시험용 공시체 제작

몰드의 장축이 수평하도록 놓고 콘크리트를 대략 같은 두께의 2층으로 나누어 채우고, 밑층은 전길이를 통하여 다지고, 위층은 콘크리트를 몰드 윗면보다 약간 높게 채운 후 다짐대로 그 밑층까지 관입하도록 다진다. 다짐횟수와 치수는 표 3·8과 동일하다.

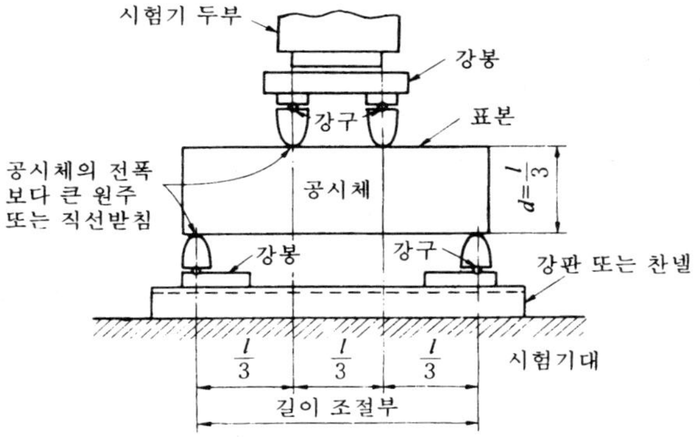

그림 3·6 3등분점 하중법에 의한 콘크리트 휨강도 시험기

4. 시험방법

(1) 공시체는 콘크리트를 몰드에 넣었을 때의 측면을 상하면으로 하여 지지블럭(bearing block)들의 중심에 공시체의 중심이 오도록 놓아야 한다(그림 3·7 참조).

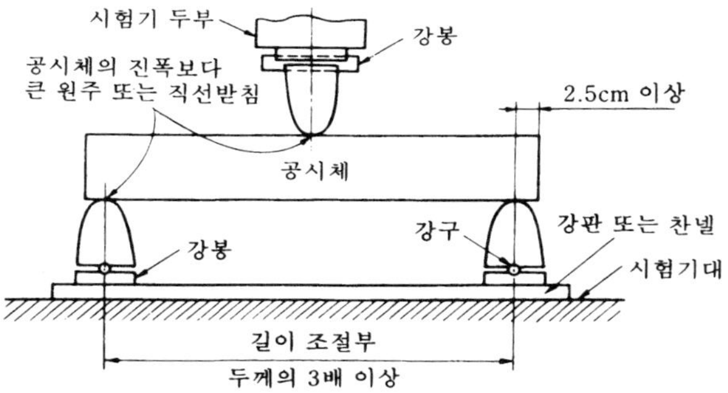

그림 3·7 중앙점 하중법에 의한 콘크리트 휨강도 시험기

(2) 하중을 가할 블록은 두 지지블록의 3등분점에서 공시체의 상측과 접촉하도록 해야 한다.

(3) 만약, 공시체의 표면들이 평면이 되지 않아서 힘이 가해질 블록이나 지지블록들과 충분히 접촉되지 않을 때는 캐핑(capping)을 해야 한다('3-3 콘크리트 압축강도 시험' 참조).

(4) 공시체에 충격을 가하지 않도록 일정한 속도로 하중을 가한다. 최대 휨압축응력의 증가(增加)가 매초 0.06 ± 0.04 MPa($= N/mm^2$)를 초과하지 않을 정도로 하중을 가한다.

(5) 공시체의 파괴단면에서의 평균 폭과 두께를 0.1 mm의 정밀도로 측정해야 한다.

(6) 공시체가 지간의 3등분 중앙부에서 파괴되었을 때 휨강도는 다음 식에 따라 계산한다.

$$f_{bu} = \frac{Pl}{bd^2} \qquad (3 \cdot 6)$$

여기서 f_{bu} : 휨강도(MPa)(=N/mm^2)

P : 공시체의 자중을 제외한 계기상의 최대하중(N)

l : 공시체 지간의 길이(mm)

b : 평균폭(mm)

d : 평균높이(mm)

(7) 공시체가 지간의 3등분 외부측에서 파괴된 경우는 그 시험결과를 무시한다.

5. 시험기록

시험 후에는 다음 사항을 기록 보고한다.

(1) 공시체의 번호
(2) 평균폭(mm)
(3) 평균두께(mm)
(4) 지간의 길이(mm)
(5) 최대하중(N)
(6) 휨강도(MPa)(=N/mm^2)
(7) 공시체의 결함
(8) 공시체의 재령

6. 주의사항

(1) 휨강도 시험용 몰드는 장방형이어야 하고, 몰드의 측면, 밑면 및 단부(端部)는 서로 직각이라야 하며, 뒤틀리지 않아야 한다. 치수의 허용값은 150×150 mm 이상의 단면을 가진 몰드에서 3 mm, 그 이하의 몰드에서 1.5 mm이고, 길이에 대하여 ±1.5 mm라야 한다.

(2) 공시체의 성형은 다짐방법의 선택에 따라 그 양부(兩部)가 결정되며, 다짐방법에는 다짐대 내부 및 외부 진동기를 사용하는 방법 등이 있으나, 시방서에 특정한 규정이 없는 한 슬럼프에 따라 표 3·4와 같이 결정한다.

표 3·4 슬럼프값에 따른 다짐방법

슬럼프(cm)	다짐방법
75 mm 이상	다짐대
25~75 mm	다짐대 또는 진동기
25 mm 이하	진동기

(3) 공시체는 성형 후 20~48시간 내에 몰드를 제거해야 한다.
(4) 몰드는 제거할 깨까지 공시체를 덮어 두어 수분의 증발을 방지해야 한다.
(5) 공시체는 특별한 규정이 없는 한 성형 후의 시험 전까지 21±3℃의 온도에서 수중상태로 저장하여 양생해야 된다. 이때 공시체를 유수(流水) 중에 넣거나 진동을 주어서는 안 된다.
(6) 단면이 150×150 mm보다 작은 단면에는 단순보의 중앙점 하중법에 의하여 휨강도를 구한다(그림 3·7 참조).

7. 참고사항

(1) 골재형상에 있어서 깬 돌이 강자갈과 같이 둥근 것보다 유리하다. 예를 들면, 물-시멘트비가 같을 때 깬 돌의 콘크리트 휨강도가 17%나 크고 단위 시멘트량과 슬럼프가 같은 때는 콘크리트 휨강도가 7% 정도 더 크다.
(2) 몰드 내의 콘크리트에 대한 다짐횟수 및 다짐대의 치수는 표 3·5와 같다.
(3) Wright의 보고에 의하면 강자갈, 모래로 W/C=50%, 시멘트 : 모래 : 자갈의 중량비(重量比)가 1 : 2 : 4의 콘크리트를 만들어 공시체 경간 대 높이의 비를 달리했을 때, 또 각각의 경우를 중앙점법과 3등분점을 비교 시험한 결과 표 3·5와 같다고 한다.

표 3·5

공시체의 윗면적(mm^2)	다짐대의 지름(mm)	다짐횟수/층
16,000 이하	10	25회
16,500~31,900	10	윗면적 700 mm^2당 1회
32,000 이상	10	윗면적 1400 mm^2당 1회

표 3·6

공시체(mm)	경간대 높이	3등분점 휨강도 (N/mm²)	하중법 변동계수 (%)	중앙점 휨강도 (N/mm²)	하중법 변동계수 (%)
75×75×225	3	3.26	6.3	4.19	9.8
75×75×338	4.5	3.20	5.2	3.70	5.1
75×75×450	6	3.33	3.8	3.88	9.0
75×75×675	9	3.17	6.0	3.97	6.9
100×100×300	3	2.99	3.5	3.89	4.9
100×100×450	4.5	3.08	6.6	3.80	9.1
100×100×600	6	2.86	5.1	3.63	9.0
150×150×450	3	2.65	7.1	3.01	6.0
150×150×675	4.5	2.53	5.7	2.93	5.3
200×200×600	3	2.35	3.1	2.81	4.9

(4) 내부 진동기로 다짐할 경우 콘크리트의 두께를 1층으로 하며, 10,000 mm^2에 1회 찌른다(즉, 150×530=79,500 mm^2÷10,000 mm^2=8회).

(5) 3등분점 하중법(파괴면이 3등분 중앙경간 내에서 생길 때 적용함. 그림 3·8 참조)(KS F 2408)

$$M = \frac{P}{2} \cdot \frac{l}{3} = \frac{Pl}{6}$$

$$f_{bu} = \frac{M}{W} = \frac{Pl/6}{bd^2/6} = \frac{Pl}{bd^2} \qquad (3 \cdot 7)$$

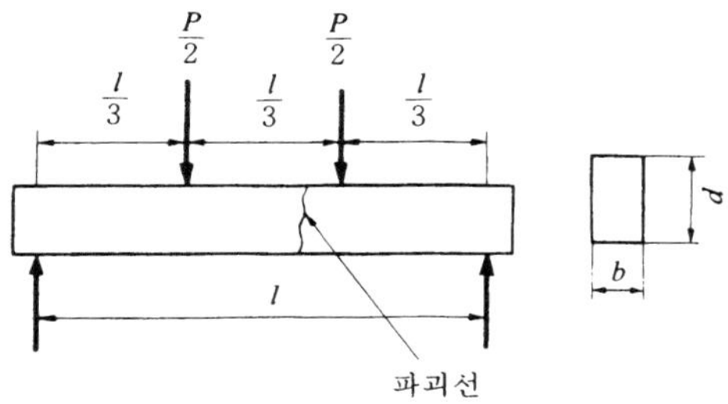

그림 3·8

실 험 명	콘크리트의 휨강도 시험			3-4
시 험 일	서기 20 년 월 일 요일 날씨			
시험일의 상태	실온(℃)	습도(%)	수온(℃)	양생온도(℃)
시 료	채취장소	채취날짜	채취자	

시방배합	굵은골재의 최대치수 (mm)	슬럼프의 범위 (mm)	공기량의 범위 (%)	물시멘트비 W/C (%)	잔골재율 s/a (%)	단위량(kg/m^3)						
						물 W	시멘트 C	잔골재 S	굵은골재 G		혼화재료	
									mm~mm	mm~mm	혼화재	혼화제 (ml/m^3)

공 시 체 번 호	1	2	3	4
재령(일)				
평균지름(mm)				
평균길이(mm)				
최대하중(N)				
인장강도(N/mm2)				
평균 인장강도(N/mm2)				
양생방법				
양생온도(℃)				
공시체의 결함유무				
파괴상황, 하중의 편심유무, 기타				

고 찰 :

실 험 자	소 속	과 학년 반 조 학번 :
	성 명	
검 인		서기 20 년 월 일 요일 날씨 :

3-5 콘크리트 블리딩 시험

(Test for Bleeding of Concrete)

〔KS F 2414〕

1. 시험목적

블리딩(bleeding)이란 굳지 않은 콘크리트나 모르타르에 있어서 물이 상승하는 현상을 말하는 것으로, 콘크리트 중의 혼합수가 골재 및 콘크리트 입자 침강(沈降)에 의하여 표면에 떠오르는 블리딩의 상태를 알아보기 위한 시험 방법이다. 굵은골재의 최대치수가 50 mm 이하로 아직 굳지 않은 콘크리트의 블리딩 시험에 적용한다.

2. 시험기구 및 재료

(1) 저울 : 필요한 하중 측정에 지장이 없도록 용량이 충분해야 하며, 시료 무게의 0.5%까지 측정할 수 있는 감도를 가져야 한다.

(2) 용기 : 안지름 25±0.5 mm, 안높이 28±3.5 mm, 두께 2.8~3.5 mm의 원통형 금속제로서 견고하고 수밀해야 한다.

(3) 다짐대 : 지름 16 mm, 길이 50~60 cm의 크기를 가진 강재 직선봉으로 그 한쪽 끝이 반원형(半圓形)으로 되어야 한다.

(4) 피펫(pipette) 및 메스 실린더(graduated cylinder) : 용량 100 ml의 메스 실린더와 시료의 표면에 생긴 블리딩의 물을 빨아낼 수 있는 피펫 또는 이와 유사한 기구이어야 한다.

(5) 흙손, 소형삽, 시계, 온도계, 나무망치 등

(6) 시료 : 시료는 KS F 2401, '굳지 않은 콘크리트의 시료채취 방법' 참조

3. 시험방법

(1) 혼합된 콘크리트를 용기에 3층으로 나누어 넣고 각 층을 25회씩 다지고 다짐대로 인한 공극이 없어지도록 콘크리트의 표면에 큰 기포가 보이지 않을 때까지 용기

바깥을 10~15회 두들겨 준다(KS F 2409 5항 참조).

(2) 첫 층(1층)을 다질 때는 다짐대가 용기바닥에 닿지 않도록 주의하며, 2층과 3층(맨 위층)을 다질 때는 그 앞층(前層)에 조금씩 관입되도록 힘을 주어 다져야 한다.

(3) 콘크리트를 용기에 25±0.3 cm 높이까지 채운 후 콘크리트 윗부분의 표면이 평편하게 되도록 흙손을 사용하여 고른다. 그때의 시간을 기록하고 용기와 시료의 무게를 칭량한다. 이때 용기 바깥면에 묻어 있는 콘크리트를 깨끗하게 제거한다.

(4) 시료와 용기를 진동이 없는 수평한 시험대 위에 놓고 뚜껑을 덮는다. 처음 60분 동안은 10분 간격으로, 그 후는 블리딩이 정지될 때까지 30분 간격으로 표면에 생긴 블리딩 물을 피펫(pipette)으로 빨아낸다. 물을 빨아낼 때 이외에는 뚜껑을 열지 않아야 한다.

(5) 블리딩 물을 쉽게 모으기 위해서 물을 빨아내기 2분 전에 약 50 mm 두께의 나무 받침을 용기의 한쪽 아래 고여 용기를 조심스럽게 기울이고, 물을 빨아낸 후 용기가 흔들리지 않도록 수평으로 되돌려 놓는다.

(6) 각각 빨아낸 물을 메스 실린더에 옮긴 후 물의 양을 기록한다. 시험이 끝난 후 즉시 시료와 용기의 무게를 측정한다. 빨아낸 블리딩에 의한 수량(水量)을 시료의 무게로써 가산해야 한다.

(7) 단위표면적 블리딩량은 다음 식으로 구한다.

$$\text{블리딩량}(\text{ml/cm}^2) = \frac{V(\text{ml})}{A(\text{cm}^2)} \qquad (3 \cdot 8)$$

여기서 A : 콘크리트의 노출된 면적(cm^2)

V : 규정된 측정시간 동안에 생긴 블리딩 물의 양(ml)

(8) 시료에 함유된 물의 총무게에 대한 블리딩 물의 비를 나타내는 블리딩률은 다음 식으로 계산한다.

$$\text{블리딩률}(\%) = \frac{B}{C \times 1000} \times 100 \qquad (3 \cdot 9)$$

$$C = \frac{w}{W} \times S \qquad (3 \cdot 10)$$

여기서 C : 시료에 함유된 물의 총무게(kg)

W : 콘크리트 1 m^3에 사용된 재료의 총무게(kg)

w : 콘크리트 1 m^3에 사용된 물의 총무게(kg)

S : 시료의 무게(kg)

B : 시료의 블리딩 물의 총량(ml)

4. 주의사항

(1) 콘크리트 블리딩 시험용 용기는 KS F 2505 혹은 KS F 2409의 용기를 사용해도 좋다.
(2) 시험하는 동안 재료인 콘크리트 및 시험실 온도는 20±2℃와 20±3℃로 유지해야 한다.
(3) 필요한 경우 시간과 그때까지의 누계한 블리딩에 대한 수량과의 관계를 나타내는 그림을 그린다.
(4) 블리딩은 굳지 않은 콘크리트나 모르타르에 있어서 골재 및 시멘트 입자의 침강(沈降)으로 물이 분리되어 상승하는 현상을 말하고, 블리딩으로 인한 콘크리트나 모르타르의 표면에 떠올라서 가라앉은 불순물을 레이턴스(laitance)라고 한다.
(5) 블리딩은 콘크리트가 어느 정도 경화되면 2~4시간만에 끝난다.

5. 참고사항

(1) 블리딩(bleeding)은 시멘트의 분말도가 작을수록 크고, 잔골재 0.15 mm보다 더 잔(細) 세립부분(細粒部分)이 적을수록 크다. 블리딩이 많으면 레이턴스도 많다.
(2) 콘크리트의 반죽질기(consistency)가 크면 콘크리트의 작업은 용이하나 블리딩이 많아지고, 굵은골재가 모르타르로부터 분리되는 경향이 있다.
(3) 일반적으로 단위수량(單位水量)을 줄이고 AE제, 시멘트 분산제(分散劑) 등을 쓰면 블리딩은 감소한다.
(4) 블리딩의 계속시간은 콘크리트와의 높이나 온도에 의하여 달라지며, 높이가 적을 때, 그리고 온도가 높을 때에는 빨리 끝난다. 콘크리트가 어느 정도 굳어질 때는 2~4시간에 블리딩은 거의 전부가 끝이 난다.
(5) 블리딩에 의하여 굵은골재의 밑면이나 수평인 철근의 하측(下側)에 물-시멘트비(W/C)가 큰 시멘트풀(cement paste)의 막(膜)이 생기고 철근콘크리트와의 부착강도가 약하게 되며, 콘크리트의 수밀성이 나빠진다.
(6) 블리딩이 현저하면 상부(上部)의 콘크리트가 다공질로 되며 강도, 수밀성, 내구성 등이 감소된다.
(7) 블리딩은 콘크리트와 거푸집(form)과의 접촉면에서도 일어난다.

실 험 명	콘크리트의 블리딩 시험			3-5
시 험 일	서기 20 년 월 일 요일 날씨			
시험일의 상태	실온(℃)	습도(%)	수온(℃)	양생온도(℃)
시 료	채취장소	채취날짜	채취자	

시방배합	굵은골재의 최대치수 (mm)	슬럼프의 범위 (mm)	공기량의 범위 (%)	물시멘트비 W/C (%)	잔골재율 s/a (%)	단위량(kg/m³)						
						물 W	시멘트 C	잔골재 S	굵은골재 G		혼화재료	
									mm~ mm	mm~ mm	혼화재	혼화제 (ml/m³)

시료를 용기에 넣고 표면을 흙손으로 고르게 한 시간		시료의 온도(℃)	

시간(분)																
빨아낸 물의 양 (누가량 : V_1) (ml)																

시료와 용기의 중량(kg)	
용기의 중량(kg)	
시료의 중량(kg)	
용기의 상면의 면적(cm²)	
콘크리트 1 m³에 사용된 재료의 총중량 W (kg)	
콘크리트 1 m³에 사용된 물의 총중량 w (kg)	
블리딩량(ml/cm²)	

고 찰 :

실 험 자	소 속	
		과 학년 반 조 학번 :
	성 명	
검 인		서기 20 년 월 일 요일 날씨 :

3-6 굳지 않은 콘크리트의 압력법에 의한 공기 함유량 시험(공기실 압력방법)

(Test for Air Content of Fresh Concrete by the Pressure Method)
(Air Receiver Method)
〔KS F 2421〕

1. 시험목적

굳지 않은 콘크리트의 공기 함유량을 압력(壓力)의 감소에 의하여 시험하는 방법으로 보일의 법칙(Boyle's law)을 응용한 것이다.

최대치수 40 mm 이하인 보통골재를 사용한 콘크리트 또는 모르타르에 대해서는 적당하나 골재수정계수(骨材修正係數)를 정확히 구할 수 없는 다공질(多孔質)의 골재(骨材)를 사용한 콘크리트 또는 모르타르에 대해서는 부적당하다.

AE 콘크리트에 있어서 공기량은 콘크리트의 워커빌리티(workability), 강도, 내구성, 수밀성 및 단위용적 중량 등에 큰 영향을 미치므로 콘크리트의 품질관리 및 적정한 배합설계를 위하여 공기량 측정이 필요하다. 또한, AE 공기(entrained air)량이란 AE제에 의한 공기량과 갇힌 공기량의 합계를 말한다. 갇힌 공기(entraped air)란 콘크리트 속에 포함되는 AE 공기 이외의 공기를 말한다.

2. 시험기구 및 재료

(1) 공기량 측정기(air meter) : 워싱턴형(Washington type)(그림 3·9 참조)

① 용기(measuring bowl) : 플랜지가 붙은 원통형의 것으로서, 강철 또는 시멘트 풀에 쉽게 상하지 않은 경질(硬質)의 금속으로 만든 것이라야 한다. 용기의 지름은 높이의 0.75~1.25배로 한다.

② 뚜껑(cover assembly) : 재질은 용기와 같은 것으로 하며, 용기 윗부분과 접촉되는 부분에 고무패킹(rubber gasket)이 붙어 있어야 한다. 물을 넣어서 시험하는 것은 뚜껑에 주수구(注水口)와 배기구(排氣口)가 있어야 한다. 물을 넣지 않고 시험하는 것은 배기구에 스포이드 같은 것이 들어갈 수 있도록 되어야 한다.

(a) 측정기

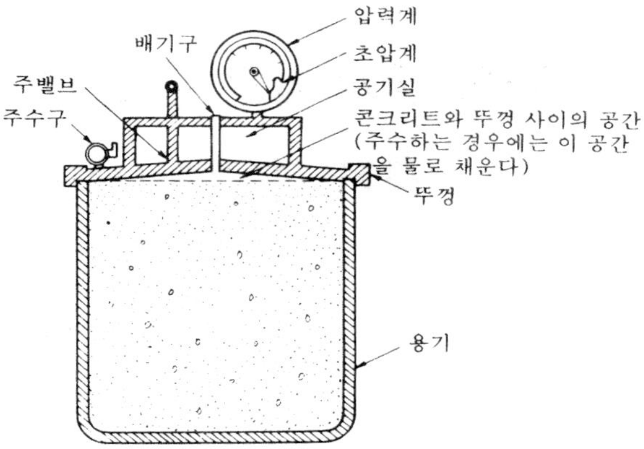

(b) 측정기의 각부 명칭

그림 3·9 공기량 측정기

③ 공기실 : 뚜껑의 윗부분에는 용기의 약 5%의 용량을 가진 공기실(空氣室)이 있어야 한다. 공기실은 압력조절 밸브(valve)가 있어야 하고, 공기펌프 및 압력계와 서로 연결되어 있어야 한다. 뚜껑을 용기에 조립했을 때, 100 kPa의 압력으로 공기나 물이 새지 않는 구조이어야 한다.

④ 압력계(pressure gauge) : 용량이 약 100 kPa 정도이고, 감도가 1 kPa인 것으로 눈금판의 지름은 약 9 cm 이상으로 하고, 용기 중의 공기량의 체적을 백분율로 나타낸 수치를 압력계의 눈금판에 표시하고 초압력(超壓力)도 표시되어야 한다.

(2) 검정용 기구 : 용기에 물을 채운 후 다시 빼낼 때 사용하는 것으로 압력계의 눈금과 용기 내의 공기량과를 실지로 비교해 보기 위한 기구

(3) 다짐대(tamping rod) : 지름 16 mm, 길이 약 60 cm의 곧은 원형강으로서, 한쪽 끝은 반구형(半球形)으로 된 것이어야 한다.

(4) 목제정규(木製定規) : 크기 45×30 cm, 두께 1.2 cm이어야 한다.

(5) 나무망치

(6) 저울

(7) 콘크리트용 소형 삽

3. 시험방법

(가) 콘크리트의 겉보기 공기량의 측정

(1) 콘크리트 시료를 거의 비슷하게 3층으로 나누어 용기에 넣고 각 층의 용적은 비슷

하게 한다. 콘크리트를 넣고 난 후 다짐대를 원형으로 돌리면서 시료를 고르게 분산시켜야 하며, 각 층을 25회씩 다져야 한다.

(2) 다짐대에 생긴 빈틈은 용기의 측면을 두들겨서 없어지도록 한다.

(3) 맨 위층을 다진 후 목제정규(木製定規)로 콘크리트 표면을 긁어 내어 용기의 윗면과 일치되도록 한다.

(4) 진동기로 다진 콘크리트의 공기량을 측정하는 데는 진동기를 사용해도 좋다.

(5) 용기 플랜지의 윗면과 뚜껑, 플랜지의 밑면을 완전히 닦아 낸 다음 뚜껑의 안팎을 공기가 통하도록 하여 가만히 뚜껑을 용기에 얹어 공기가 새지 않도록 잘 잠근다. 이때 공기실의 주밸브는 잠그고 배기구(排氣口) 밸브와 주수구(注水口) 밸브를 열어 둔다.

(6) 물을 넣을 경우에는 배기구에서 물이 나올 때까지 주수구(注水口)에 물을 넣고 배기구에서 기포가 나오지 않을 때까지 압력계를 가볍게 두들긴 다음 배기구와 주수구의 밸브를 잠근다.

(7) 5. (4) ②항에 따라 공기실 내의 기압을 초압력에 일치시킨다. 약 5초가 지난 후 주밸브를 충분히 연다.

(8) 콘크리트의 각 부분에 압력이 잘 전달되도록 용기의 측면을 망치로 두들 긴 후 다시 주밸브를 열고 바늘이 안정되었을 때 압력계의 눈금을 읽는다. 이때의 측정값을 콘크리트이 겉보기 공기량(apparent air content : A_1)으로 한다.

(나) 골재수정계수(aggregate correction factor)의 측정

(1) 사용하는 잔골재의 중량(S) 및 굵은골재의 중량(G)을 다음 식에 의하여 계산한다.

$$S = \frac{K}{B} \times S_b \tag{3 · 11}$$

$$G = \frac{K}{B} \times G_b \tag{3 · 12}$$

여기서 S : 사용하는 잔골재의 중량(kg)
G : 사용하는 굵은골재의 중량(kg)
K : 콘크리트 시료의 용적 = 용기의 용적(l)
B : 1배치(batch)의 콘크리트 성형된 용적(ASTM C 128)
S_b : 1배치에 사용하는 잔골재의 중량(kg)
G_b : 1배치에 사용하는 굵은골재의 중량(kg)

(2) 잔골재 및 굵은골재의 대표적인 시료를 각각 S(kg) 및 G(kg)만큼 채취하여 별도로 약 5분간 물에 담가 둔 다음, 거의 1/3까지 물을 채운 용기에 넣는다.

(3) 골재를 용기에 넣을 때는 잔골재를 한 삽 넣은 다음 굵은골재를 두 삽 넣도록 하며, 골재가 완전히 물에 잠기도록 한다. 골재를 넣을 때는 가능한 공기가 들어가지 않도록 하여 표면에 나온 거품은 빨리 제거해야 한다. 공기를 빼내기 위해서 측면을 고무망치로 두드리고, 또한 잔골재를 넣을 때마다 다짐대로 약 10회 다진다.

(4) 골재를 모두 넣은 후 수면의 거품을 모두 없애고, 뚜껑을 용기에 얹고 잠근다. (가)의 (5), (7)항과 같은 조작을 해서 압력계의 공기량의 눈금을 읽고, 이것을 골재수정계수(D)로 한다.

(다) 콘크리트 공기량 계산

콘크리트 공기량(A)은 다음 식에 의해서 계산한다.

$$A(\%) = A_1 - D \qquad (3 \cdot 13)$$

여기서 A : 콘크리트의 공기량(콘크리트 용적에 대한 백분율)(%)
A_1 : 콘크리트의 겉보기 공기량(콘크리트 용적에 대한 백분율)(%)
D : 골재수정계수(콘크리트 용적에 대한 백분율)(%)

4. 주의사항

(1) 콘크리트 시료를 용기에 한 삽씩 넣을 때 콘크리트가 대칭으로 균일하게 채워지도록 용기의 상단(上端) 둘레에 따라 삽을 옮겨가면서 콘크리트를 넣어야 한다.

(2) 각 층을 25회씩 다질 때에는 콘크리트의 단면 전체를 균일하게 다져야 하며, 그 밑층의 표면에 도달할 정도로 다진다. 가장 밑층을 다질 때에는 용기 바닥에 닿지 않도록 해야 한다.

(3) 진동기 다짐을 할 경우에는 시료를 2층으로 넣어 다지고, 위층을 다질 때에는 용기에 시료가 넘치도록 넣고 진동기가 밑층에 2.5 cm 이상 들어가지 않도록 한다. 진동시간은 콘크리트의 표면에 큰 기포가 일어나지 않을 때까지 필요한 최소시간으로 한다.

(4) 공기량 측정기(air meter)는 정기적으로 압력계의 눈금에 대하여 조정, 즉 캘리브레이션(calibration)을 해야 한다.

(5) 골재의 수정계수라 함은 골재의 낱알(粉)의 내부에 포함되는 공기가 시험의 결과에 미치는 영향을 고려하기 위한 계수이므로 골재에 따라 변한다. 이것은 골재 낱알의 흡수량과는 직접 관계가 없으며, 시험에 따라서만 결정할 수 있는 것이므로 이것을 생략해서는 안 된다.

5. 참고사항

(1) 아직 굳지 않은 콘크리트의 공기 함유량 시험방법은 공기실 압력방법 외에 중량법(KS F 2409), 수주압력(水柱壓力) 방법(KS F 2417) 등이 있다.

(2) 공기량에 영향을 미치는 요소는 다음과 같다.

① AE제 : AE제(劑)의 종류에 따라 공기량이 변하여, 또 사용량이 많아지면 공기량이 증가된다.

② 시멘트 : 분말도가 높을수록, 또 단위 시멘트가 클수록 공기량은 감소한다. 또, 혼화재(混和材)로서 포졸란(pozzolan)을 혼입할 때는 그 종류에 따라 다르며, 그 분말도가 높을수록 사용량이 많을수록 공기량은 감소한다.

③ 잔골재 : 잔골재에 있어서 0.3~0.15 mm의 낱알이 많을수록 공기량은 증가된다.

④ 비비기 : 기계 비비기의 경우 최초의 1~2분에서 공기량이 급하게 증가하며, 3~5분에서 최대에 이르는 것이 보통이다.

⑤ 콘크리트의 온도 : 콘크리트의 온도가 높을수록 공기량은 감소된다.

⑥ 배합 : 콘크리트의 배합이 부배합(富配合)일수록 공기량은 감소한다.

(3) 심한 기상작용을 받을 때에는 적당한 AE 콘크리트에 공기의 양은 굵은골재 최대치수 및 기타에 의해서 콘크리트 용적의 4.0~7.0%로, 그 예는 표 3·7과 같다. 콘크리트와 공기량은 운반, 진동, 다지기 등에 의하여 약 1/5만큼 감소한다.

표 3·7 AE 콘크리트의 적당한 공기량
(콘크리트 표준시방서 2.8.8)

굵은골재 최대치수(mm)	공기량(%)
15	7
20	6
25	5
40	4.5

(4) 장치의 검정

1) 용기의 검정 : 용기에 물을 채우고 채운 물의 중량을 단다. 용기에 물을 채울 때는 용기의 플랜지(flange)에 컵 그리스(cup grease)를 발라 새지 않도록 한 후 물을 넘치도록 넣고 유리판을 얹어서 여분(余分)의 물을 제거한다. 이때 유리판 밑에 공기가 있어서는 안 된다. 중량은 0.1% 정도로 계량하여야 한다.

2) 초압력(超壓力)의 검정

① 용기에 물을 채우고, 뚜껑을 안팎으로 공기가 통하도록 하여 가만히 뚜껑을

덮는다. 물을 넣을 경우에는 뚜껑을 덮은 후 뚜껑의 안쪽과 수면 사이의 공기가 다 빠질 때까지 넣는다. 물을 넣지 않게 되어 있는 측정기의 뚜껑을 덮었을 때는 수면과의 공기가 전혀 없어야 한다. 검정용 기구를 뚜껑에 붙이도록 되어 있는 것은 뚜껑을 덮기 전에 붙여야 한다.

표 3·8 내구성을 기준으로 할 경우의 공기량의 표준
(콘크리트 표준시방서)

굵은골재 최대치수(mm)	공기량(%)
150	3.0±1
80	3.5±1
40	4.0±1

② 모든 밸브를 잠그고 공기펌프로 공기실의 압력을 초압력보다 약간 크게 한다. 약 5초간 방치한 다음 조정밸브를 서서히 열어서 압력계의 바늘을 초압력의 바늘과 일치시킨다.

③ 공기실(空氣室)의 주밸브를 열어서 공기실의 압력과 용기의 압력을 평형시키고, 압력계의 눈금을 읽어서 그 값이 공기실 0%에 일치하는가 확인한다. 만일, 일치하지 않을 경우에는 공기나 물이 새지 않는가 등을 점검한 후 검정을 반복한다. 2~3회 반복하였을 때 압력계의 바늘이 같은 점을 가리키거나 0점에 멈추도록 이동시킨다. 이 조작을 반복하여 초압력 눈금의 위치이동이 적당하였는가를 확인한다.

3) 공기량 눈금판의 검정

① (4) 2), ①)항과 같은 조작을 한다. 검정용 기구를 사용하여 용기 내의 물의 일부를 빼서 그 물의 용적을 계량하여 용기체적에 대한 백분율을 산출한다. 용기 내의 압력을 대기압과 같도록 한 다음 잠그고 공기실의 기압을 초압력까지 높인다. 주밸브를 열어 고압의 공기를 용기로 유입시켜 압력계의 바늘이 안정되었을 때 공기량의 눈금을 읽는다.

② 전항의 조작을 반복하여 빼낸 물 양의 백분율과 공기량 눈금판의 수치가 일치한가를 확인하고, 만일 일치하지 않을 때는 물의 양과 공기량의 관계곡선을 그려 측정값을 보정한다.

실 험 명	굳지 않은 콘크리트의 압력법에 의한 공기 함유량 시험 (공기실 압력방법)			3-6
시 험 일	서기 20 년 월 일 요일 날씨			
시험일의 상태	실온(℃)	습도(%)	수온(℃)	양생온도(℃)
시 료	채취장소	채취날짜	채취자	

시방배합	굵은골재의 최대 치수 (mm)	슬럼프의 범위 (mm)	공기량의 범위 (%)	물시멘트비 W/C (%)	잔골재율 s/a (%)	단위량(kg/m^3)						
						물 W	시멘트 C	잔골재 S	굵은골재 G		혼화재료	
									mm~mm	mm~mm	혼화재	혼화제 (ml/m^3)

측 정 번 호	1	2	3	4
① 겉보기의 공기량(%)				
② 골재수정계수(%)				
③ 공기량 ①－②(%)				
④ 콘크리트의 온도(℃)				

고 찰 :

실 험 자	소 속	과 학년 반 조 학번 :
	성 명	
검 인		서기 20 년 월 일 요일 날씨 :

3-7 굳지 않은 콘크리트의 씻기분석 시험

(Test for Washing Analysis of Fresh Concrete)

〔KS F 2411〕

1. 시험목적

콘크리트 배합상태를 알아보기 위한 시험으로 아직 굳지 않은 콘크리트의 균등성 및 그 배합의 좋고 나쁜 점을 판단할 수 있다. 즉, 콘크리트 중에 시멘트, 잔골재, 굵은골재, 물이 어떻게 배합되어 있는가를 알기 위하여 행하는 시험이다.

2. 시험기구 및 재료

(1) 표준체 : 5 mm, 0.6 mm 및 0.09 mm 체

(2) 저 울 : 칭량 10 kg 이상 1 g까지 계량할 수 있는 것

(3) 용 기 : 수밀하고 용량 5 l 이상으로 밑이 둥근 것

3. 시료의 채취

(1) 콘크리트 시료채취 방법은 KS F 2401(굳지 않은 콘크리트의 시료채취 방법)의 규정에 따른다.

(2) 콘크리트 시료의 양은 굵은골재의 최대치수가 50 mm 이하인 경우 약 20 l, 50 mm를 초과하는 경우 약 35 l라 한다.

(3) 씻기 분석용으로 대표적 시료는 굵은골재 최대치수기 50 mm 이하인 경우 약 5 kg, 50 mm를 초과하는 경우 약 6 kg을 채취한다. 나머지 시료를 사용하여 KS F 2409(콘크리트 단위중량, 성형량 및 중량법에 의한 공기 함유량 시험방법)의 규정에 따라 콘크리트의 단위중량을 측정하고 W_B(kg/m^3)로 한다.

(4) 단위중량을 측정한 시료의 전부를 5 mm 체로 체가름하여 굵은골재와 모르타르로 분리한다.

4. 시험방법

(1) 시멘트의 비중시험 : '1-1 시멘트의 비중시험'에 따른다.

(2) 잔골재의 비중시험 : '2-2 굵은골재의 비중 및 흡수량 시험'에 따른다.

(3) 굵은골재의 비중시험 : '2-3 잔골재의 비중 및 흡수량 시험'에 따른다.

(4) 채취한 굵은골재를 물로 씻고, 표면건조 포화상태로 중량을 측정해서 W_G(kg/m^3)로 한다.

(5) 3. (3)항에서 채취한 씻기, 분석용 시료를 1g까지 정확하게 측정한 후 5mm 체 위에서 물로 씻으면서 굵은골재와 모르타르 시료를 체가름한다. 5mm 체에 잔류한 굵은골재를 표면건조 포화상태로 중량을 측정하고, 시료의 중량에서 뺀 모르타르 중량을 구하고 W_m(g)로 한다.

(6) (5)항에서 얻은 모르타르 시료를 수중중량 측정용기에 넣어, 용기 중의 물이 2l 정도 되도록 한 다음 휘저어 혼합된 시료 중의 공기를 완전히 제거한다.

(7) 휘젓기가 끝나면 수면의 거품을 제거하고, 필요에 따라 이소프로필 알코올(isopropyl alcohol)을 가하여 거품을 없앤다.

(8) 약 10분간 정치한 용기에 넣은 채로 시료를 수중에 넣어 시료의 수중중량을 측정하여 W_m'(g)로 한다.

(9) 수중중량을 측정한 모르타르 시료는 0.6mm 체 및 0.09mm 체 위에서 순차로 물을 씻으면서 체가름한다. 이 체에 잔류한 재료의 합계의 수중중량을 측정하고 W_s'(g)로 한다.

(10) 시험결과 계산은 다음과 같은 방법으로 한다.

① 모르타르 시료 중의 시멘트 중량 : W_c(g)

$$W_c = (W_m' - W_s') \times \frac{g_c}{g_c - 1} \qquad (3 \cdot 14)$$

② 모르타르 시료 중의 잔골재(0.09mm 체에 잔류한 것)의 중량 : W_s(g)

$$W_s = W_s' \times \frac{g_s}{g_s - 1} \qquad (3 \cdot 15)$$

③ 모르타르 시료 중의 물의 중량 : W_w(g)

$$W_w = W_m - (W_c - W_s) \qquad (3 \cdot 16)$$

④ 단위 굵은골재량 : W_G(kg/m^3)

$$W_G = \frac{W_G}{V} \times 1000 \tag{3·17}$$

⑤ 단위 모르타르량 : $W_m(\mathrm{kg/m^3})$

$$W_m = W_B - W_G \tag{3·18}$$

⑥ 단위 시멘트량 : $W_c(\mathrm{kg/m^3})$

$$W_c = W_m \times \frac{W_c}{W_m} \tag{3·19}$$

㉠ 공기를 완전히 제거하는 것은 시험오차를 적게 하기 위하여 매우 중요하다.

㉡ 이 경우 용기 바깥쪽에 부착한 기포를 확실히 제거해야 한다.

㉢ 0.09 mm 체에서 씻기분석하는 경우에는 미리 시료에 충분히 물을 가하여 교란시켜 현탁액의 상태로 체를 통과시키는 것이 편리하다.

⑦ 단위 잔골재량 : $W_s(\mathrm{kg/m^3})$

$$W_s = W_m \times \frac{W_s}{W_m} \tag{3·20}$$

⑧ 단위수량 : $W_w(\mathrm{kg/m^3})$

$$W_w = W_m \times \frac{W_w}{W_m} \tag{3·21}$$

여기서 g_c : 시멘트의 비중

g_s : 잔골재의 비중

V : 콘크리트의 단위중량 시험용기의 내용적(l)

5. 주의사항

(1) 혼합된 시료 중의 공기를 완전히 제거하는 것은 시험오차를 제거하기 위해서 중요하다.

(2) 0.09 mm 체에서 씻기분석하는 경우에는 미리 시료에 충분히 물을 가(加)하여 교란시켜 현탁액의 상태로 체를 통과시키는 것이 필요하다.

(3) 시험결과를 검토하는 경우에는 4. (9)항에서 0.09 mm 체를 통과한 재료의 건조중량을 사용한다.

6. 참고사항

(1) 시료를 여러 회로 나누어 시험할 경우에는 나눈 각 부분의 공기 중 중량을 우선 측정하고, 물을 가해 시멘트의 응결을 방지해 두고 차례로 씻기분석 시험을 한다.

(2) 4. (6)항의 경우에서 공기의 배제가 완전하지 못하면 시험결과에 큰 오차가 생긴다.

(3) 4. (6)항의 경우에 용기에 넣은 채로 시료를 수중에 넣어서 시료의 중량을 달았을 때 용기의 밑면 또는 측면에 기포가 붙어 있으면 큰 오차의 원인이 되므로 기포가 붙지 않도록 충분히 주의해야 한다. 용기의 밑면 및 측면을 물로 적신 후 수조에 넣어서 손으로 기포를 제거하는 것이 좋다.

(4) 4. (10)④항에서 필요한 경우에는 미리 0.15 mm 체를 통과하는 잔골재의 중량을 구해 놓고, 이것을 사용해서 시멘트 및 잔골재의 중량을 수정한다.

(5) 검사는 각 체에 남은 골재 및 0.15 mm 체를 통과한 재료의 건조중량에 의하여 행하여야 한다.

(6) 0.15 mm 체에 남은 것은 5 mm 체에 남은 것도 포함해야 한다.

실 험 명	굳지 않은 콘크리트의 씻기분석 시험			3-7
시 험 일	서기 20 년 월 일 요일 날씨			
시험일의 상태	실온(℃)	습도(%)	수온(℃)	양생온도(℃)
시 료	채취장소	채취날짜	채취자	

<table>
<tr><td rowspan="4">시방배합</td><td rowspan="3">굵은골재의 최대치수 (mm)</td><td rowspan="3">슬럼프의 범위 (mm)</td><td rowspan="3">공기량의 범위 (%)</td><td rowspan="3">물시멘트비 W/C (%)</td><td rowspan="3">잔골재율 s/a (%)</td><td colspan="7">단위량(kg/m³)</td></tr>
<tr><td rowspan="2">물 W</td><td rowspan="2">시멘트 C</td><td rowspan="2">잔골재 S</td><td colspan="2">굵은골재 G</td><td colspan="2">혼화재료</td></tr>
<tr><td>mm~ mm</td><td>mm~ mm</td><td>혼화재</td><td>혼화제 (ml/m³)</td></tr>
<tr><td></td><td></td><td></td><td></td><td></td><td></td><td></td><td></td><td></td><td></td><td></td><td></td></tr>
</table>

콘크리트의 단위용적 중량 : $W_B(\text{kg/m}^3) = W_B/V \times 1000 =$

단위 굵은골재량 : $W_G(\text{kg/m}^3) = W_G/V \times 1000 =$

단위 모르타르량 : $W_m(\text{kg/m}^3) = W_B - W_G =$

씻기분석용 콘크리트 시료의 중량 : $W_0(\text{g}) =$

W_0 중의 굵은골재의 중량 : $W_a(\text{g}) =$

모르타르 시료의 공기 중 중량 : $W_m(\text{g}) = W_0 - W_G =$

모르타르 시료의 수중 중량 : $W_m'(\text{g}) =$

모르타르 시료 중의 잔골재의 중량 : $W_s'(\text{g}) =$

모르타르 시료 중의 시멘트의 중량 : $W_c(\text{g}) = (W_m' - W_s') \times g_c/(g_c - 1) =$

(0.09 mm 체에 잔류한 것)

모르타르 시료 중의 잔골재의 중량 : $W_s(\text{g}) = W_s' \times g_c/(g_c - 1) =$

모르타르 시료 중의 물의 중량 : $W_w(\text{g}) = W_m - (W_c + W_s) =$

단위 시멘트량 : $W_c(\text{kg/m}^3) = W_m \times W_c / W_m =$

단위 잔골재량 : $W_s(\text{kg/m}^3) = W_m \times W_s / W_m =$

단위수량 : $W_w(\text{kg/m}^3) = W_m \times W_w / W_m =$

물-시멘트비 : $W/C(\%) = W_w / W_c \times 100 =$

고 찰 :

실 험 자	소 속	과 학년 반 조 학번 :
	성 명	
검 인		서기 20 년 월 일 요일 날씨 :

3-8 콘크리트의 배합설계

(Mixing Design of Concrete)

1. 시험목적

배합설계란 필요한 강도, 내구성, 수밀성과 시공에 필요한 워커빌리티를 가진 경제적인 콘크리트의 배합을 결정하는 데 있다. 그러므로 배합은 단위수량(unit water)이 될 수 있는 한 적게 시험결과로 결정되어야 한다.

2. 시험기구 및 재료

(1) 믹서(mixer)

(2) 배합설계용 저울(칭량 50 kg, 감량 1 g)

(3) 슬럼프 측정기구 일체

(4) 공기 측정용 에어 미터(air meter)

(5) 메스 실린더(용량 1000 ml)

(6) 공시체 제작을 위한 몰드(mould)

3. 시험방법

(가) 콘크리트에 사용될 재료실험

(1) 시멘트(일반적으로 비중 3.14), 잔골재, 굵은골재 등 : 비중

(2) 골재의 체가름 및 함수율

(나) 계산에 의한 배합설계

(1) 물-시멘트비(W/C)의 선정

(2) 굵은골재의 최대치수 결정

(3) 공사에 적합한 워커빌리티로 슬럼프 결정

(4) 공기량 및 단위수량, 절대 잔골재율(s/a) 선정

(5) 물-시멘트비와 단위수량에 의해 단위 시멘트량 계산
(6) 단위 잔골재량과 단위 굵은골재량 계산

(다) 굳지 않은 콘크리트의 시험배합 및 수정

(1) 시험배치에 사용될 재료의 양 계산 및 실험(굳지 않은 콘크리트에 대한 필요한 실험)

(라) 굳은 콘크리트 실험

(1) $f_{28}-C/W$ 직선을 구하기 위한 콘크리트 공시체를 제작하고 압축강도 시험을 한다.
(2) $f_{28}=A+(B\times C/W)$ 식에서 상수 A, B를 최소 제곱법에 의해서 구한다.

(마) 시방배합의 결정

(1) 시방배합을 결정한다.

(바) 현장배합으로 수정

(1) 입도상태에 대한 수정
(2) 함수상태에 대한 수정

4. 참고사항

(1) (나)의 (1)해설 "물-시멘트비(W/C)의 선정"

1) 물-시멘트비는 소요의 강도와 내구성을 고려하여 정해야 한다. 수밀을 요하는 구조물에서는 콘크리트의 수밀성에 대해서도 고려해야 한다.
2) 콘크리트의 압축강도를 기준으로 하여 물-시멘트를 정할 경우
  ① 압측강도와 물-시멘트비와의 관계는 시험에 의해 정하는 것을 원칙으로 한다. 이때 공시체는 재령 28일을 표준으로 한다.
  ② 큰 강도를 필요로 하지 않은 소규모 공사에서 시험을 실시하지 않고 보통 포틀랜드 시멘트를 사용하여 혼화재를 쓰지 않은 보통콘크리트에 대해서는 다음의 W/C와 f_{28}과의 관계식으로 구한다.

$$W/C=\frac{51}{f_{28}/K+0.31} \qquad (3\cdot22)$$

여기서 K: 시멘트의 강도(MPa)

설계기준 강도에 대하여 필요한 콘크리트 배합강도 및 배합설계는 다음과 같이

정해야 한다.

㉠ 현장 콘크리트의 압축강도 시험값이 설계기준강도 이하로 되는 확률은 5% 이하여야 하고, 또한 압축강도 시험값이 설계기준강도의 85% 이하로 되는 확률은 0.13% 이하여야 한다.

㉡ 콘크리트 압축강도 시험값이란 굳지 않은 콘크리트에서 채취하여 제작한 공시체를 표준양생하여 얻은 압축강도의 평균값을 말한다(콘크리트 표준시방서 2.8.2, 2.8.3에서).

㉢ 콘크리트의 배합강도는 설계기준압축강도가 350 Mpa 이하인 경우 식 (3·23)로 계산된 두 값 중 큰 값으로 정하며, 또한 배합강도가 35 Mpa를 초과하는 경우는 식 (3·24)로 계산된 두 값 중 큰 값으로 정한다.

$f_{cr} \leq 35$ Mpa인 경우

$$f_{cr} = f_{ck} + 1.34s$$
$$f_{cr} = (f_{ck} - 3.5) + 2.33s \qquad (3 \cdot 23)$$

$f_{cr} > 35$ Mpa인 경우

$$f_{cr} = f_{ck} + 1.34s$$
$$f_{cr} = 0.9f_{ck} + 2.33s \qquad (3 \cdot 24)$$

여기서 s : 압축강도의 표준편차(Mpa)

㉣ 콘크리트의 압축강도 표준편차는 실제 사용한 콘크리트의 30회 이상의 시험실적으로부터 결정하는 것을 원칙으로 한다. 그러나 압축강도의 시험횟수가 29회 이하이고, 15회 이상인 경우는 그것으로 계산한 표준편차에 표 3·9의 보정계수를 곱한 값을 표준편차로 사용한다.

표 3·9

시험횟수	보정계수	비고
30회 이상	1.00	명시되지 않은 시험횟수는 직선보간법을 사용하여 구함.
25회	1.03	
20회	1.08	
15회	1.16	

$$\text{표준편차} : \frac{S = \sqrt{\Sigma(x_1 - \overline{x})^2}}{n-1} \qquad (3 \cdot 25)$$

압축강도의 시험횟수가 14회 이하인 경우 또는 표준편차를 알지 못할 때의 배합강도(표 3·10 참고)

표 3·10

f_{ck}(MPa)	배합강도
21 미만	f_{ck} + 7
21 이상 35 미만	f_{ck} + 8.5
35 이상	f_{ck} + 10

③ 배합에 사용할 W/C는 기준재령의 시멘트-물비(C/W)와 압축강도와의 관계식에서 배합강도(f_{cr})에 해당하는 시멘트-물비 값의 역수로 한다. 혼화재로서 양질의 포졸란을 적당하게 사용할 경우 C/W 의 분자를 시멘트와 포졸란 중량의 합계로 해도 좋다.

3) 내구성을 고려하여 물-시멘트를 정하는 경우

표 3·11 콘크리트의 내동해성을 기준으로 하여 물-시멘트비를 정하는 경우의 AE 콘크리트의 최대 물-시멘트비(%) (콘크리트 표준시방서)

기상조건 / 단면 / 구조물의 노출상태	기상작용이 심한 경우 또는 동결융해가 종종 반복되는 경우		기상작용이 심하지 않은 경우, 빙점 이하의 기온으로 되는 일이 드문 경우	
	얇은 경우[2]	보통의 경우[3]	얇은 경우[2]	보통의 경우[3]
① 계속해서 또는 종종 물로 포화된 부분[1]	50(45)	55(50)	50(45)	60(55)
② 보통의 노출상태에 있으며 ①에 해당하지 않은 경우	55(50)	60(55)	55(50)	60(60)

(주) 1) 수조·수로·교대·교각·옹벽·터널의 라이닝 등으로서 수면에 가까워 물로 포화되는 부분 및 이들 구조물 외에 보·슬래브 등으로서 수면으로부터 떨어져 있기는 하나 융설(融雪)·물보라 등 때문에 물로 포화되는 부분

2) 단면 두께가 약 20 cm 이하인 구조물

3) 단면이 두꺼운 경우에도 보통의 경우와 같다.

4) ( )의 수치는 경량콘크리트의 내동해성을 기준으로 한 물-시멘트비이다.

(2) 콘크리트의 화학작용에 대한 내구성을 기준으로 하여 물-시멘트비를 정하는 경우

① 황산(SO_4)으로 0.2% 이상의 황산염을 함유하는 흙이나 물에 접하는 콘크리트에 대해서는 표 3·12(a)에 지시하는 값 이하로 한다.

② 융빙제(融氷劑) 및 제설제가 사용되는 콘크리트에 대해서는 표 3·12(b)에 지시하는 값 이하로 한다.

③ 수밀성을 기준으로 한 물-시멘트비는 55~60% 이상이 되면 콘크리트의 수밀성은 감소하므로 50% 이하를 표준으로 한다.

표 3·12 해양콘크리트의 내구성으로 정해진 AE 콘크리트의 최대 물-시멘트비(%)
(콘크리트 표준시방서)

환경부분 \ 시공조건	일반 현장 시공의 경우	공장제품 또는 재료의 선정 및 시공에서 공장제품과 동등 이상의 품질이 보증될 때
(a) 해 중	50	50
(b) 해상 대기 중[1]	45	50
(c) 물보라 지역[2]	45	45

(주) 실적, 연구 성과 등에 의하여 확증이 있을 때에는 물-시멘트비를 위의 값에 5~10% 정도 더한 값으로 할 수 있다.
1) 해상 대기 중이란 물보라의 위쪽에서 항상 조풍을 받으며 파도의 물보라를 가끔 받는 열악한 환경이다.
2) 물보라 지역은 평균 간조면(干潮面)에서(평균간조+파고)의 범위에 있으므로 조석(潮汐)의 간만, 파랑의 물보라에 의한 건습의 반복작용을 받는 내구성면에서 가장 열악한 환경이기 때문에 콘크리트 속의 강재부식, 동해, 화학적 침식 등의 손상을 받을 가능성이 크다.

(3) (나)의 (2) 및 (3)해설 "굵은골재 최대치수 및 슬럼프 결정"

콘크리트 표준시방서 2.8.6에서 철근 및 무근 콘크리트의 경우 굵은골재의 최대치수는 부재 최소치수의 1/5 또는 철근의 최소 순간격의 3/4를 넘어서는 안 되며, 표 3·13과 같다.

표 3·13 구조물의 종류에 의한 굵은골재의 최대치수와 슬럼프의 최대치수
(콘크리트 표준시방서)

콘크리트의 종류	구조물의 종류	굵은골재의 최대치수 (mm)	슬럼프의 최대치수 (mm)	비고
무근콘크리트	일반적인 경우	40 mm를 표준으로 하고 골재의 최대치수가 부재 최소치수의 1/4을 넘어서는 안 된다.	50~150	이 표의 슬럼프 값은 진동기를 사용할 경우 이고 사용하지 않을 경우에는 시험에 의해 결정한다.
	단면이 큰 경우		50~100	
	수밀 콘크리트		180 이하로 하되 콘크리트 치기가 용이할 때는 130 이하	

표 3·13 구조물의 종류에 의한 굵은골재의 최대치수와 슬럼프의 최대치수 (콘크리트 표준시방서)

<table>
<tr><th>콘크리트의 종류</th><th>구조물의 종류</th><th colspan="2">굵은골재의 최대치수 (mm)</th><th>슬럼프의 최대치수 (mm)</th><th>비고</th></tr>
<tr><td rowspan="3">철근콘크리트</td><td>일반적인 경우</td><td>25</td><td rowspan="2">부재의 최소치수의 1/5 이하이고 철근의 최소 수평, 수직간격의 3/4을 넘어서는 안 된다.</td><td>80~150</td><td rowspan="9">이 표의 슬럼프 값은 진동기를 사용할 경우 이고 사용하지 않을 경우에는 시험에 의해 결정한다.</td></tr>
<tr><td>단면이 큰 경우</td><td>40</td><td>60~120</td></tr>
<tr><td>수밀 콘크리트</td><td colspan="2"></td><td>180 이하로 하되 콘크리트 치기가 용이할 때는 130 이하</td></tr>
<tr><td rowspan="2">포장콘크리트</td><td>도 로</td><td colspan="2">40 mm 이하</td><td rowspan="2">25 이하</td></tr>
<tr><td>공 항</td><td colspan="2">50 mm 이하</td></tr>
<tr><td colspan="2">메시브한 큰크리트
(큰 교각, 큰 기초)</td><td colspan="2">80~100</td><td>50</td></tr>
<tr><td colspan="2">어느 정도 메시브
(교각, 두꺼운 벽, 기초 등)</td><td colspan="2">50~80</td><td>75</td></tr>
<tr><td colspan="2">두꺼운 슬래브</td><td colspan="2">40~50</td><td>50</td></tr>
<tr><td colspan="2">지하벽, 케이슨</td><td colspan="2">50</td><td>25~100</td></tr>
</table>

(4) (나)의 (4)해설 "공기량 및 단위수량, 잔골재율(s/a) 선정"

ACI 및 미국 개척국에 의하면 AE 공기량의 추천값과 보통 콘크리트의 갇힌 공기량의 근사값은 표 3·14를 참조한다.

표 3·14

골재 최대치수(mm)	AE 공기의 추천값(%)	갇힌 공기의 근사값(%)
10	8	3.0
13	7	2.5
15	7	2.5
19	6	2.0
25	5	1.5
40	4.5	1.0
50	4	0.5
80	3.5	0.3
150	3	0.2

① 콘크리트 표준시방서 2.8.9에서 AE제, AE 감수제 또는 고성능 AE 감수제를 사용한 콘크리트의 공기량은 굵은골재의 최대치수 기타에 따라 콘크리트 용적의

4～7%로 한다.

② 기상작용이 심하지 않은 곳에서 AE 콘크리트를 사용하는 경우 소요의 워커빌리티를 얻는 범위 내에서 될 수 있는 대로 적은 공기량으로 한다.

③ 포장시, 제34조에서 AE 콘크리트의 공기량은 4%를 표준으로 한다.

④ 굵은골재의 최대치수에 따라 표 3·15에 따라 정한다.

표 3·15 배합설계 참고표(콘크리트 표준시방서)

굵은 골재의 최대치수 (mm)	단위 굵은골재 용적 (%)	보통콘크리트			AE 콘크리트				
		갇힌 공기 (%)	잔골 재율 s/a (%)	단위 수량 W (%)	공기량 (%)	양질의 AE제를 사용할 경우		양질의 감수제를 알맞게 사용할 경우	
						잔골재율 s/a(%)	단위수량 W(%)	잔골재율 s/a(%)	단위수량 W(%)
15	58	2.5	49	190	7.0	47	180	48	170
20	65	2.0	45	185	6.0	44	175	45	165
25	67	1.5	41	175	5.0	42	170	43	160
40	72	1.2	36	165	4.5	39	165	40	155
50	75	1.0	33	155	4.0	36	160	37	150

(주) 이 표의 값은 보통의 입도(粒度)를 가진 모래 및 자갈을 사용하였고 $W/C=55\%$, 슬럼프 80 mm 정도의 콘크리트에 대한 것이며, 모래의 조립률(FM)이 2.8 정도일 때이다.

⑤ 절대 잔골재율, 단위수량(W) 결정

절대 잔골재율(s/a)이란 골재 중 5 mm 체를 통과한 부분은 잔골재로 보고 5 mm 체에 걸린 부분을 굵은골재로 보아서 산출한 잔골재량과 골재 전량과의 절대용적비를 백분율$\left(s/a=\dfrac{S_v}{S_v+G_v}\times 100\right)$로 나타낸 것이다.

⑥ 절대 잔골재율은 소요의 워커빌리티를 얻을 수 있는 범위 내에서 단위수량이 최소가 되도록 시험에 의해서 정해야 한다.

⑦ 단위수량은 작업이 가능한 범위 내에서 될 수 있는 대로 적게 되도록 정해야 한다.

⑧ 단위수량은 굵은골재의 최대치수, 골재의 입도와 입형(粒形), 혼화재의 종류, 콘크리트의 공기량 등에 따라 다르므로 사용되는 재료에 관해서 시험을 실시하여 정한다.

⑨ 단위수량의 표준은 표 3·15를 적용한다.

⑩ 특별히 단위수량을 감소해야 되는 경우 AE제, 감수제 등을 사용하여 단위수량을 감소시켜야 한다.

▶ 사용재료나 콘크리트의 품질이 표 3·15의 조건과 다를 때는 위의 값을 다음(표 3·16)에 따라 보정해야 한다.

표 3·15와 표 3·16에서

㉠ s/a를 같게 보존하면서 슬럼프값 10 mm를 크게(적게) 하기 위해서는 W를 1.2%만큼 크게(작게) 하면 된다.

㉡ W/C를 5%만큼 크게(적게) 하며 슬럼프값을 보존하기 위해서는 s/a를 1%만큼 크게(적게) 하면 된다.

㉢ 과거의 경험이나 표에서 참조하여 적당하다고 생각되는 s/a보다 약간 큰 s/a를 선정한다.

표 3·16 s/a와 W의 수정표(콘크리트 표준시방서)

조건변화		s/a의 보정(%)	W의 보정(kg)
잔골재의 조립률	±0.10	±0.5%	보정하지 않는다.
W/C	±0.05(5%)	±1%	보정하지 않는다.
슬럼프	±10 mm	보정하지 않는다.	±1.2%
공기량이 ±1%할 때마다		0.5~1%만큼 작게(크게)	3%만큼 작게(크게)
s/a	±1%	-	±1.5 kg
부순돌을 사용할 때		+(3~5%)	+(9~15 kg)
부순모래를 사용할 때		+(2~3%)	+(6~9 kg)

㉣ 선정된 S/a와 정해진 W/C를 가진 소정의 슬럼프의 콘크리트를 만든다.

㉤ 즉, s/a를 고정해 두고 소요 슬럼프를 얻을 때까지 시멘트 물량을 가감한다.

㉥ s/a를 조금씩 적게 선정해 가면서 시험한다.

(5) (나)의 (5) 해설 "단위 시멘트량 선정"

① 단위 시멘트량은 단위수량(W : kg/m^2)과 W/C로부터 구한다.

② 단위 시멘트량은 소요의 강도, 내구성, 수밀성 등을 갖는 콘크리트를 얻도록 시험에 의하여 정한다.

③ 철근콘크리트에 사용되는 콘크리트는 소요의 콘크리트 강도를 얻기 위한 것뿐만 아니라 철근이 녹스는 것을 방지하고 콘크리트와 철근과의 부착을 충분히 하기 위해서 적당한 W/C비의 시멘트풀로 철근을 완전히 둘러싸야 하며 콘크리트가 충분히 수밀해야 하므로 상당한 양의 시멘트를 사용해야 한다.

④ 특별히 단위 시멘트량의 상·하한값이 규정되어 있는 경우에는 그 조건을 충족해야 한다.

(6) (나)의 (6)의 해설 "단위 잔골재 및 굵은골재량 계산"

골재량을 산출하는 데는 절대 용적법을 사용한다. 절대 용적법은 콘크리트 중에 빈틈없이 콘크리트 $1\,m^3(1000\,l)$을 만드는 데 필요한 각 재료, 즉 물, 시멘트, 모래, 자갈의 절대용적의 합계와 공기량의 용적을 합하면 전체용적이 $1\,m^3(1000\,l)$가 된다는 것으로 각 배합의 기본이 된다. 지금 잔골재, 굵은골재, 시멘트의 비중을 각각 g_s, g_g, g_c라 하면

•단위골재의 절대용적(a)

$$= 1000l - \left(\frac{\text{단위수량(kg)}}{\text{물의 비중}} + \frac{\text{단위 시멘트량(kg)}}{g_c} + \frac{\text{공기량}}{100} \times 1000\,l \right) \quad (3 \cdot 26)$$

•단위 잔골재의 절대용적(S_v : l)=단위골재의 절대용적(a)$\times s/a$ (3・27)

•단위 굵은골재 절대용적(G_v : l)$= a - S_v$ (3・28)

•단위 잔골량(kg/m³)$= S_v \times g_s$ (3・29)

•단위 굵은골재량(kg/m³)$= G_v \times g_g$ (3・30)

(7) 굳지 않은 콘크리트 시험배합 및 수정

① 계산된 배합에 의하여 1시험배치를 비벼서 슬럼프와 공기량을 측정하여 워커빌리티를 검토한다.

② 1시험배치로 슬럼프와 공기량이 얻어지지 않는 경우에는 수정하여 2시험배치를 비벼서 필요로 하는 슬럼프값과 공기량이 될 때까지 되풀이한다.

③ 잔골재율이 최소가 되는 시험배치를 비벼서 필요로 한 슬럼프값과 공기량을 얻을 수 있는 단위수량을 구한다.

④ 즉, 슬럼프와 공기량의 범위 안에서 최소의 s/a를 결정한다.

⑤ 슬럼프 및 공기량 이외에 성형성, 표면마무리 등을 검토하여 시험배치를 3, 4, 5, 6, …… 배치 시험으로부터 최상의 콘크리트를 만든다.

5. 간이배합 설계법

중요하지 않은 소규모 공사의 콘크리트를 만들려고 할 경우, 시험을 위한 배합을 결정할 시간적 여유가 없을 때는 표 3・17의 기성 배합표에 따라 배합을 정해도 좋다.

(1) 표 3・17은 잔골재가 건조한 경우이다. 젖어 있을 경우 표에서의 값보다 5 kg만큼 큰 값을 사용하며, 아주 습한 경우 10 kg만큼 큰 값을 사용해야 한다.

(2) 먼저 배합 B를 사용하고 워커빌리티를 얻는 데 필요한 물을 가하여 콘크리트를

만든다.

(3) 모래가 적다고 인정될 때는 배합 A를 사용하고, 모래를 감소시켜야 되겠다고 인정시에는 배합 C를 사용한다.

(4) 콘크리트의 단위 절대용적(1 m³)은 다음 식으로 구한다.

$$1\,\mathrm{m}^3 = \frac{C_w}{1000g_c} + \frac{W_w}{1000} + \frac{S_w}{1000g_s} + \frac{g_w}{1000g_g} + \frac{A}{100} \qquad (3 \cdot 31)$$

여기서 g_c : 시멘트의 비중

g_g : 굵은골재의 비중

C_w : W_w, S_w, G_w → kg/m³

g_s : 잔골재의 비중

A : 공기량(%)

6. 콘크리트의 배합설계 예

주어진 재료를 사용하여 기후의 차이가 심한 지방에 콘크리트 옹벽을 만들려고 한다. 재령 28일에 있어서의 설계기준 강도가 24 MPa 되도록 콘크리트의 배합을 설계하라(단, 슬럼프값은 120 mm, 예상되는 표준편차 s는 4.07이다).

(1) 주어진 재료에 대하여 시험한 결과

시멘트의 비중 : 3.14 g/cm³

굵은골재의 비중 : 2.64 g/cm³

시멘트의 강도(K) : 42 MPa

잔골재의 비중 : 2.60 g/cm³

잔골재의 표면수율 : 3.0%

굵은골재의 표면수율 : 0.7%

(2) 골재 체가름 시험결과는 표 3·18, 표 3·19와 같다.

표 3·18

잔골재		
체눈의 크기(mm)	잔류량(%)	통과량(%)
10	0	100
5	4	96
2.5	10	90
1.2	35	65
0.6	70	30
0.3	85	15
0.15	94	6
FM=2.98		

표 3·19

굵은골재		
체눈의 크기(mm)	잔류량(%)	통과량(%)
40	5	95
30	20	80
25	27	73
20	45	55
15	60	40
10	82	18
5	97	3
FM=7.29		

$$\text{굵은골재 조립률(FM)} = \frac{5+46+85+100+500}{100} = 7.36$$

$$\text{잔골재 조립률(FM)} = \frac{6+32+69+84+94}{100} = 2.85$$

(3) 시방배합을 결정할 때 잔골재가 5 mm 체의 잔류한 것과 굵은골재는 5 mm 체를 통과한 것은 제거해야 되므로 다음과 같은 수정된 FM의 값을 갖는다.

(4) 배합강도의 결정식 식 (3・23)에서

$$f_{cr} = 24 + 1.34 \times 4.07 = 29.45\text{MPa}$$
$$f_{cr} = (24 - 3.5) + 2.33 \times 4.07 = 29.98\text{MPa}$$

이 두 배합강도 중 큰 값을 선택해야 되므로

$$\therefore \text{배합강도 } f_{cr} = 30\text{MPa}$$

▶ 5 mm 체로 분류한 골재의 수정 FM은 표 3・20 및 표 3・21과 같다.

표 3・20

잔 골 재		
체눈금(mm)	잔류누계(%)	통과량(%)
10	0	100
5	0	100
2.5	6	94
1.2	32	68
0.6	69	31
0.3	84	16
0.15	94	6
FM = 2.85		

표 3・21

굵 은 골 재		
체눈금(mm)	잔류누계(%)	통과량(%)
40	5	95
30	21	79
25	28	54
20	46	38
15	62	15
10	85	0
5	100	
FM = 7.36		
G_{max}		40 mm

(5) 물-시멘트비(W/C)계산(가정)

콘크리트의 강도를 필요로 하지 않는 소규모 공사에서 시험을 실시하지 않고, 혼화재를 쓰지 않을 경우 보통콘크리트에서 다음 식 (3・25), 식 (3・26)에서 구한 값 중 작은 것을 택하고, 콘크리트의 내동해성을 고려하는 경우에는 표 3・12의 물-시멘트비 이하로 한다. 압축강도를 기준으로 하면

$$W/C = \frac{51}{30/42 + 0.31} = 49.8(\fallingdotseq 50\%)$$

(시멘트 강도 : $K = 42\text{MPa}$)

① 압축강도를 기준으로 한 물-시멘트비는 추정값 W/C=50%이다. 그러나 시험배치에 의해 정확히 조정되어야 한다.

② 내동해성(표 3·11)을 기준으로 소요되는 W/C는 60% 이하로 한다.

③ 시험배치(batch)에 의하여 정확히 조정될 것이므로 W/C=50%로 가정해서 계산을 진행한다.

(6) 굵은골재의 최대치수 결정 : 표 3·13에서 40 mm

(7) 공사에 필요한 워커빌리티로 슬럼프 결정 : 표 3·13에서 구조물의 종류에 따른 주어진 슬럼프값 120 mm는 적합한 값으로 판단된다.

(8) 잔골재율(s/a) 및 단위수량(W)의 수정 : (6)항에서 결정된 굵은골재 최대치수 40 mm에 대해서 배합설계 참고표(표 3·15)로부터 잔골재율 및 단위수량을 구한다. 현재 배합하고자 하는 재료와 콘크리트의 품질이 표 3·16의 (주) 조건과 다를 때는 다음과 같이 수정한다.

표 3·15′ s/a 및 W의 수정

수정항목	배합 참고표	배합 조건	s_v/a=36%	W=165 kg
			s_v/a의 수정량	W의 수정량
잔골재 조립률	2.80	2.85	$\frac{2.85-2.8}{0.1}\times 0.5=0.25\%$	
물-시멘트비	0.55	0.5	$\frac{0.5-0.55}{0.05}\times 1=-1.0\%$	
슬럼프	80	120		$\frac{120-80}{10}\times 1.2=4.8\%$
계			−0.75%	165×0.048= 7.92 kg
수정한 설계값			S/a= 36−0.75=35.25%	W=165+7.92≒173 kg

(9) 콘크리트 단위량 계산

- 시멘트 중량(C_w)=173÷0.5=346 kg/m^3
- 시멘트의 절대용적(C_v)=346÷3.14≒110.1 l
- 공기량(1.2%)=1000 l×0.012=12 l
- 골재의 용적(a)=1000−(110.0+12+173)=705 l
- 잔골재의 용적(S_v)=705×0.3525= 249 l
- 굵은골재의 용적(G_v)= a_v-S_v =705−249=456 l
- 단위 잔골재 중량(S_w)=S_v×잔골재 비중=249×2.6=647 kg/m^3(표건상태 중량)

•단위 굵은골재 중량(G_w) = G_v × 굵은골재 비중 = 456 × 2.64 = 1204 kg/m^3(〃)

1 m^3(1000 l)	
공기용적(A_v)	
물의 용적(W_v)	
시멘트 절대용적(C_v)	
잔골재 절대용적(S_v)	a_v
굵은골재 절대용적(G_v)	a_v

단위량을 정리하면

표 3・22 단위량

굵은골재 최대치수 (mm)	슬럼프의 범위 (mm)	공기량 (%)	물시멘트비 W/C (%)	잔골재율 s/a (%)	단위량(kg/m^3)					
					물 W	시멘트 C	잔골재 S	굵은골재 G	혼화재	혼화제
40	120	1.2	50	35.25	173	346	647	1204	–	–

(10) 시험 비비기

① 1시험배치(batch량 : 20 l) : (9)항에서 계산한 단위량과 1 batch량을 20 l로 하였을 때 각 재료량을 정리하면(20 l의 콘크리트 재료량의 계산은 각 단위량에 20/1000을 곱하면 된다) 표 3・23에서 단위량 및 배치량은 시방배합이므로 잔골재는 No.4 체에 전부 통과하고, 굵은골재는 No.4 체에 잔류한 중량이므로 No.4 체로 분류해서 준비한다. 함수상태는 표면건조 포화상태로 만들어 두면 입도에 대한 보정, 함수상태에 대한 보정을 하지 않고 각 재료의 배치량을 칭량하여 콘크리트를 비빈다.

시험비빔 결과 슬럼프를 측정하였더니 슬럼프값이 140 mm가 되었다.

공기량 실험은 일반콘크리트이므로 측정하지 않았다.

표 3・23 1시험배치량

	굵은골재 최대치수 (mm)	슬럼프의 범위 (mm)	공기량 (%)	물시멘트비 W/C (%)	잔골재율 s/a (%)	단위량(kg/m^3)					
						물 W	시멘트 C	잔골재 S	굵은골재 G	혼화재	혼화제
단위량	40	120	1.2	50	35.25	173	346	647	1204	–	–
1배치량 (20 l)	40	120	1.2	50	35.25	3.46	6.92	12.94	24.08	–	–

② 2시험배치 : 슬럼프값을 120 mm로 하기 위해서 보정을 한다.

▶ 표 3·16에서 슬럼프 10 mm변화에 대해서 단위수량을 1.2% 증감이 있으므로

$$\frac{120\text{mm}-140\text{ mm}}{10\text{mm}}\times 1.2\% = -2.4\%$$

즉, 2.4%만큼 감해야 한다. 따라서,

•단위수량은 $173(1-0.024) \fallingdotseq 169\text{kg/m}^3$

•단위량 계산은(W_w =169 kg/m³, W/C=50%, s/a=35.25%, A=1.2%)

•시멘트 중량(C_w) =169÷0.5=338 kg/m³

$C_v = 338 \div 3.14 \fallingdotseq 108\ l$

$A_v = 1000 \times 0.012 = 12\ l$

$W_v = 169\ l$

$a = 1000\ l - (108+12+169) = 711\ l$

$S_v = 711 \times 0.3525 = 251\ l$

$G_v = 711 - 251 = 460\ l$

•단위 잔골재 중량(S_w)=251×2.6=653 kg/m³

•단위 굵은골재 중량(G_w)=460×2.64=1214 kg/m³

1시험배치 조건과 동일하게(골재의 함수상태 및 입도상태) 하여 슬럼프 시험을 한 결과 120 mm가 되었다. 여기에서 성형성(plasticity) 및 피니셔빌리티(finishability)를 고찰한다. 슬럼프를 측정하고 콘크리트 측면을 다짐막대로 약간의 충격을 주어 성형성을 관찰하고 흙손으로 표면마무리의 난이성을 조사해 본다. 이 경우 콘크리트 표면이 거칠다고 생각되어 s/a를 2.0% 정도 증가시키는 것이 좋을 것으로 생각된다.

표 3·24 2시험배치량

	굵은골재 최대치수 (mm)	슬럼프의 범위 (mm)	공기량 (%)	물시멘트비 W/C (%)	잔골재율 s/a (%)	단위량(kg/m³)					
						물 W	시멘트 C	잔골재 S	굵은골재 G	혼화재	혼화제
단위량	40	120	1.2	50	35.25	169	338	653	1214	−	−
1배치량 (20 l)	40	120	1.2	50	35.25	3.38	6.76	13.06	24.28	−	−

③ 3시험배치 : s/a가 2.0% 증가되어, s/a=35.25+2.0=37.25% 변화된다.

▶ 수정표(표 3·16)에서 s/a를 1% 증감하면 단위수량은 1.5 kg 증감하므로

•수정 단위수량(W_w)=169+2×1.5 kg=172 kg/m³

•콘크리트 단위량 계산은($W=172\ kg/m^3$, $W/C=50\%$, $S/a=37.25\%$, $A=1.2\%$)

•시멘트 중량(C_w) $=172 \div 0.5=344\ kg/m^3$

$C_v=344 \div 3.14 \fallingdotseq 110\ l$

$A_v=1000 \times 0.012=12\ l$

$W_v=172\ l$

$a=1000\ l-(110+12+172)=706\ l$

$S_v=706 \times 0.3725=263\ l$

$G_v=706-263=443\ l$

•단위 잔골재 중량(S_v) $=263 \times 2.6=684\ kg/m^3$

•단위 굵은골재 중량(G_w) $=443 \times 2.64=1170\ kg/m^3$

•세 번째 단위량과 세 번째 배치량을 정리하면 다음과 같다.

표 3·25 3시험배치량

	굵은골재 최대치수 (mm)	슬럼프의범위 (mm)	공기량 (%)	물시멘트비 W/C (%)	잔골재율 s/a (%)	단위량(kg/m^3)					
						물 W	시멘트 C	잔골재 S	굵은골재 G	혼화재	혼화제
단위량	40	120	1.2	50	37.25	172	344	684	1170	–	–
1배치량 (20 l)	40	120	1.2	50	37.25	3.44	6.88	13.60	23.40	–	–

1시험배치의 조건(함수상태, 입도상태)으로 재료를 칭량하여 슬럼프 시험을 한 결과 12 cm가 나왔고 성형성 표면 마무리도 양호하였다. 3시험배치 시험에서 지정 슬럼프값에 미치지 못하든가, 성형성 표면 마무리 등이 만족스럽지 않으면 4, 5, 6, …시험배치를 통해서 양질의 콘크리트를 만들어야 한다.

(11) $C/W-f_{28}$식을 구하기 위한 공시체 제작

$C/W-f_{28}$식을 구하는 데 적당하다고 생각되는 범위에서 세 가지 이상의 서로 다른 $C/W(W/C)$를 사용한 콘크리트에 대하여 시험하면 된다. 여기에서 공시체 제작에는 $W/C=50\%$(표 3·25)를 기준으로 ±5%, 즉 45%, 50%, 55%의 세 가지로 한다.

① $W/C=50\%$의 경우 단위량

양질의 콘크리트인 표 3·25의 단위량을 기준으로 한다.

② $W/C=45\%$인 단위량의 계산

W/C가 50%인 단위량을 기준으로 하여 s/a를 수정하면 W/C가 0.05 증감에 따라 1%의 증감이 있으므로(표 3·16 참조)

$$\frac{0.45-0.5}{0.05}\times 1=-1\%$$

즉, 수정 $s/a=37.25-1=36.25\%$가 된다.

단위수량(W)은 변하지 않고 $W=172\ \mathrm{kg/m^3}$

▶ 콘크리트 단위량

- 시멘트 중량(C_w) $=172\div 0.45=382\ \mathrm{kg/m^3}$

  $C_v=382\div 3.14=122\ l$

  $A_w=1000\ l\times 0.012=12\ l$

  $a=1000\ l-(122+12+172)=694\ l$

  $S_v=694\times 0.3625=252\ l$

  $G_v=694-252=442\ l$

- 단위 잔골재 중량(S_w) $=252\times 2.6=655\ \mathrm{kg/m^3}$
- 단위 굵은골재 중량(G_w) $=442\times 2.64=1167\ \mathrm{kg/m^3}$

③ $W/C=55\%$인 단위량 계산

상기 ②항과 같이 $\dfrac{0.55-0.5}{0.05}\times 1=1\%$

즉, 수정 $s/a=37.25+1=38.25\%$

단위수량(W)$=172\ \mathrm{kg/m^3}$

갇힌 공기(A)$=1.2\%$

▶ 단위량 계산

- 시멘트 중량(C_w) $=172\ \mathrm{kg}\div 0.55=313\ \mathrm{kg/m^3}$
- 시멘트의 절대용적(C_v) $=313\div 3.14=100\ l$

  $A_v=1000\times 0.012=12\ l$

  골재의 절대용적(a) $=1000\ l-(100+12+172)=761\ l$

  잔골재 절대용적(S_v) $=716\times 0.3825=274\ l$

  굵은골재 절대용적(G_v) $=716-274=442\ l$

  잔골재 단위중량(S_w) $=274\times 2.6=712\ \mathrm{kg/m^3}$

  굵은골재 단위중량(G_w) $=442\times 2.64=1167\ \mathrm{kg/m^3}$

이상의 세 종류의 W/C비에 대한 단위량과 압축강도 시험 몰드 제작용 배치량을 정리하면

표 3·26

W/C(%)	s/a(%)	W(kg)	C(kg)	S(kg)	G(kg)
45	36.25	172(3.44)	382(7.64)	655(13.1)	1167(23.34)
50	33.25	172(3.44)	344(6.88)	684(13.68)	1170(23.40)
55	38.25	172(3.44)	313(6.26)	712(14.24)	1167(23.34)

※ ( )는 20 l 배치량의 증량이다(골재는 표건중량).

④ 표 3·26의 각 배치량을 기준으로 압축강도 몰드(각 3개)를 만들어 재령 28일의 압축강도 시험을 행하여 정리하면 다음과 같다.

표 3·27

W/C(%)	C/W	슬럼프(mm)	f_{28}(MPa)
45	2.22	120	36.6, 37.6, 36.9, 평균 37
50	2.0	120	33.2, 31.5, 30.7, 평균 31.8
55	1.82	120	27.7, 26.8, 28.7, 평균 27.7

(12) $C/W-f_{28}$ 관계식과 W/C 결정

표 3·27에서 각각의 C/W와 f_{28}의 압축강도 평균값으로부터 $C/W-f_{28}$의 관계식 을 구한다. 여기서 n=자료수, $C/W=a$, f_{28}의 평균값$=M$으로 놓고 최소제곱법을 이용해서 다음 식으로 나타낼 수 있다.

$$A=\frac{[aa][M]-[a][aM]}{n[aa]-[a]^2} \tag{3·32}$$

$$B=\frac{n[aM]-[a][M]}{n[aa]-[a]^2} \tag{3·33}$$

식 (3·32)와 식 (3·33)에 표 3·28을 대입한다.

표 3·28

a	M	aa	aM
2.22	37.0	4.928	82.140
2.0	31.8	4.00	63.600
1.82	27.7	3.312	50.414
$[a]=6.04$	$[M]=96.5$	$[aa]=12.240$	$[aM]=196.154$

$$A=\frac{12.24\times 96.5-6.04\times 196.154}{3\times 12.24-6.04^2}=\frac{-3.61}{0.2384}=-15.14$$

$$B=\frac{3\times 196.154-6.04\times 96.5}{3\times 12.24-6.04^2}=23.5$$

이상으로부터

$$f_{28}=-15.1+23.5\times C/W$$

구하였다. 여기서 〔앞에서 배합강도 $f_{cr}=f_{28}=30$ MPa〕

이 관계식을 그림으로 나타내 보면 그림 3·10과 같다. 이 그림으로부터 배합강도 (30 N/mm^2)에 상당하는 C/W는 1.92가 된다. 즉, 이 경우에 강도에 필요한 W/C는 52%가 된다.

또는 $f_{28}=-15.1+23.5\times C/W$관계식으로부터

$$C/W=\frac{f_{28}+15.1}{23.5}\rightarrow W/C=\frac{23.5}{f_{28}+15.1}=\frac{23.5}{30+15.1}=0.52(52\%)$$

이상의 결과로부터 최종 시방배합의 W/C는 52%로 결정된다.

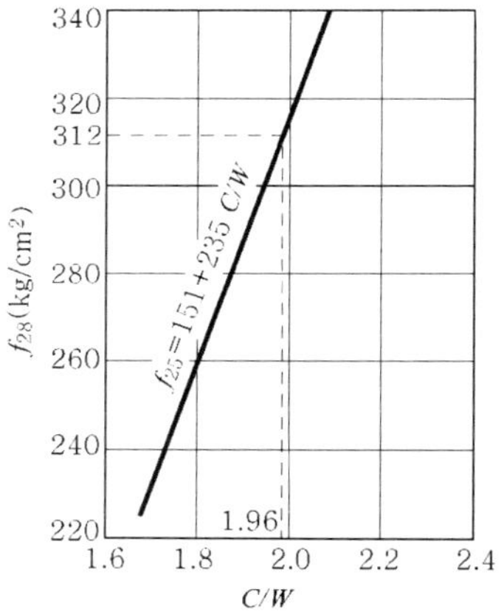

그림 3·10 C/W와 f_{28}과의 관계

(13) 최종 시방배합 결정

이 문제의 배합조건에서 W/C=52%로 결정되었다. 표 3·25의 단위량을 기준으로 수정한다. 수정표에서 W/C가 0.01(%) 증감이 있을 때 s/a는 1%의 증감이 있고, 단위수량은 보정하지 않는다. 그러므로

$$s/a\text{의 보정량} = \frac{0.52-0.5}{0.05}\times 1 = +0.4\%$$

$$s/a = 37.25 + 0.4 = 37.65\%$$

$$\therefore\ W/C = 52\%,\ W = 172\text{kg/m}^3,\ s/a = 37.65\%,\ A = 1.2\%$$

▶ 단위량 계산

•단위 시멘트량(C_w) $= 172/0.52 = 331\ \text{kg/m}^3$

$C_v = 331\ \text{kg}/3.14 = 105\ l$

$W_v = 172\ l$

$A_v = 1000\ l \times 0.012 = 12\ l$

$a = 1000\ l - (105 + 172 + 12) = 711\ l$

$S_v = 711\ l \times 0.3765 = 268\ l$

$G_v = 709\ l - 268\ l = 441\ l$

$S_w = 268\ l \times 2.6 = 697\ \text{kg/m}^3$

$G_w = 441\ l \times 2.64 = 1164\ \text{kg/m}^3$

표 3·29 최종 시방 배합표

굵은골재 최대치수 (mm)	슬럼프의 범위 (mm)	공기량 (%)	물시멘트비 W/C (%)	잔골재율 s/a (%)	단위량(kg/m³)					
					물 W	시멘트 C	잔골재 S	굵은골재 G	혼화재	혼화제
40	120	1.2	52	37.65	172	331	697	1164	–	–

(14) 시방배합을 현장 배합으로 수정

① 골재의 현장상태 : 표 3·18, 표 3·19에서 잔골재는 5 mm 체의 잔류율이 4%, 굵은골재는 5 mm 체에 통과율이 3%이고, 함수율 시험에서 잔골재 표면수율이 3%, 굵은골재 표면수율은 0.7%이다. 이렇게 현장의 골재상태가 시방서와 상이하므로 골재의 입도 및 함수상태에 대해서 보정을 해야 한다.

② 보정의 편의상 현장의 골재를 표면건조 포화상태라고 가정한다(단위 잔골재량을 x kg, 단위 굵은골재량을 y kg).

㉠ 골재의 입도에 대한 보정

다음과 같은 방정식이 성립한다.

•단위 골재량 $x + y = 697 + 1164 = 1861$

•단위 굵은골재량 $0.04x + (y - 0.03y) = 1164$

•단위 잔골재량 $x - 0.04x + 0.03y = 697$

여기서 $x = 689\,\text{kg/m}^3$, $y = 1172\text{kg/m}^3$

㉡ 골재의 표면수에 대한 보정

•현장의 잔골재 표면수량 $689\,\text{kg} \times 0.03 = 20.67\,\text{kg}$

•굵은골재 표면수량 $1172\,\text{kg} \times 0.007 = 8.20\,\text{kg}$

•단위골재 표면수의 합계 $20.67\text{kg} + 8.20\,\text{kg} = 28.87\,\text{kg}$

㉢ 현장여건을 고려하여 시방배합을 현장배합으로 환산하면

•단위 잔골재량 $689\,\text{kg} + 20.67 = 710\,\text{kg/m}^3$

•단위 굵은골재량 $1172 + 8.2 = 1180\,\text{kg/m}^3$

•단위수량 $172 - 29 = 143\,\text{kg/m}^3$

표 3·30 현장 배합표

굵은골재 최대치수 (mm)	슬럼프의 범위 (mm)	공기량 (%)	물시멘트비 W/C (%)	잔골재율 s/a (%)	단위량(kg/m^3)					
					물 W	시멘트 C	잔골재 S	굵은골재 G	혼화재	혼화제
40	120	1.2	52	37.65	143	331	710	1180	–	–

<table>
<tr><td>실 험 명</td><td colspan="3">콘크리트의 배합설계</td><td>3-8 (a)</td></tr>
<tr><td>시 험 일</td><td colspan="4">서기 20 년 월 일 요일 날씨</td></tr>
<tr><td rowspan="2">시험일의 상태</td><td>실온(℃)</td><td>습도(%)</td><td>수온(℃)</td><td>양생온도(℃)</td></tr>
<tr><td></td><td></td><td></td><td></td></tr>
<tr><td>실 제 조 건</td><td colspan="4"></td></tr>
<tr><td>시 료</td><td colspan="4"></td></tr>
<tr><td colspan="5">재료시험 결과</td></tr>
<tr><td>배합강도
$f_{cr} \geq f_{ck} + 1.34S$
$f_{cr} \geq (f_{cr} - 3.5) + 2.33S$</td><td colspan="4"></td></tr>
<tr><td>① 물-시멘트비
W/C(%)의 추정</td><td></td><td>⑤ 공 기 량
잔 골 재
절대용액</td><td colspan="2"></td></tr>
<tr><td>② 잔골재율
s/a(%)의 가정</td><td></td><td>⑥ 잔골재 중량
S(kg)의 계산</td><td colspan="2"></td></tr>
<tr><td>③ 단위수량
W(kg)의 계산</td><td></td><td>⑦ 굵은골재
절대용역</td><td colspan="2"></td></tr>
<tr><td>④ 단위수량의 계산
시멘트중량 C(kg)
시멘트 절대용적</td><td></td><td>⑧ 굵은골재 중량
G(kg)의 계산</td><td colspan="2"></td></tr>
<tr><td colspan="5">고 찰 :</td></tr>
<tr><td rowspan="2">실 험 자</td><td>소 속</td><td colspan="3">과 학년 반 조 학번 :</td></tr>
<tr><td>성 명</td><td colspan="3"></td></tr>
<tr><td colspan="2">검 인</td><td colspan="3">서기 20 년 월 일 요일 날씨 :</td></tr>
</table>

실 험 명	콘크리트의 배합설계			3-8 (b)
시 험 일	서기 20 년 월 일 요일 날씨			
시험일의 상태	실온(℃)	습도(%)	수온(℃)	양생온도(℃)
시 료				

1배치 / 시험 비비기	시멘트량 (kg)	수 량 (kg)	W/C (%)	s/a (%)	잔골재량 (kg)	굵은골재량 (kg)	슬럼프 (mm)	관 찰
1배치	·							
2배치								
3배치								
4배치								

W/C에 대한 f_{28}의 평균값

W/C	C/W	s/a	단위수량 w (kg)	단위 시멘트량 c (kg)	슬럼프 값(mm)	f_{28}의 평균값 (N/mm²)

계산 :

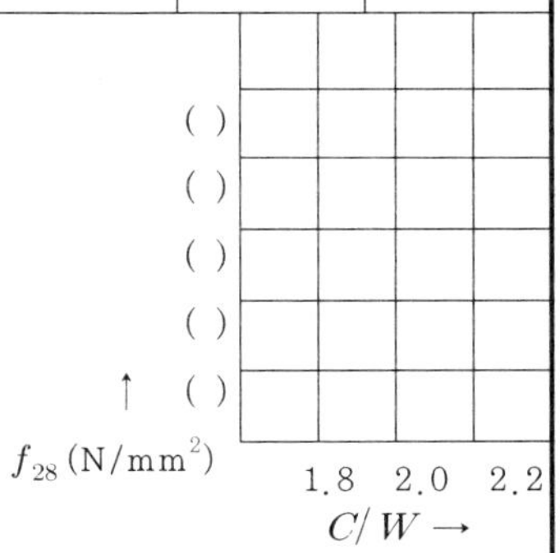

	굵은골재의 최대치수 (mm)	슬럼프의 범위 (mm)	공기량의 범위 (%)	물시멘트비 W/C (%)	잔골재율 s/a(%)	단위량(kg/m³)						
						물 W	시멘트 C	잔골재 S	굵은골재 G		혼화재료	
									mm~mm	mm~mm	혼화재	혼화제 (ml/m³)
시방배합												
현장배합												

고 찰 :

실 험 자	소 속	
	성 명	
검 인	서기 20 년 월 일 요일 날씨 :	

3-9 슈미트 해머에 의한 콘크리트 강도의 비파괴 시험

(Non-destructive Test of Concrete by Schumit Hammer)

1. 시험목적

슈미트 해머는 용수철의 힘에 의해 중추(重錐)를 콘크리트 면에 충격을 주어서 그 튕겨나오는 거리로부터 기존 콘크리트 구조물의 강도(强度)를 추정하여 비교 검토한다. 이 방법은 실제로 콘크리트 자체의 품질을 구조물에 손상을 주지 않고 측정하기 위하여, 또는 콘크리트의 품질변동을 공시체에 변화없이 측정할 수 있다.

2. 시험기구

(1) 슈미트 해머(그림 3·11 참조)
(2) 자(scale)

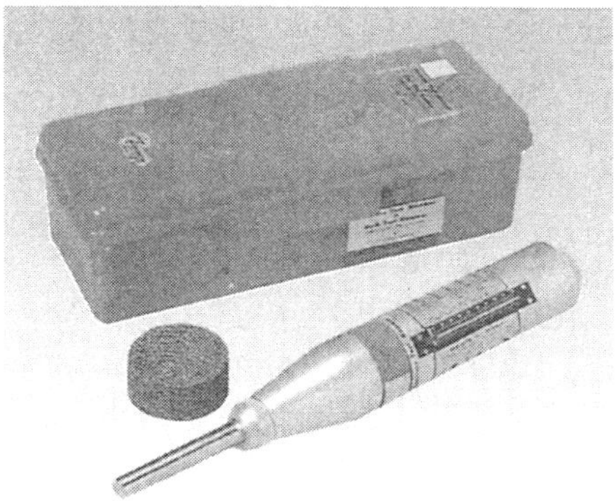

그림 3·11 슈미트 해머

3. 시험방법

(1) 타격할 면은 기포(氣泡) 같은 것이 없는 모르타르 면으로 평활(平滑)해야 한다. 다소의 요철이나 부착물은 갈든지 제거해야 한다.
(2) 해머의 끝을 콘크리트의 표면에 닿게 해서 누르면 스프링의 작용에 의해 콘크리트의 표면에 충격을 주어 반발경도(反發硬度, rebound hardness)가 눈금에 나타난다.
(3) 그림 3·12와 같이 멈춤 버튼(button)을 누르면 눈금이 정지되므로 쉽게 볼 수 있다.

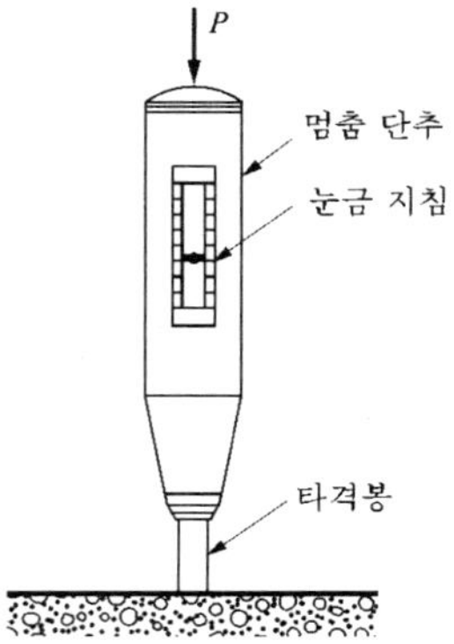

그림 3·12 슈미트 해머의 각부 명칭

(4) 측정할 곳을 그림 3·13과 같이 1곳의 측정은 30 mm 정도의 간격을 두고 20점 이상을 측정하여 산술 평균값을 구하여 반발경도로 한다. 이때 편차(20%)가 큰 측정값은 버린다.

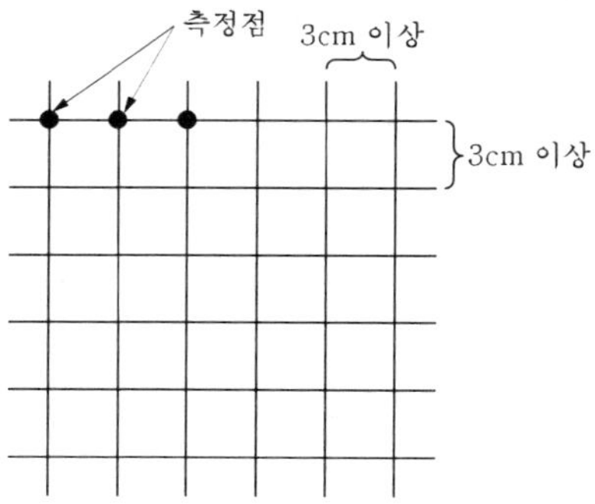

그림 3·13 측정점의 표시

(5) 미리 반발경도와 콘크리트 압축강도와의 관계를 나타낸 도표를 만들어 두면 측정한 반발경도에서 곧 콘크리트의 강도(强度)가 측정된다.

(6) 부순돌 콘크리트와 경량골재 콘크리트의 반발경도는 강자갈 콘크리트의 것과 큰 차이를 갖는다.

4. 참고사항

(1) 강도의 추정 : 강도의 추정은 다음 식에 의해 행한다. 단, 타격방향, 콘크리트 재령 등 측정할 때의 여러 조건에 대해 다음의 요령으로 측정경도 또는 추정강도의 보정을 행한다. 타격각도가 수직이 아닌 반발경도는 다음 식으로 수정한다.

$$R_0 = R + \Delta R \tag{3 · 34}$$

여기서 R_0 : 수정 반발경도

R : 측정 반발경도

ΔR : 타격각도에 의한 수정값(표 3 · 31)

표 3 · 31 타격각도에 대한 수정값(ΔR)

측정경도	수정값 ΔR			
	+90	+45	−45	−90
10			+2.3	+3.2
20	−5.4	−3.5	+2.5	+3.4
30	−4.7	−3.1	+2.3	+3.1
40	−3.9	−3.9	+2.0	+2.7
50	−3.1	−3.1	+1.6	+2.2
60	−2.3	−2.3	+1.3	+1.7

원주형 공시체에 의한 압축강도와 반발경도의 관계식은 다음과 같고, 도표는 그림 3 · 14, 3 · 15와 같다.

$$\sigma = -18 + 1.27R_0 \text{ (일본재료학회)} \tag{3 · 35}$$

$$\sigma = 1R - 11 \text{ (동경재료검사소)} \tag{3 · 36}$$

여기서 σ : 추정 압축강도

R_0 : 수정된 반발경도

(2) 건조상태에 의한 보정 : 콘크리트가 기건상태에 있을 때의 경도를 기준으로 수중 양생을 실시한 콘크리트를 건조시키지 않은 경우의 ΔR의 값은 +5로 한다.

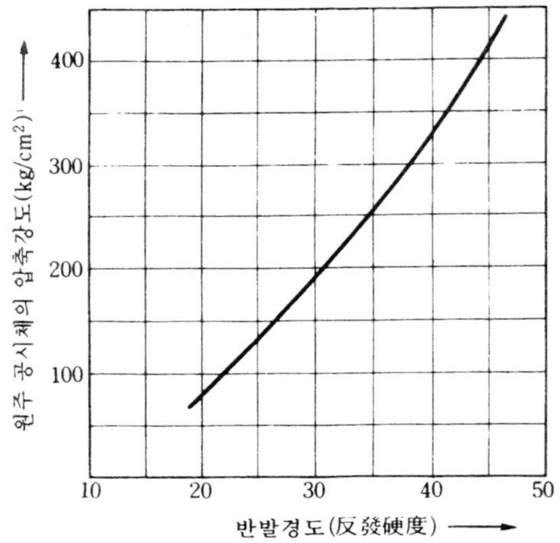

그림 3·14

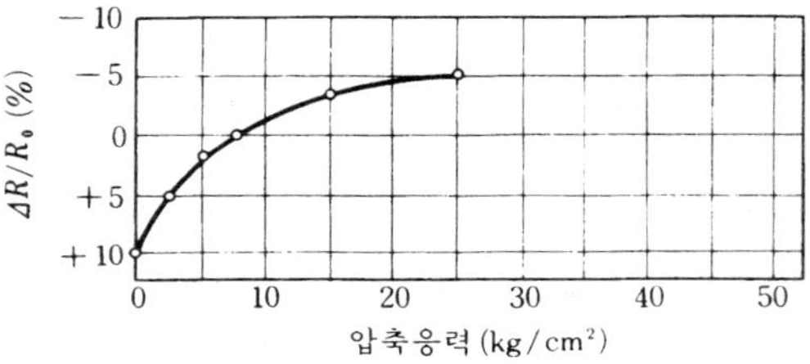

그림 3·15

(3) 응력상태에 의한 보정 : 콘크리트가 타격방향에 직각인 압축응력을 받을 때에는 그림 3·16에 의해 측정경도를 보정한다.

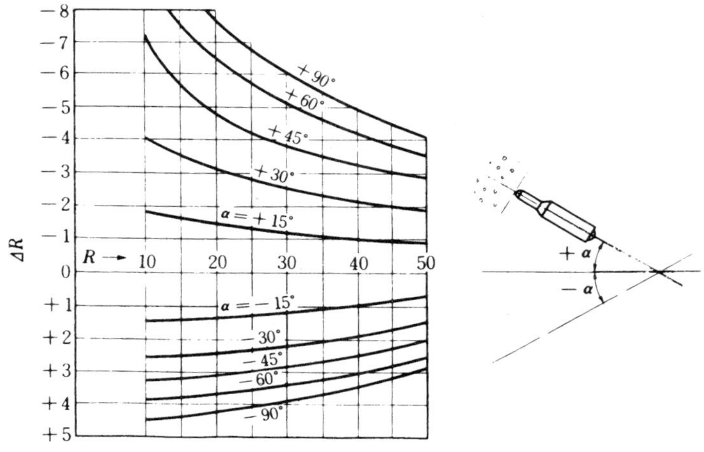

그림 3·16 ΔR와 타격각도와의 관계

(4) 시험시 재령에 의한 보정 : 반발경도는 콘크리트의 건습, 시험방법 등에 따라 변화가 많으나 식 (3・35)이 충분히 실용성이 있으며, 이 식에의 한 강도판정의 오차는 ±3~4 MPa 정도이다. 그리고 연수(年數)의 경과에 따라 다르고 건조한 콘크리트는 일반적으로 과대한 반발경도를 나타내는 경향이 있다. 기건시 콘크리트 재령에 대해, 식 (3・35)에서 구한 콘크리트 강도에 표 3・32의 보정계수를 곱해 추정강도를 보정한다.

표 3・32 재령에 의한 반발경도의 보정계수(α)

재령(일)	10	20	28	50	100	150	200	300	500	1000	3000
α	1.55	1.15	1.00	0.87	0.78	0.74	0.72	0.70	0.67	0.65	0.63

* α=콘크리트의 수정강도〔식 (3・35)〕

(5) 콘크리트의 비파괴 시험에는 다음과 같은 방법이 있다.
① 표면경도 방법 : 반발방법(테스트 해머) 요(凹)부분 지름 측정방법(수동해머, 낙하해머, 회전해머, 스프링 해머)
② 음향적인 방법 : 공진방법(共振方法), 초음파 방법(超音波方法), 종파속도 방법(縱波速度方法)

5. 주의사항

(1) 콘크리트의 건습에 따라서 반발경도가 변화한다.
(2) 타격은 콘크리트 표면에 수직으로 실시할 것
(3) 최소치수 10 cm 미만의 부채와 철근콘크리트의 두께가 얇은 부분에 대한 강도의 추정은 불가능하다.
(4) 부순돌 콘크리트와 경량골재 콘크리트의 반발경도는 강자갈 콘크리트의 것과 큰 차이를 갖는다.
(5) 페인팅(painting)한 콘크리트 표면에 대한 시험은 무의미하다.

실 험 명	슈미트 해머에 의한 콘크리트 강도의 비파괴 시험			3-9
시 험 일	서기 20 년 월 일 요일 날씨			
시험일의 상태	실온(℃)	습도(%)	수온(℃)	양생온도(℃)
시 료				
공 시 체	재령 (일)		단위 시멘트량 (kg/m3)		W/C (%)	

반발경도													평균값( )
환산압축강도(MPa)													
실압축강도(MPa)													
													평균값( )
환산압축강도(MPa)													
실압축강도(MPa)													
													평균값( )
환산압축강도(MPa)													
실압축강도(MPa)													

고 찰 :

실 험 자	소 속	
		과 학년 반 조 학번 :
	성 명	
검 인		서기 20 년 월 일 요일 날씨 :

3-10 콘크리트의 정탄성계수와 푸아송비 시험

(Test for Static Young's Modules of Elasticity
and Poisson's Ratio of Concrete)
〔ASTM C 469-65〕, 〔KS F 2438〕

1. 시험목적

콘크리트의 탄성적 성질 중에서 제일 중요한 영계수와 푸아송비를 알기 위하여 이 시험을 실시한다. 이 시험의 규정은 ASTM C 469-65(원주형 공시체에 의한 영계수와 푸아송비 측정)에 의하여 이루어져야 된다.

2. 시험기구

(1) 정밀도가 좋은 압축 시험기(만능 시험기 또는 가반식 콘크리트 시험기)

(2) 변형측정 장치 : 공시체에 재하할 때 종방향과 횡방향 변형(longitudinal and transverse strain)을 측정하는 장치이며 그 종류는 다음의 두 가지가 있다.

① 와이어 스트레인 게이지(wire strain gauge)에 의한 측정장치로서 정적 스트레인 미터(static strain meter), 스위치 박스(switch box), 와이어 스트레인 게이지, 리드선과 접착제 등인데, 스트레인 게이지의 표점 거리는 골재의 최대치수의 2~3배 이상, 공시체 높이의 2/3 이하이고 추천할 수 있는 길이는 공시체 높이의 1/2로 한다.

② 압축 변형률계(compressometer)와 신장계(extensometer)에 의해 측정할 수 있는 본체와 그 부분품

(3) 공시체 : 압축강도 시험용 공시체

(4) 캘리퍼(caliper) : 공시체의 지름과 높이를 정밀도 0.25 mm까지 정확히 측정할 수 있는 충분한 길이를 가진 것

(5) 저울 : 칭량 20 kg, 감량 50 g 정도의 것

(6) 스케일

3. 시험방법

(가) 공시체의 준비

(1) 성형이 끝난 공시체 또는 코어(core)를 채취한 것으로 압축강도 시험의 경우와 같은 양생과 캐핑(capping)을 하여야 한다.

(2) 공시체 중앙부의 2곳 이상의 지름을 길이 방향에 직각으로 0.25 mm까지 측정하여 이것의 평균값을 공시체의 지름으로 정한다.

(3) 캐핑을 포함한 공시체의 높이를 0.25 mm까지 측정한다.

(4) 탄성계수 측정과 압축강도 시험을 겸할 경우에는 공시체의 중량을 측정하여 (2), (3)항에서 구한 치수에 의하여 단위중량을 계산한다.

(나) 와이어 스트레인 게이지를 사용하는 방법

(1) 일반적으로 공시체 표면의 상대 방향에 2개씩 4개의 게이지를 접착시킨다.

(2) 게이지 접착에 앞서 접착부분을 일양성이 좋은 곳을 택할 것이며, 곰보부분은 접착 12시간 전에 접착제로 때워야 하고 습윤생태의 공시체는 파라핀(paraffin)을 사용하여 게이지와 습기를 격리시켜야 한다.

(3) 시험기구 : 정적 스트레인 미터, 스위치 박스, 와이어 스트레인 게이지, 리드선, 접착제 등 스트레인 게이지의 표점거리는 골재 최대치수의 3배 이상, 공시체 둘레의 2/3 이하의 것이 필요하다.

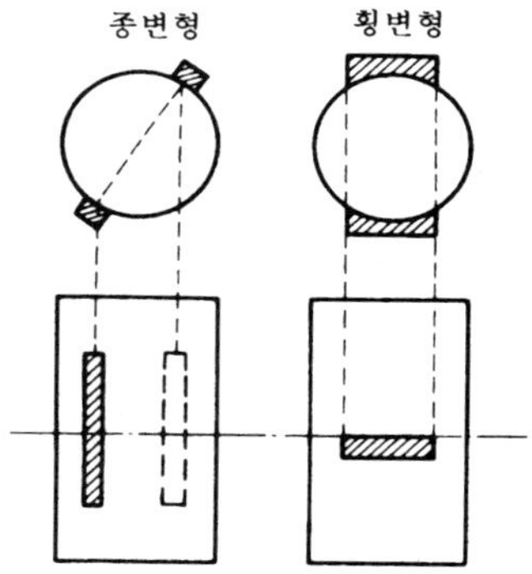

그림 3·17 와이어 스트레인 게이지의 표점위치

(다) 압축 변형률계와 신장계를 사용하는 방법

(1) 푸아송비 측정장치 : 압축 변형률계(compressometer)와 신장계(extensom eter)를 조립해서 공시체의 종방향의 스트레인과 횡방향의 스트레인을 동시에 측정하

는 데 사용한다.

(2) 압축 변형률계 : 공시체의 종방향의 스트레인을 측정하고 실(實)스트레인량의 2배로 확대해서 지시하고 1/100 눈금의 다이얼 게이지(gauge)를 사용하면 1 눈금이 1/200 mm의 스트레인량이 되며, 탄성계수 측정에 사용한다.

(3) 신장계 : 공시체의 횡방향의 스트레인을 측정하고, 실(實)스트레인량의 3배로 확대해서 지시하고 1/1000눈금의 다이얼 게이지를 사용하면 눈금이 1/3000 mm의 스트레인량이 되며, 푸아송비 측정에 사용된다.

(4) 한 공시체에 압축 변형률계와 신장계를 동시에 부착시킨다.

▶ 압축 변형률계

① 지름 150 mm의 공시체에 그림 3 · 18과 같이 연필로 선을 넣는다.

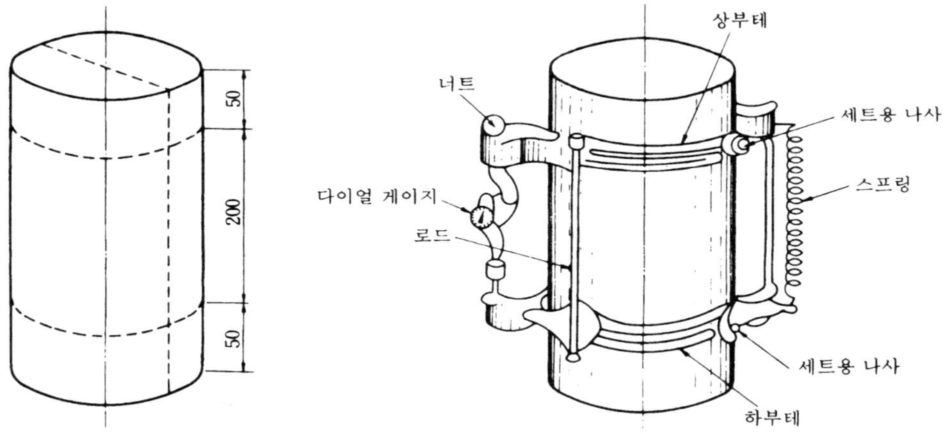

(a) (b)

그림 3 · 18 공시체(a)와 압축 변형률계(b)

② 그림 3 · 20과 같이 공시체에 본기(本器)를 붙인다(먼저 공시체에 포함된 연결선 아래의 선에 세트용 나사를 합치고 하부테를 붙인다).

③ 상부테의 세트용의 나사를 가볍게 조이고 표준 게이지의 간격이 200 mm가 되도록 조절해서 상부테를 상하시켜서 그려진 연필선과 세트용 나사선 안쪽에 맞도록 단단하게 조인다.

④ 다이얼 게이지의 조정나사를 조정해서 다이얼 게이지의 0점에 일치시키거나 다이얼 게이지의 최초의 읽음을 기록한다.

⑤ 이렇게 하여 시험준비를 마치면 스트레인 게이지를 붙인 공시체를 조용히 가압판 위에 올려서 공시체의 축과 가압판의 축을 일치시키고 압축기계의 0점을 조정한다.

⑥ 일정한 양의 압력이 가해지도록 주의하면서 2회 이상, 가급적이면 3회 이상 반복하여 하중을 가한다. 이때 하중의 40%에 도달할 때까지 재하속도를 0.25±0.035 N/mm^{2}로 한다(첫 번째 변형은 측정하지 않고 게이지의 동향만을 관측하고, 두 번째 재하부터 기록은 하중과 다이얼 게이지의 읽음값을 취한다).

⑦ 탄성계수 측정을 위한 공시체가 아닌 다른 공시체로 압축강도 시험을 실시하여 파괴하중의 40% 하중을 계산한다.

⑧ 종방향의 변형이 50×10^{-6}인 경우의 하중과 횡방향의 변형을 주의하면서 정확히 기록한다(N/mm^2).

▶ 신장계

① 압축 변형률계와 같은 모양으로 연필의 종횡의 중심선을 넣는다.

② 세트용의 나사의 선단과 연필선을 일치시켜 측정상태가 떨어지지 않도록 조인다. 이때 다이얼 게이지의 무게로 테가 기울어질 때는 카운터 밸런스(balance)로 이동시켜서 수평을 유지시킨다.

③ 시험방법은 압축 변형률계와 같은 방법으로 한다.

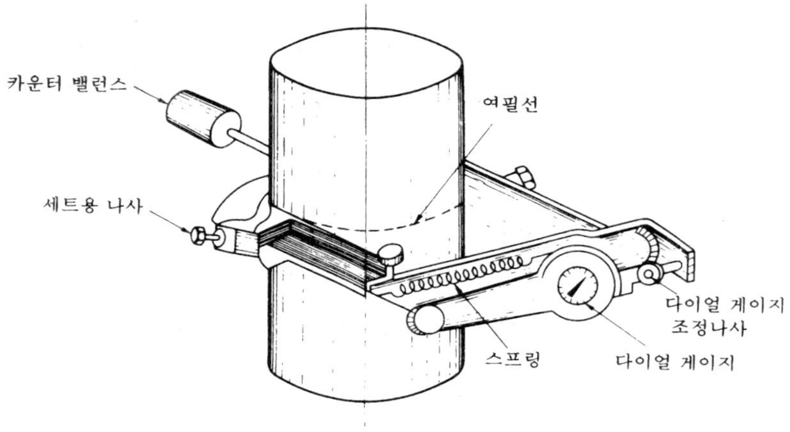

그림 3·19 신장계 장치

(라) 재하와 변형측정 시험

(1) 탄성계수 측정을 위한 공시체가 아닌 다른 공시체로 압축강도 시험을 실시하여 파괴하중의 40%를 계산한다.

(2) 여분의 공시체가 없어서 최대하중을 구하지 못했을 경우에는 먼저 구한 단위중량과 표 3·33으로부터 최대 실측예정 변형을 정한다.

표 3 · 33 최대 변형값(단위 $\times 10^{-6}$)

단위중량(kg/m^3)	최 대 변 형	
	7일 미만	7일 이상
3280 이상	300	200
2640~3270	375	250
2160~2630	450	300
1840~2150	525	350
1680~1830	600	400
1520~1670	675	450
1360~1510	750	500
1200~1350	825	550

(3) 측정장치 또는 스트레인 게이지를 붙인 공시체를 조용히 가압판 위에 놓고 공시체의 축과 가압판의 축을 일치시키고 기계의 영(0)점을 조정한다.

(4) 일정한 압력이 가해지도록 주의하면서 2회 이상, 가급적이면 3회 이상 반복하여 가한다. 이때 최대하중의 40%, 또는 표 3 · 33에서 구한 최대 실측예정 변형에 도달할 때까지 재하 속도를 0.25±0.035 MPa(N/mm^2)/sec로 한다.

(5) 첫번째 재하는 변형을 측정하지 않고 미터의 동향만을 관측하고, 두 번째 재하로부터 변황과 하중을 기록한다.

(6) 계속 재하하면서, 특히 종방향의 변형이 50×10－6인 경우의 하중과 횡방향의 변형을 주의하면서 정확히 기록한다.

(마) 탄성계수의 계산

(1) 탄성계수(영계수) 350 Mpa(N/mm^2)까지는 다음 식에 의하여 계산한다.

$$E = (f_{c2} - f_{c1}) / (\epsilon_1 - 0.00005) \qquad (3 \cdot 37)$$

여기서 E : 탄성계수(영계수)(N/mm^2)

f_{c2} : 재하한 최대하중에 의한 공시체의 압축응력(N/mm^2)

f_{c1} : 종방향 변형이 50×10^{-6}인 경우의 공시체의 압축응력(N/mm^2)

ϵ_1 : 재하한 최대하중에 대한 공시체의 종방향 변형

(2) 푸아송비의 계산은 다음 식에 따른다.

$$\mu = (\epsilon_{t1} - \epsilon_{t2}) / (\epsilon_1 - 0.00005) \qquad (3 \cdot 38)$$

여기서 μ : 푸아송비

ϵ_{t2} : 응력 f_{c2}에 대한 공시체 중앙부의 횡변형

ϵ_{t1} : 응력 f_{c1}에 대한 공시체 중앙부의 횡변형

4. 참고사항

(1) 초기하중을 받은 콘크리트는 그림 3·21과 같은 응력-변형 곡선을 그리며,

$$\left.\begin{aligned} E_t &= d\sigma_a / d\epsilon_a = \tan\alpha_a \\ E_t &= \sigma_a / \epsilon_a \\ E_t &= \tan\alpha \end{aligned}\right\} \qquad (3 \cdot 39)$$

식 (3·44)에서

$E_t = d\sigma_a / d\epsilon_a = \tan\alpha_a$: 접전 영계수(tangential Young's modules)

$E_t = \sigma_a / \epsilon_a$: 활성 영계수(secant Young's modules)

$E_t = \tan\alpha$: 초기접선 영계수(initial tangent Young's modules)

여기서 OA곡선은 초기응력에 의한 것이고, AC 곡선은 하중을 감축시킬 경우의 곡선이다. 곡선 OA는 단 한번만 볼 수가 있고 AC 곡선과 유사곡선은 계속 볼 수가 있어서 초기하중에 대한 측정은 기록을 생략하는 경우가 많다.

(2) 그림 3·21에서 보는 바와 같은 2회 이상의 재하시험 결과 곡선에서 영계수를 구하는 식은 다음의 세 종류가 있다.

(3) 콘크리트의 성질을 고려하여 보면 극한 압축강도의 50% 정도까지 응력과 변형은 거의 직선을 나타내므로 접선 탄성계수와 활성 탄성계수는 거의 같다.

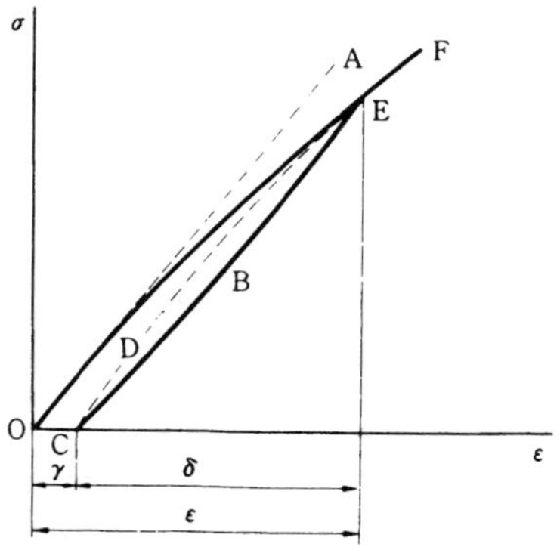

그림 3·20 콘크리트의 응력-변화형 곡선 예

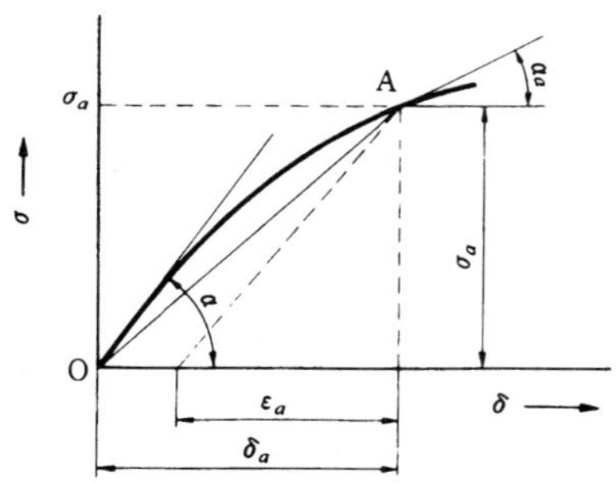

그림 3·21 콘크리트의 응력-변형곡선과 영계수의 관계

<table>
<tr><td>실 험 명</td><td colspan="3">콘크리트 정탄성계수와 푸아송비 시험</td><td>3-10</td></tr>
<tr><td>시 험 일</td><td colspan="4">서기 20 년 월 일 요일 날씨</td></tr>
<tr><td rowspan="2">시험조건</td><td colspan="2">온 도(℃)</td><td colspan="2">상대습도(%)</td></tr>
<tr><td colspan="2"></td><td colspan="2"></td></tr>
<tr><td>공시체번호</td><td colspan="4"></td></tr>
<tr><td>재 령</td><td colspan="4"></td></tr>
<tr><td>양생방법, 온도</td><td colspan="4"></td></tr>
<tr><td>측 정 항 목</td><td colspan="4"></td></tr>
<tr><td>① 공시체 지름(d)</td><td colspan="4"></td></tr>
<tr><td>② 공시체 높이(h)</td><td colspan="4"></td></tr>
<tr><td>③ 공시체 중량(W)</td><td colspan="4"></td></tr>
<tr><td>④ 단위중량($w=4W/\pi d^2 h$)</td><td colspan="4"></td></tr>
<tr><td>⑤ 최대변형값(ϵ_{max})</td><td colspan="4"></td></tr>
<tr><td>⑥ 콘크리트 압축강도(f_{cu})</td><td colspan="4"></td></tr>
<tr><td>⑦ 공시체의 파괴하중($f_{cu} \cdot \pi d^2/4$)</td><td colspan="4"></td></tr>
<tr><td>⑧ 0.4×파괴하중($0.1 f_{cu} \cdot \pi d^2$)</td><td colspan="4"></td></tr>
<tr><td>탄성계수 시험</td><td>2회</td><td colspan="2">3회</td><td>4회</td></tr>
<tr><td>⑨ 종변형 50×10−6인 경우의 하중(P_1)</td><td></td><td colspan="2"></td><td></td></tr>
<tr><td>⑩ 위 경우의 응력($f_{c1}=4P_1/\pi d^2$)</td><td></td><td colspan="2"></td><td></td></tr>
<tr><td>⑪ 위 경우의 횡변형(ϵ_{t1})</td><td></td><td colspan="2"></td><td></td></tr>
<tr><td>⑫ 하중이 $0.4 f_{cu} \cdot \pi d^2$인 경우의 종변형(ϵ_1)</td><td></td><td colspan="2"></td><td></td></tr>
<tr><td>⑬ 위 경우의 횡변형(ϵ_{t2})</td><td></td><td colspan="2"></td><td></td></tr>
<tr><td>⑭ 변형이 최대값인 경우의 하중(P_2)</td><td></td><td colspan="2"></td><td></td></tr>
<tr><td>⑮ 위 경우의 응력($f_{c2}=4P_2/\pi d^2$)</td><td></td><td colspan="2"></td><td></td></tr>
<tr><td>⑯ 위 경우의 횡변형(ϵ_{t2}')</td><td></td><td colspan="2"></td><td></td></tr>
<tr><td>영계수 계산결과$\left(\dfrac{⑧-⑩}{⑫-0.00005}\right)$</td><td></td><td colspan="2"></td><td></td></tr>
<tr><td>푸아송비 계산결과$\left(\dfrac{⑬-⑪}{⑫+0.00005}\right)$</td><td></td><td colspan="2"></td><td></td></tr>
<tr><td colspan="5">고 찰 :</td></tr>
<tr><td colspan="5"></td></tr>
<tr><td rowspan="3">실 험 자</td><td rowspan="2">소 속</td><td colspan="3"></td></tr>
<tr><td colspan="3">과 학년 반 조 학번 :</td></tr>
<tr><td>성 명</td><td colspan="3"></td></tr>
<tr><td colspan="2">검 인</td><td colspan="3">서기 20 년 월 일 요일 날씨 :</td></tr>
</table>

3-11 굳지 않은 콘크리트의 반죽질기 시험

(비-비 시험)

(Test for determining the consistency of fresh concrete)

(by vee-bee test)

〔KS F 2427〕

1. 시험목적

비비(Ve-be) 시험에 의한 굳지 않은 콘크리트의 반죽질기 측정방법으로 워커빌리티가 낮은 콘크리트에 특히 유용하며 최대골재의 크기가 40 mm보다 큰 콘크리트에는 적합하지 않다.

2. 시험기구

(1) 반죽질기 측정기

① 용기(A) 지름 240±5 mm이고, 높이 200 mm, 측면의 두께가 3 mm, 밑판의 두께가 7.5 mm인 원통형의 금속제로 한다. 또한 용기는 수밀성과 사용상 충분한 강도를 유지해야 하며 너트(H)로 진동대(G)의 윗부분과 고정시킬 수 있어야 한다.

② 몰드(B) 윗면의 지름이 100±2 mm, 아랫면의 지름이 200±2 mm이고, 높이가 300±2 mm인 원추대의 형태로 한다. 몰드는 두께 1.5 mm 이상의 금속을 만들어져야 하며, 윗면과 아랫면은 뚫려 있어야 하고, 몰드의 축은 정확한 각도를 유지해야 한다. 또한 몰드의 내부는 매끈해야 하고 시험시에는 수직방향으로 들어갈 수 있어야 한다.

③ 원판(C) 지름이 230±2 mm이고, 두께가 10±2 mm인 투명한 원판이어야 하고, 추와 원판을 합한 무게는 2750±50 g이이어야 한다.

④ 진동대(G) 길이 380 mm, 나비 260 mm로서 4개의 고무제 완충기에 지지되어져야 하고 진동수는 3000 rpm을 표준으로 한다.

(2) 다짐봉 지름 16 mm, 길이 600 mm로 끝부분이 둥글고 단면의 형태가 원형이며 곧은 금속제로 되어야 한다.

(3) 스톱워치 0.5초까지 측정할 수 있어야 한다.

3. 시험방법

(1) 반죽질기 측정기를 수평하게 놓고 용기(A)를 너트로 진동대(G) 위에 고정시키고, 몰드(B)를 축축하게 하여 용기(A) 안에 넣은 다음 깔때기(D)를 몰드 위에 놓는다.

(2) KS F 2401(굳지 않은 콘크리트의 시료채취 방법)에 따라 채취한 시료를 몰드에 채우고 다짐봉으로 다진다. 콘크리트의 윗면은 몰드의 윗면에 맞추어 고른 후 즉시 몰드를 가만히 연직으로 올려서 빼고 투명한 원판(C)을 얹은 후 진동기를 가동한다.

(3) 진동기에 의해 콘크리트가 다져지면 투명한 원판은 내려가기 시작한다. 진동을 계속하면 다짐이 계속되고 콘크리트의 표면에 모르타르가 떠올라 원판에 붙는다. 진동기가 가동한 때부터 원판 전면에 모르타르가 접촉될 때까지의 시간을 측정한다.

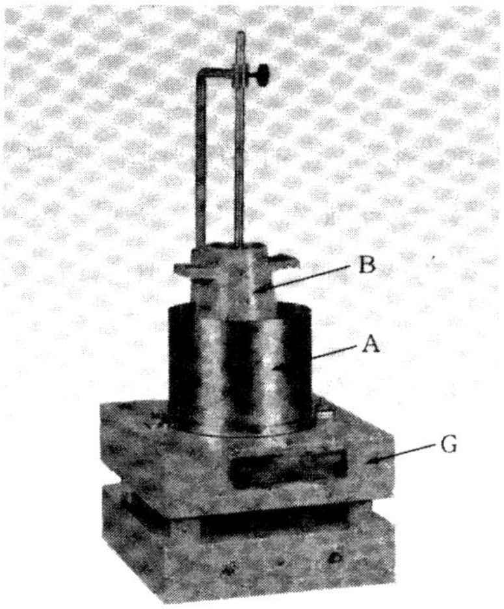

그림 3·22 반죽질기 측정기(비-비미터)

4. 참고사항

(1) 반죽질기는 “3. 시험방법”에서 규정한 진동시간을 초로 측정하고, 이것을 비비시간(Vee-Bee time)이라고 한다. 만약 이 시간이 5초 미만이거나 또는 30초를 초과할 때는 이 시험방법으로 콘크리트의 반죽질기를 측정하는 것이 적절하지 않다는 것을 나타낸다.

(2) 시험에서는 규격번호, 시험일시, 샘플에 관한 사항, 비-비시간(초), 시험편의 슬럼프값 등을 기록해야 한다.

실 험 명	**콘크리트 반죽질기(비-비) 시험**	3-11
시 험 일	서기 20 년 월 일 요일 날씨	

시험일의 상태	실온(℃)	습도(%)	수온(℃)	건조온도(℃)

시 료	채 취 장 소	채 취 날 짜	채 취 자

<table>
<tr><td rowspan="4">시방배합</td><td rowspan="3">굵은골재의 최대치수 (mm)</td><td rowspan="3">슬럼프의 범위 (mm)</td><td rowspan="3">공기량의 범위 (%)</td><td rowspan="3">물-시멘트 비 (%)</td><td rowspan="3">잔골재율s/a (%)</td><td colspan="7">단위량(kg/m³)</td></tr>
<tr><td rowspan="2">물 (W)</td><td rowspan="2">시멘트 (C)</td><td rowspan="2">잔골재 (S)</td><td colspan="2">굵은골재(G)</td><td colspan="2">혼화재료</td></tr>
<tr><td>mm~ mm</td><td>mm~ mm</td><td>혼화재</td><td>혼화제</td></tr>
<tr><td></td><td></td><td></td><td></td><td></td><td></td><td></td><td></td><td></td><td></td><td></td><td></td></tr>
</table>

측 정 번호	1	2	3	4
비비시간(sec)				
콘크리트 온도(℃)				

고 찰

실 험 자	소 속	과 학년 반 조 학번 :
	성 명	
검 인		서기 20 년 월 일 요일 날씨 :

3-12 관입 저항 침에 의한 콘크리트 응결 시간 시험

(Test for Time Setting of Concrete Mixture by Penetration Resistance)

〔KS F 2436〕

1. 시험목적

이 규격은 슬럼프가 0보다 큰 콘크리트에서 체로 쳐서 얻은 모르타르에 대해 관입저항을 측정함으로서 콘크리트의 응결을 측정한다.

2. 시험기구 및 재료

(1) 모르타르 시험용기(containers for mortar specimens) : 용기는 강하고 수밀(水密, water-tight)하며, 비흡수성이고, 기름을 바르지 않은 금속제로서 그 단면은 원통형 또는 직사각형이어야 한다. 용기의 최소 치수는 150 mm이고, 깊이는 적어도 150mm까지 모르타르 시료를 넣을 수 있는 것이어야 한다.

(2) 관입침(貫入針, penetration needles) : 침은 재하 장치에 붙어 있는 것으로 지지면적이 645 mm^2, 323 mm^2, 161 mm^2, 65 mm^2, 32 mm^2, 16 mm^2라야 하고, 지지면에서 25 mm 위의 둘레에 표시가 있어야 한다. 16 mm^2 침은 길이가 90 mm^2 이하라야 한다.

(3) 재하 장치(loading apparatus) : 재하 장치는 침의 관입을 일으킬 수 있을 만큼의 힘을 일으킬 수 있어야 하며, 정확도 10 N으로 관입력(penetration force)을 잴 수 있고 최소 용량 600 N을 가진 것이어야 한다.

(4) 다짐 막대(tamping rod) : 원형의 곧은 강봉으로 지름 16 mm, 길이 약 600 mm로서 한쪽 끝이나 양쪽 끝이 지름 16 mm의 반구형이라야 한다.

(5) 피펫(pipet) : 시료의 표면에서 블리딩 현상으로 생기는 물을 제거할 수 있는 피펫이나 또는 다른 적절한 기구

(6) 온도계 : 굳지 않은 콘크리트의 온도를 ±0.5℃까지 잴 수 있고, -20~50℃의 온도 범위를 가져야 한다.

3. 시험방법

(1) 콘크리트를 5 mm체로 체가름하여 용기에 최소 140 mm 깊이까지 채울 수 있는 모르타르 양을 채취한다.

(2) 모르타르를 손으로 다시 혼합하여 용기에 넣고 진동 또는 다짐대로 다진다.

(3) 다짐대로 다지는 경우는 시료의 위 표면적 645 mm^2당 1회의 비율로 모르타르를 다지고 진동기로 다질 경우는 다진 뒤 표면이 거의 수평이 되도록 한다.

(4) 다짐이 끝나면 시료 용기 옆을 가볍게 두들겨서 다짐할 때 생긴 공극을 채우고, 시료 표면을 수평이 되게 고른다.

(5) 시료는 시험 온도(20~25℃)로 보관하며 습도가 지나치게 증발되지 않도록, 시험 기간 중에는 용기를 젖은 천으로 덮는다.

(6) 관입시험 직전에 피펫이나 기타 적당한 기구를 사용하여 블리딩 수를 제거한다. 블리딩 수를 모으기 쉽도록, 물을 제거하기 2분 전에 시험편의 한쪽에 블록을 괴어 수평면에 대해 약 10℃ 정도 조심스럽게 기울인다.

(7) 모르타르의 경화 상태에 따라, 적당한 치수의 침을 관입저항 기구에 붙여, 침의 지지면을 모르타르 표면에 접촉시킨다. 천천히 그리고 균등하게 기구를 아래쪽으로 연직력을 작용시켜, 침을 모르타르 안으로 25±2 mm의 깊이까지 관입한다. 25 mm의 깊이까지 관입하는 데 소요되는 기간은 약 10±2초로 한다. 25 mm의 관입에 소요된 힘의 크기와 처음 시멘트와 물을 접촉시킨 후의 경과 시간을 기록한다. 기록된 하중을 침의 지지 면적으로 나누어 관입 저항을 계산하고 기록한다. 다음의 관입 시험에서는 이전의 시험에 의해 흐트러진 면을 피해야 한다. 이전 시험의 침 관입위치와의 순간격(clear distance)은 사용하는 침 지름의 최소 2배 이상이고, 15 mm 이상이어야 한다. 임의의 침 관입 위치와 용기 가장자리의 순간격은 25 mm 이상이어야 한다.

(8) 보통의 배합에 대해 20~25℃ 온도의 실험실에서 최초의 시험은 시멘트와 물이 처음 접촉한 이후로부터의 경과 시간이 3~4시간일 때 하고, 이 후의 시험은 30분~1시간 간격으로 한다. 응결 촉진제를 사용한 배합이나 실험실 조건보다 고온에서 시험할 때에 하고, 그 뒤의 시험은 30분마다 하는 것이 좋다. 응결 지연제를 사용한 배합이나 실험실 조건보다 저온 시험할 때에는 최초의 시험을 4~6시간 경과할 때까지 미룬다. 모든 경우 시험의 시간 간격은 응결 속도에 따라 필요한 수의 관입 값을 얻을 수 있도록 필요에 따라 조절한다.

(9) 만족할 만한 관입 저항-경과 시간 곡선을 얻을 수 있는 시간 간격으로 6회 이상 시험하며, 관입 저항 측정값이 적어도 28.0 MPa 이상이 될 때까지 시험을 계속한다.

4. 참고사항

시험 결과를 도시하여 응결 시간을 얻기 위해 다음에 서술하는 절차 중에서 한 가지를 사용한다.

(1) 핸드-피팅(hand-fitting)에 의한 방법 : 3.5 MPa와 1시간이 각각 최소 15 mm 눈금이 되는 정도의 축척으로 종축에는 관입 저항을, 횡축에는 경과 시간을 표시하여 그래프를 그린 다음 경과 시간에 대한 관입 저항값을 도시하고, 각 점을 부드러운 곡선으로 핸드-피팅하여 응결 시간을 결정한다.

(2) 선형 회귀 분석(linear regression analysis)에 의한 방법 : 종축에는 관입 저항을, 횡축에는 경과 시간을 분단위로 로그축의 그래프를 그린다. 종축의 관입 저항의 한계값은 0.1 MPa~100 MPa, 횡축의 경과 시간의 한계값은 10~1000분으로 한다. 응결이 느리게 나타나는 배합을 사용했다면, 경과 시간 한계값은 100~10,000분이 될 수도 있다. 경과 시간에 대해 관입 저항값을 도시한다. 적당한 계산기를 이용하여 데이터의 로그값을 선형 회귀 분석하여 응결 시간을 결정한다.

(3) 컴퓨터를 이용하는 방법 : 시험 결과를 구하면, 경과 시간과 관입 저항을 입력하여 종축은 관입 저항, 횡축은 경과 시간으로 도시한다. 데이터를 회귀 분석(regression)하여 응결 시간을 결정한다. 선형 회귀 분석만으로 가능한 소프트웨어를 사용할 경우에는 각 데이터를 로그값을 취하여 변환하면, 변환된 데이터는 직선으로 피팅된다(식 3·40 참조).

$$\log(PR) = a + b\ \log(t) \qquad (3 \cdot 40)$$

여기서 PR : 관입 저항

t : 경과 시간

a, b : 회귀 상수(regression constants)

소프트웨어가 지수 함수를 직접 피팅할 수 있다면, 데이터를 변환할 필요가 없다.

$$PR = ct^{d} \qquad (3 \cdot 41)$$

여기서 c, d : 회귀 상수

(4) (2), (3)의 절차는 측정 결과가 식 (3·40) 와 식 (3·41)를 따른다고 가정한 것이다. 결과가 이 두 관계식 중 하나를 따르는지 확인해 보도록 한다. 전체 경향에서 벗어나는 점들을 제거하고 난 후 회귀 분석의 상관 계수가 0.98 이하이면, (1)의 절차를 사용한다.

5. 계 산

(1) 각 조사 대상 변수에 대해 세 번 이상의 응결(凝結) 시험 결과를 따로 도시(圖示)한다. 4. (1)~(3)의 어느 한 가지 절차에 따라 그래프를 도시한다. 이때 나머지 측정 점들에서 정의한 경향에서 명백히 벗어나는 점은 버린다.

(2) 각 그래프에서 관입 저항이 3.5 MPa, 28.0 MPa이 될 때의 시간을 각 초결(初結) 시간과 종결(終決) 시간으로 결정한다. 4. (1)의 절차를 따를 경우, 그려진 그래프를 눈으로 관측하여 응결 시간을 결정한다. 4. (2), (3)의 절차를 따를 경우에는 최적 곡선으로부터 응결시간을 결정하며, 시, 분으로 5분까지 기록한다.

【예제】

관입 저항 시험의 결과를 도시하여 응결 시간을 구하기 위한 방법으로 핸드 피트에 의한 방법과 회귀 분석에 의한 방법을 예제를 통해 설명한다. 응결 시간을 결정하기 위한 관입 저항과 경과 시간 데이터는 표 3·34에 나타낸 것을 사용한다.

(1) 핸드 피트(hand fit) : 그림 3·24는 표 3·34에 있는 관입 저항과 경과 시간 데이터를 도시한 것이다. 눈으로 관측하여 각 데이터에 가장 근접한 곡선을 그린다. 경과 시간 335분에 관입 저항은 최적 곡선에서 명백히 벗어나는 점임을 알 수 있으며, 이 점은 곡선을 그릴 때 배제한다. 관입 저항 3.5 MPa와 28.0 MPa에 해당하는 수평선을 그린다. 이 수평선과 곡선이 만나는 점을 초결점 및 종결점으로 정의하며, 이 경우는 각각 288분과 390분이 된다.

(2) 회귀 분석

① 그림 3·25는 관입 저항과 경과 시간의 로그축 그래프이다. 그림에서 경향에서 벗어나는 점을 제외하면, 관입 저항과 경과 시간의 로그값은 대략 선형의 관계를 나타냄을 알 수 있다. 표 3·34의 3열, 4열에 있는 로그값을 사용하여 선형 회귀 분석하면, 직선의 방정식을 다음과 같이 얻을 수 있다.

$$\log(PR) = -16.357 + 6.871\ \log(\mathrm{t}) \qquad (3 \cdot 42)$$

여기서 PR : 관입 저항

t : 경과 시간

② 응결 시간을 계산하려면 식을 다음과 같이 나타낸다.

$$\log(\mathrm{t}) = \frac{\log(PR) + 16.357}{6.871}$$

③ PR=3.5 MPa를 대입하여 초결 시간을 계산한다.

$$\log(t) = \frac{\log(3.5) + 16.357}{6.871} = \frac{0.544 + 16.357}{6.871} = 2.460$$

초결 시간은

$$t = (10)^{2.460} = 288\text{분}$$

④ PR=28.0 MPa를 대입하여 종결 시간을 계산한다.

$$\log(t) = \frac{\log(28.0) + 16.357}{6.871} = \frac{1.447 + 16.357}{6.871} = 2.591$$

종결 시간은

$$t = (10)^{2.591} = 390\text{분}$$

표 3·34 관입 저항과 경과 시간

관입 저항(PR) MPa	경과 시간(t) min	log(PR)	log(t)
0.3	200	−0.158	2.301
0.8	230	−0.120	2.362
1.5	260	0.173	2.415
3.7	290	0.571	2.462
6.9	320	0.839	2.505
6.9	335	0.839	2.525
13.8	350	1.140	2.544
17.7	365	1.247	2.562
24.3	380	1.385	2.580
30.6	395	1.486	2.597

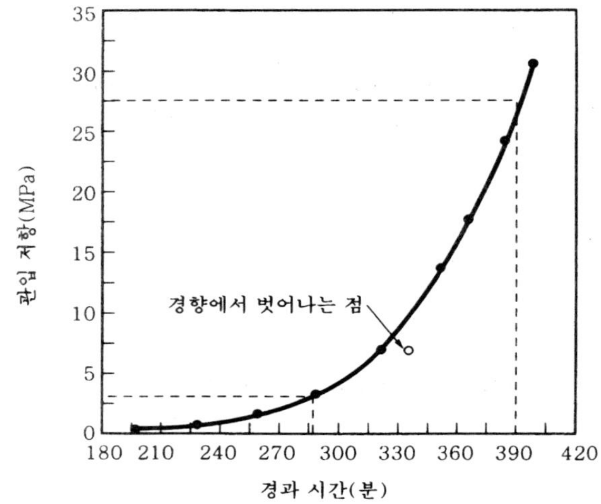

그림 3·23 관입 저항-경과 시간 곡선과 응결 시간 결정을 위한 핸드 피팅 곡선

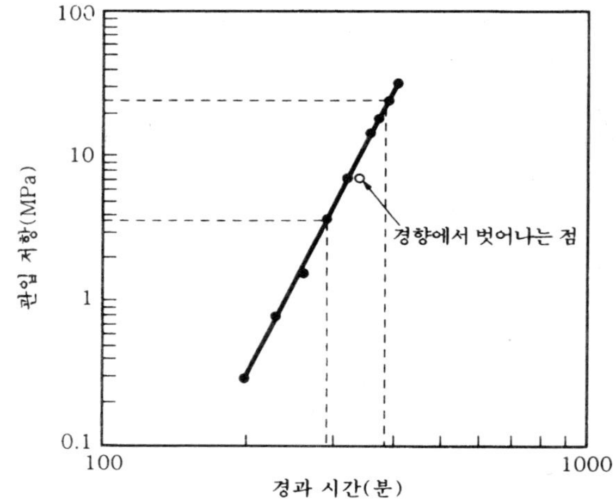

그림 3·24 관입 저항-경과 시간 로그곡선과 회귀분석에 의해 응결 시간을 결정하기 위한 직선

실 험 명	관입 저항 침에 의한 콘크리트 응결 시간 시험			3-12
시 험 일	서기 20 년 월 일 요일 날씨			
시험일의 상태	실온(℃)	습도(%)	수온(℃)	건조온도(℃)
시 료	채 취 장 소	채 취 날 짜	채 취 자	

측 정 번호	1	2	3	4
주수(注水) 시각(h-m)				
초결시각(h-m)				
초결시간(h)				
종결시각(h-m)				
종결시간(h)				

관입 저항과 경과 시간

관입 저항(PR) MPa	경과 시간(t) min	log(PR)	log(t)

고 찰 :

실 험 자	소 속	
		과 학년 반 조 학번 :
	성 명	
검 인		서기 20 년 월 일 요일 날씨 :

3-13 급속 동결 융해에 대한 콘크리트의 저항 시험

(Tes for Resistance of Concrete to Rapid Freezing and Thawing)

〔KS F 2456〕

1. 시험목적

(1) 실험실 내에서 동결 융해의 급속 반복 사이클에 대한 콘크리트 공시체의 저항을 구하기 위한 시험이다.

(2) 시험 방법의 종류 시험 방법의 종류는 다음과 같이 2종류로 한다.

① 수중 급속 동결 융해 시험방법 (방법 A)

② 기중 급속 동결 후 수중 융해 시험방법(방법 B)

2. 시험기구 및 재료

(1) 동결 융해 장치

1) 동결 융해 장피는 공시체가 소정의 동결 융해 사이클을 받는데 적당한 체임버, 동결 및 가열 장치, 소정의 요구 온도하에서 연속적이고 자동적으로 재현성 사이클을 발생시킬 수 있는 조절 장치로 구성된다. 장치가 자동적으로 작동하지 않을 경우에는 1일 24시간 기준으로 연속적인 수동 조작을 하거나 또는 장치가 작동하지 않을 때는 모든 공시체를 동결 상태로 저장하여야 한다.

2) 공시체와 공시체를 지지해 주는 장치를 제외한 모든 장치는 다음과 같이 배치되어야 한다.

① A 방법에서는 동결 융해 사이클 동안 언제나 약 3 mm 정도의 물로 완전히 둘러싸여 있어야 한다.

② B 방법에서는 동결 단계시 공기 중, 융해 단계시 수중에 놓이도록 배치되어야 한다.

동결 과정 중 공기를 열전달 매체로 사용할 경우에, 경험상으로 볼 때 액체를 사용할 경우보다 얼음이나 용수 압력 때문에 금속 용기에 큰 손상을 입고 공시체도 손상을 받게 된다. 볼록하거나 찌그러진 용기를 사용한 경우에는 측정된 결과를 주의 깊게 해석하여야 한다.

열 교환 매개체의 용도가 용기의 바닥을 통하여 공시체 아래쪽 전면에 전달되어 공시체의 하부 상태가 다른 부분과 동일한 조건이 되도록 용기 바닥에서 공시체를 지지하여야 한다. 이 경우 용기 바닥 3 mm 철선으로 만든 평면형 나선 철선을 두는 것이 좋다.

③ 열 교환 매체의 온도는 동결과 융해가 바뀌는 순간을 제외하고는 모든 공시체의 표면 어느 곳에서 언제 측정하더라도 3.3℃ 이내로 균등하여야 한다.

(2) 온도 측정 장치 : 온도 측정 장치는 온도계, 저항 온도계 또는 열전대로 구성되어 있고, 공시체 용기 내의 여러 점과 조절용 공시체의 중심점 온도를 1℃ 이내까지 측정할 수 있어야 한다.

(3) 동 탄성 계수 측정 장치 : 동 탄성 계수 측정 장치는 KS F 2437의 규정에 따른다.

(4) 저울 : 저울은 용량이 공시체 질량보다 50% 이상 크고, 감도가 5g 이하의 정밀도를 가진 것이어야 한다.

(5) 조절 수조 : 수조에서 꺼내어 변형 지동의 1차 공명 진동수와 길이 변화를 측정할 때, 수중에서 공시체의 온도를 유지시킬 수 있는 설비가 마련된 수조이어야 하고, 시험편은 사용되는 설비와 동결 융해 사이클에서 −1~2℃가 유지되어야 한다. 융해 사이클이 끝났을 때 장치의 가동을 중지시키고 공시체를 동결 융해 장치의 공시체의 체임버에 넣어 두면 이 조건을 만족시킬 수 있게 된다.

(6) 콤퍼레이터 : 길이 변화 시험용 콤퍼레이터는 KS F 2424의 시험용 기구에 따른다.

3. 시험방법

(1) 동결 융해 사이클

① 적당한 온도 측정 장치가 있는 시험용 공시체와 유사한 콘크리트를 만들어 이를 조절용 공시체로 한다. 조절용 공시체의 온도 측정에 관한 동결 융해 시험의 요구 조건과 일치시킨다. 공시체의 캐비닛 내의 각 점에서 온도 변화의 극값(최대값 또는 최저값)을 찾아낼 수 있도록 조절용 공시체의 위치를 여러 번 변경시킨다.

② 동결 융해 1사이클은 공시체 중심부의 온도를 원칙으로 하며 원칙적으로 4℃에서 −18℃로 떨어지고, 다음에 −18℃에서 4℃로 상승되는 것으로 한다. 각 사이클에서 공시체 중심부의 최고 및 최저 온도는 각각 4±2℃ 및 −18±2℃의 범위 내에 있어야 하고, 언제라도 공시체의 온도가 −20℃ 이하 또는 6℃ 이상이 되어서는 안 된다.

③ 동결 융해 1사이클의 소용 시간은 2시간 이상, 4시간 이하로 한다. 시험 방법 A에서는 융해 시간을 총 시간의 25% 시험 방법 B에서는 총 시간의 20%보다 적게 사용하여서는 안된다.

④ 임의의 공시체 중심에서의 온도가 3℃에서 −16℃로 떨어지는 데 소요되는 시간은 냉각 시간의 1/2 이하가 되어서는 안 되고, 또 −16℃에서 3℃로 상승하는 데 소요되는 시간은 가열 시간의 1/2 이하가 되어서는 안 된다. 상호 비교를 목적으로 하는 공시체에서는 임의의 공시체의 중심 온도가 2℃에서 −12℃로 변화하는 데 소요되는 시간이 다른 공시체에서 소요되는 냉각 시간의 1/6 이상 차이가 나서도 안 된다.
또한, 임의의 공시체의 중심 온도가 −12℃에서 2℃로 변하는 데 소요되는 시간이 다른 공시체에서 소요되는 가열 시간의 1/3 이상 차이가 나서는 안 된다.

⑤ 공시체의 중심과 표면의 온도차는 항상 28℃를 초과해서는 안 된다.

⑥ 동결 융해에서 상태가 바뀌는 순간의 시간이 10분을 초과해서는 안 된다. (3). ②에 따라 시험할 경우는 예외로 한다.

(2) 공시체

① 이 시험에 사용되는 공시체는 원주형 또는 각주형 공시체로 하고, KS F 2403에 따라 공시체를 만들고 양생하여야 한다.

② 경화된 콘크리트로부터 원주 또는 각주형으로 절단 채취된 공시체를 사용할 수도 있다. 이때 습윤 상태를 구조물의 습윤 상태 이하로 건조시켜서는 안 된다. 이 경우에는 플라스틱 포장 및 기타 적당한 방법으로 공시체를 싸서 운반하여야 한다.

③ 이 시험에서는 공시체를 몰드로부터 꺼내어 동결 융해 시험을 할 때까지 공시체를 석회수 안에서 포화시켜야 한다. 상호 비교할 모든 공시체의 치수는 처음부터 모두 같아야 한다.

(3) 시험

① 소정의 양생 기간이 끝나면 즉시 공시체를 6±3℃의 상태로 옮겨 변형 진동의 2차 공명 진동수와 무게를 KS F 2437에 따라 측정한다. 공시체는 양생이 끝나는 시간부터 동결 융해 사이클이 개시되는 기간까지 함수량이 변하지 않도록 보호해야 한다.

② 사이클 중 동결 상태의 초기에 융해수 내에 공시체를 넣고 동결 융해 시험을 시작한다. 공결 융해 사이클이 36사이클을 초과하지 않는 범위의 간격으로 융해 상태에서 장치로부터 공시체를 꺼낸다. 다음에 바로 6±3℃의 온도 조건하에서 가로 1차 주파수 시험을 하고, 무게를 단 후 다시 시험 장치 내로 옮긴다. 공시

체가 완전히 융해 상태에 있는지, 그리고 어떤 특정 온도 조건으로 조절 수조 내에 놓여 있는 지를 확인하고, 또 융해 사이클이 끝날 때까지 시험 중인 각 공시체 전체가 이런 상태가 되도록 공시체를 충분히 동결 융해 시험기 내에 두었는지를 확인한다.

공시체를 장치에서 꺼내는 동안 함수량의 손실이 없도록 보호하고, 다시 넣을 때는 양 끝이 반대가 되도록 돌려놓는다.

A방법으로 실험할 경우에는 용기를 씻어 내고 깨끗한 물을 첨가한다. 장치에 공시체를 다시 넣을 경우는 장치 내의 어느 곳에 넣어도 좋고, 어떤 기간 계속 시험하는 공시체는 동결 장치 내 모든 부분의 조건을 받는다는 것을 확인할 수 있는 예정된 순번에 따라 위치를 바꾸어 넣어도 좋다.

시험의 종료는 300사이클로 하며, 그 때까지 상대 동 탄성 계수가 60% 이하가 되는 사이클이 있으면 그 사이클에서 시험을 종료한다.

변형 진동의 1차 공명 진동수 측정은 공시체마다 매번하며, 또한 육안으로 관측한 공시체의 상태를 기록하고 그 기록지에 나타난 결점에 대한 평가도 기록한다.

③ 동결 융해 사이클이 계속될 수 없을 때는 동결 상태로 공시체를 저장하여야 한다.

④ 장치의 고장 또는 다른 이유로 어떤 기간 사이클을 중지하여야 한다면, 수분의 손실을 방지하면서 동결 상태로 공시체를 저장하여야 한다. A방법인 경우, 공시체를 용기 안에 놓은 후에 가능한 한 얼음으로 둘러싸야 한다.

용기 속에 공시체를 놓아두기가 어려우면 탈수 현상을 방지할 수 있는 방수 재료로 싸서 가능한 한 습한 상태로 봉한 후에 -18 ± 2℃인 차가운 방이나 냉장고 속에 저장하여야 한다.

B방법인 경우는 후자를 택하여야 한다. 일반적으로 공시체를 2사이클 이상 융해 조건 내에 두는 것이 바람직하지 못하지만, 전체 시험을 하는 동안 이런 일이 한두 번만 있게 된다면 기간이 길어져도 무방하다.

(4) 계산

① 상대 동 탄성 계수

상대 동 탄성 계수는 아래와 같이 계산한다.

$$P_c=\left(\frac{n_1^2}{n^2}\right)\times 100 \qquad (3\cdot 43)$$

여기서 P_c : 동결 융해 C 사이클 후의 상대 동탄성 계수(%)

n : 동결 융해 C 사이클에서의 변형 진동의 1차 공명 진동수(Hz)

n_1 : 동결 융해 C 사이클 후의 변형 진동의 1차 공명 진동수(Hz)

② 내구성 지수

내구성 지수는 아래와 같이 계산한다.

$$DF = \frac{PN}{M} \tag{3・44}$$

여기서 DF : 시험용 공시체의 내구성 지수

P : N사이클에서의 상대 동 탄성 계수(%)

N : 상대 동 탄성 계수가 60%가 되는 사이클 수 또는 동결 융해에의 노출이 끝나게 되는 순간의 사이클 수

M : 동결 융해에의 노출이 끝날 때의 사이클 수

4. 시험기록

시험 결과의 보고에는 다음 사항을 포함하여야 한다.

(1) 콘크리트의 품질

① 시멘트, 잔 골재 및 굵은 골재의 종류, 배합, 최대 치수, 입도 또는 소정의 입도 계수, 물-시멘트 비

② 첨가 재료 또는 혼화 재료를 사용하였을 경우 그 종류와 배합비

③ 굳지 않은 콘크리트의 공기량

④ 굳지 않은 콘크리트의 단위 용적 질량

⑤ 굳지 않은 콘크리트의 반죽 질기

⑥ 시험용 공시체를 굳은 콘크리트에서 떼어 낼 경우에는 이를 표시하고, 구조물에서 공시체의 크기, 모양, 위치 및 방향, 기타 관련 정보를 기술하여야 한다.

(2) 배합, 생성 및 양생 과정 : 공시체에서 설명한 배합, 성형 양생 방법과 차이점이 있으면 그 차이점을 기록하여야 한다.

(3) 2가지 시험 방법 중 사용된 방법을 기록해야 한다.

(4) 공시체의 특징

① 동결 융해 0사이클일 때의 공시체의 치수

② 동결 융해 0사이클일 때의 공시체의 질량

③ 동결 융해 0사이클일 때의 공시체의 결함

(5) 결과

① 각 공시체의 내구성 지수와 같은 종류의 공시체군의 평균 내구성 지수, 소정의 최소 상대 동 탄성 계수 및 최대 사이클 수

② 각 공시체의 질량 손실과 증가값, 같은 공시체군의 평균값

③ 시험 기간 중에 생기는 공시체의 결함과 결함이 발견된 순간의 사이클 수

5. 참고사항

(1) 시험실 결과 값과 정밀도(공시체별) : 동일한 콘크리트 배치 및 동일한 재료로 사용하여 2배치에서 만든 콘크리트 공시체를 2가지 방법으로 시험하고, 그 결과를 채택하는 기준으로는 표 3·35를 이용한다.

① 양 배치에서 만든 공시체의 내구성 지수는 한 배치에서 만든 공시체의 내구성 지수와 같음이 판명되었다. 그러므로 표에 있는 값은 동일 배치로 제작한 공시체와 재료, 배합 설계, 공기량을 동일하게 하고, 배치만을 달리하여 제작한 공시체에 모두 적용할 수 있다.

② 이 규격의 정밀도는 시험을 종결시키기 위한 소정의 N값과 P값 또는 제한 값 내에 있는 공시체의 크기와는 무관하고 평균 내구성 지수에 크게 좌우된다. 이 표에 있는 자료의 최대 N값은 100~300 사이클, 최소 P값은 E_0의 50~70% 범위 내이다.

▶ 자료에 있는 공시체의 크기는 아래와 같이 여러 가지가 있다.

76×76×406 mm

76×76×412 mm

76×101×412 mm

76×76×27 mm

89×101×406 mm

101×76×412 mm

89×114×406 mm

위의 것 중 첫 번째 치수로 변형 진동의 1차 공명 진동수 측정시 공시체를 진동시켜야 할 방향을 알 수 있다. 가장 보편적인 사용 치수는 76×76×41 mm이다.

(2) 시험실 결과값의 정밀도(공시체 2개 이상의 평균값) : 시방서는 때때로 공시체 2개 이상의 평균값들을 비교할 것을 요구하는 경우가 있다.

공시체 2개의 평균값 가운데서 어느 1개를 선택하는 기준으로 표 3·36 및 표 3·37의 표준 편차와 허용 채택 범위를 이용한다.

표 3·35 실험실에서 단일공시체로 얻어진 결과 값의 평가기준

평균 내구성 지수의 범위 (1)	방법 A		방법 B	
	표준 편차 (2)	두 결과값의 허용 범위(B)	표준 편차 (2)	두 결과값의 허용 범위(B)
0~5	0.8	2.2	1.1	3.0
5~10	1.5	4.4	4.0	11.4
10~20	5.9	16.7	8.1	22.9
20~30	8.4	23.6	10.5	29.8
30~50	12.7	35.9	15.4	43.5
50~70	15.3	43.2	20.1	56.9
70~80	11.6	32.7	17.1	48.3
80~90	5.7	16.0	8.8	24.9
90~95	2.1	6.0	3.9	11.0
95초과	1.1	3.1	2.0	

(주) 제(2)열과 제(4)열의 값은 평균 내구성 지수가 제(1)열에 주어진 범위에 드는 실험에 대하여 방법 A와 B 모두 적합한 표준 편차이고, 제(3)열과 제(5)열의 값은 2개 공시체 결과 사이의 차이가 초과해서는 안 되는 한계 값을 나타내는 값이다.

표 3·36 실험실에서 2개 이상의 공시체로 얻어진 결과 값의 평가기준 방법 A

평균 내구성 지수의 범위	공시체의 수									
	2		3		4		5		6	
	표준 편차	허용 범위	표준 편차	허용 범위	표준 편차	허용 범위	표준 편차	허용 범위	표준 편차	허용 범위
0~5	0.6	1.6	0.5	1.3	0.4	1.1	0.4	1.0	0.3	0.9
5~10	1.1	3.1	0.9	2.5	0.8	2.2	0.7	2.0	0.6	1.8
10~20	4.2	11.8	3.4	9.7	3.0	8.4	2.7	7.5	2.4	6.8
20~30	5.9	16.7	4.8	13.7	4.2	11.8	3.7	10.6	3.4	9.7
30~50	9.0	25.4	7.4	20.8	6.4	18.0	5.7	16.1	5.2	14.7
50~70	10.8	30.6	8.8	25.0	7.6	21.6	6.8	19.3	6.2	19.6
70~80	8.2	23.1	6.7	19.8	5.8	16.4	5.2	14.6	4.7	13.4
80~90	4.0	11.3	3.3	9.2	2.8	8.0	2.5	7.2	2.3	6.5
90~95	1.5	4.2	1.2	3.5	1.1	3.0	0.9	2.7	0.9	2.4
95 초과	0.8	2.2	0.6	1.8	0.5	1.5	0.5	1.4	0.4	1.3

표 3·37 실험실에서 2개 이상의 공시체로 얻어진 결과 값의 평가기준 방법 B

평균 내구성 지수의 범위	공시체의 수									
	2		3		4		5		6	
	표준편차	허용범위	표준편차	허용범위	표준편차	허용범위	표준편차	허용범위	표준편차	허용범위
0~5	0.8	2.1	0.6	1.8	0.5	1.5	0.5	1.4	0.4	1.2
5~10	2.9	8.1	2.3	6.6	2.0	5.7	1.8	5.1	1.7	4.7
10~20	5.7	16.2	4.7	13.2	4.1	11.5	3.6	10.3	3.3	7.4
20~30	7.4	21.0	6.1	17.2	5.3	14.9	7.4	13.3	4.3	12.2
30~50	10.9	30.8	8.9	25.1	7.7	21.8	6.9	19.5	6.3	17.
50~70	14.2	40.2	11.6	32.9	10.1	28.5	9.0	25.5	8.2	23.2
70~80	12.1	34.2	9.9	27.9	8.5	24.2	7.6	11.6	7.0	19.7
80~90	6.2	17.6	5.0	14.4	4.4	12.5	3.9	11.1	3.6	10.2
90~95	2.8	7.8	2.3	6.4	2.0	5.5	1.7	4.9	1.6	4.5
95 초과	1.4	4.1	1.2	3.3	1.0	2.9	0.9	2.6	0.8	2.3

실 험 명	급속 동결 융해에 대한 콘크리트의 저항 시험			3-13
시 험 일	서기 20 년 월 일 요일 날씨			
시험일의 상태	실온(℃)	습도(%)	수온(℃)	건조온도(℃)
시료의 종류	시멘트	잔골재	굵은골재	혼화재료

시방배합	굵은 골재의 최대치수 (mm)	슬럼프의 범위 (mm)	공기량의 범위 (%)	물-시멘트비 W/C (%)	잔골재율 s/a (%)	단위량(kg/m3)						
						물 W	시멘트 C	잔골재 S	굵은골재 G		혼화재료	
									mm~ mm	mm~ mm	혼화재	혼화재

공 시 체 번 호		1	2	3	4
배합, 성형 및 양생과정					
사용된 시험 방법					
동결 융해 0사이클일 때	공시체의 치수				
	공시체의 질량				
	공시체의 결함				
내구성 지수					
평균 내구성 지수					
상대 동 탄성 계수					
최대 사이클 수					
각 공시체의 질량 손실과 증가값					
같은 공시체군의 평균값					
시험기간 중에 생기는 결함					
결함이 발견된 순간의 사이클 수					

고 찰

실 험 자	소 속	과 학년 반 조 학번 :
	성 명	
검 인		서기 20 년 월 일 요일 날씨 :

3-14 콘크리트 염분 측정시험

(Test for Salinity in Concrete)

1. 시험목적

감지기(Sensor)에 염소이온 전극을 사용하여 용액 중에 존재하는 염소이온을 감지하여, 굳지 않는 콘크리트 및 일반수용액 중 염소이온을 측정할 수 있다.

2. 시험기구

(1) 염분측정기 set
(2) 시료용기 : 굳지 않는 콘크리트를 넣는 적당한 용기
(3) 세정수 용기 : 정제수를 넣은 프라스틱제 세정병 및 세정수(수돗물)가 들어있는 용기(양동이 등)가 있으면 편리하다.

3. 시험방법

(1) 전원을 먼저 작동시킨다(AC 100V 또는 배터리 위치로 스위치를 돌린다).
(2) 교정(CAL)버튼을 누른 후, 측정기의 LCD의 지시에 따라 센서를 0.5% 표준액에 삽입하면 전극전위 값이 표시된다.
(3) 센서를 정제수로 세정한 후, 다시 0.1% 표준액에 삽입하면 다른 전극전위 값이 표시된다.
(4) (2)~(3)의 작업을 반복하면 교정이 완료된다(LCD상에 CAL COMPLETED로 표시됨).
(5) 시료를 적당한 용기에 준비하고, 교정이 완료된 계기를 사용하여 측정한다.
  1) 굳지 않는 콘크리트의 측정의 경우
    ① 측정(MEAS)버튼을 누르면 약 10초 후에 LCD상에 첫 번째 측정(1ST MEASUREMENT)이 표시된다.
    ② 측정하고자 하는 시료에 센서를 주입한다.

③ 입력(*)버튼을 누르면 LCD상에 농도가 표시된다.
④ 센서를 세정, 청소한 후 3회 더 측정한다.
⑤ 총 4회 측정이 완료되면, 측정결과가 자동적으로 인쇄된다.

2) 염화이온량을 단위중량으로 인쇄하고자 하는 경우(ex : W = 180 kg인 경우)
① 수량(water)버튼을 누르고 1, 8, 0의 숫자버튼을 하나씩 누른 후 압력(*) 버튼을 누른다.
② 그리고, 인쇄(print)버튼, 다시 입력(*)버튼을 누르면 자동 인쇄된다.

4. 주의사항

(1) 센서는 시료에 선단을 3~5 cm 삽입하여 움직이지 않도록 한다.
(2) 센서는 언제나 청결하게 하여 사용한다.
(3) 세정액은 1개월에 1회 정도 새것으로 바꾸어 사용한다.
(4) 센서봉에는 내부액(Internal solution)이 항상 충만되어 있어야 한다.

5. 관리사항

측정하는 동안 아래 항목의 문제가 발생하면 대책의 고장원인을 참조한다.

Error Code	내 용	대 책
−1	센서불량(1) ① 잘못된 교정순서 ② 표준액 출력 0.1≥0.5일 때	① 센서교환 ② 다시 교정
−2	센서불량(2) ① 출력이 표준값의 70% 이하일 때 ② 센서의 노화	① 전극면의 연마 ② 센서 교환
−3	센서불량(3) ① 전극면의 불량 ② 회로의 단산	① 전극면의 연마 ② Connector 점검
−4	① 온도 센서 불량 ② 회로의 단산	① 센서 교환 ② Connector 점검
−5	전기회로 불량	폐사로 연락 수리의뢰
−6	고농도 일 때(Cl^-이 1.5% 초과할 때)	교정하여 재측정
−7	센서출력이 불안정(교정이 안 됨)	전극면의 연마
−8	측정기 본체의 온도가 높을 때(40℃ 초과)	온도를 상온으로 내려 사용

<table>
<tr><td>실 험 명</td><td colspan="4">**콘크리트 염분측정 시험**</td><td>3-14</td></tr>
<tr><td>시 험 일</td><td colspan="5">서기 20 년 월 일 요일 날씨</td></tr>
<tr><td rowspan="2">시험일의 상태</td><td>실온(℃)</td><td>습도(%)</td><td>수온(℃)</td><td colspan="2">건조온도(℃)</td></tr>
<tr><td></td><td></td><td></td><td colspan="2"></td></tr>
<tr><td rowspan="2">시 료</td><td colspan="2">채취장소</td><td colspan="2">채취날짜</td><td>채취자</td></tr>
<tr><td colspan="2"></td><td colspan="2"></td><td></td></tr>
<tr><td>단 위 수 량
(kg)</td><td>단위시멘트량
(kg)</td><td>단위굵은골재량
(kg)</td><td>단위잔골재량
(kg)</td><td colspan="2">W/C
(%)</td></tr>
<tr><td></td><td></td><td></td><td></td><td colspan="2"></td></tr>
<tr><td>측 정 기 기</td><td colspan="5"></td></tr>
<tr><td colspan="2">측 정 횟 수</td><td colspan="2">염화이온(Cl^-)(%)</td><td colspan="2">단위중량(kg/m^3)</td></tr>
<tr><td colspan="2">1회</td><td colspan="2"></td><td colspan="2"></td></tr>
<tr><td colspan="2">2회</td><td colspan="2"></td><td colspan="2"></td></tr>
<tr><td colspan="2">3회</td><td colspan="2"></td><td colspan="2"></td></tr>
<tr><td colspan="2">4회</td><td colspan="2"></td><td colspan="2"></td></tr>
<tr><td colspan="2">평 균 값</td><td colspan="2"></td><td colspan="2"></td></tr>
<tr><td colspan="6">고 찰 :</td></tr>
<tr><td rowspan="2">실 험 자</td><td>소 속</td><td colspan="4">과 학년 반 조 학번 :</td></tr>
<tr><td>성 명</td><td colspan="4"></td></tr>
<tr><td colspan="2">검 인</td><td colspan="4">서기 20 년 월 일 요일 날씨 :</td></tr>
</table>

제4장

아스팔트

4-1 아스팔트의 밀도시험

4-2 아스팔트 침입도 시험

4-3 아스팔트의 신도시험

4-4 아스팔트의 연화점 시험

4-5 유화아스팔트의 점도 시험

4-6 아스팔트의 사염화탄소에 대한 용해도 시험

4-7 아스팔트 혼합물의 추출시험

4-8 아스팔트질 혼합물의 증발감량 시험

4-9 아스팔트 혼합물의 소성흐름에 대한 저항력 시험

4-10 아스팔트 혼합물의 배합설계

4-1 아스팔트의 밀도시험

(Test for Specific Gravity of Asphalt)
〔KS M 2201〕

1. 시험목적

아스팔트의 밀도시험의 원리를 이해하고 또한 아스팔트 혼합물의 배합설계와 아스팔트 구매에서 수량을 확인할 때이다.

2. 시험기구 및 재료

(1) 하버드 비중병(Hubbard Pyconometer) : 경질 유리제 약 24 ml 용량, 마개지름 1~2 mm 구멍(그림 4·1 참조)(KS L 2303)

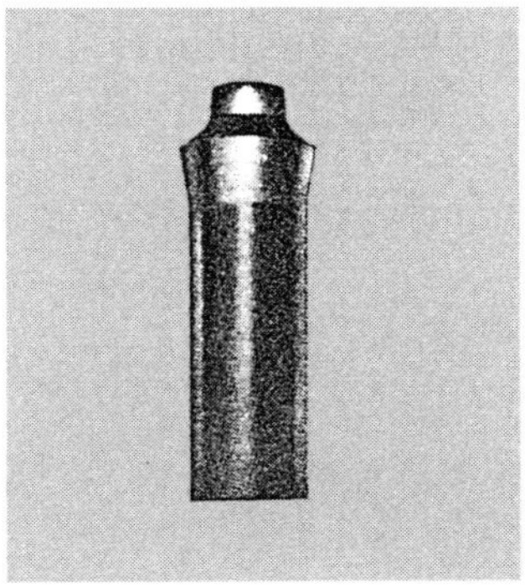

그림 4·1 하버드 비중병

(2) 항온수조 : 10~50℃, 25±0.2℃ 유지, ±0.05℃ 조절 가능
(3) 온도계 : 0.1℃의 눈금
(4) 데시케이터
(5) 화학용 저울 : 용량 500 g 이상, 감도 0.01 g
(6) 아스팔트 시료(도로포장용 아스팔트, 컷백 아스팔트, 유화 아스팔트, 블론 아스팔트)
(7) 가열장치

(8) 마른헝겊(탈지면)
(9) 톨루엔 및 아세톤 등

3. 시험방법

(1) 시료는 가열하면 증발되어 손실이 있으므로 손실이 없도록 낮은 온도에서 기포가 들어가지 않도록 천천히 섞으면서 가열해야 한다.
(2) 비중병을 105~110℃ 건조기에서 1시간 이상 건조시킨다.
(6) 비중병(마개포함)만의 무게를 0.1 mg까지 칭량한다 : W_B(g)
(4) 녹인 시료를 따뜻하게 보온된 비중병에 용적의 1/2 정도 넣는다(그림 4・2 참조).

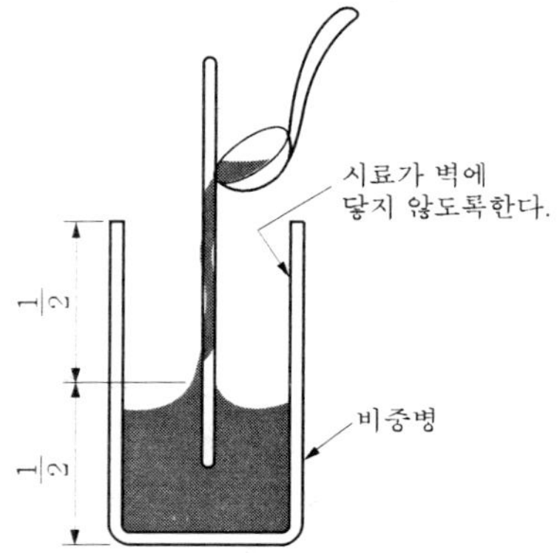

그림 4・2 시료넣기

(5) 시료가 든 비중병을 데시케이터 속에 1시간 동안 넣어 둔다.
(6) 시료와 비중병(마개포함) 무게를 0.1 mg까지 칭량한다 : W_M(g)
(7) 물을 끓여서 냉각시킨 후 비중병에 채워서 마개를 단단히 막고 시험온도 ±0.05℃의 항온수조에 1시간 이상 넣어둔다.
(8) 비중병과 마개, 물의 무게를 0.1 mg까지 정확히 칭량한다 : W_W(g)
(9) 비중병 내에 물을 표선에 맞추고, 항온수조에서 비중병을 꺼내어 비중병 표면을 물, 아세톤, 톨루엔 순으로 잘 씻고, 약간 습기가 있으면 깨끗한 마른헝겊으로 닦아 낸 후 무게를 0.1 mg까지 정확히 칭량한다 : W_F(g)
(* 이때 주의할 점은 손의 열로 병 안에 있는 물이 팽창하여 유출되지 않도록 하고, 낮은 습도에서 마른헝겊으로 문질러서 말리면 정전하가 일어나 무게를 칭량할 때 약 1 mg이 가벼워진다)

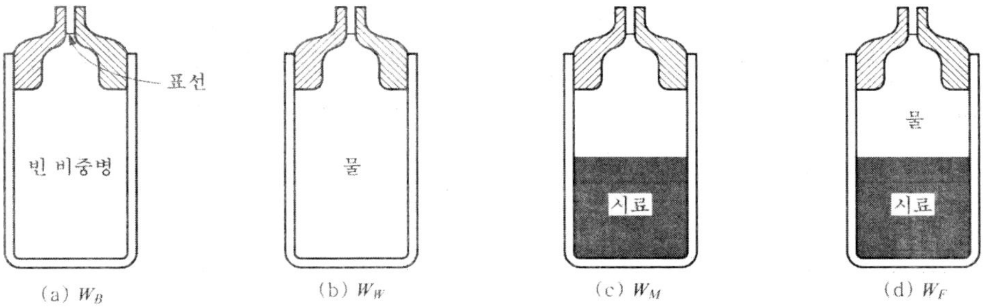

그림 4·3 밀도시험

4. 참고사항

(1) 아스팔트의 밀도는 보통 25℃에서의 아스팔트의 무게와 이와 같은 부피의 물의 무게와의 비를 말한다.

(2) 아스팔트의 밀도는 아스팔트의 규격에는 없으나 아스팔트의 분류, 제조방법 및 그 성질을 아는 데 필요하며, 특히 아스팔트 콘크리트 배합설계를 할 때 아스팔트가 차지하는 부피를 측정하는 데 필요하다.

(3) 아스팔트의 밀도는 원유의 생산지, 제조방법, 혼합물, 온도 등의 영향에 따라 크게 달라진다.

(4) 아스팔트의 밀도는 침입도가 작을수록(즉, 상대 굳기가 클수록) 커진다.

(5) 밀도시험에 사용하는 용어는 다음과 같다.

① 밀도 15/4℃란 : 15℃에 있어서의 체적 시료의 질량과 그와 같은 체적의 4℃에 있어서의 물의 질량과의 비를 말한다.

② 밀도 t/t℃란 : t℃에 있어서 체적 시료의 대기(大氣) 중의 무게와 그와 같은 체적의 t℃에 있어서의 물의 질량과의 비를 말한다.

③ 겉보기 밀도(t/t℃)이란 : t℃에 있어서 체적 시료의 대기(大氣) 중의 무게와 그와 같은 체적의 t℃에 있어서의 물의 대기 중의 무게와의 비를 말한다.

(6) 아스팔트의 밀도는 다음과 같다.

표 4·1

종 류	시험온도(℃)	밀도(g/cm^3)
도로포장용 아스팔트	25	1.01~1.04
블론 아스팔트	25	1.02~1.05
유화 아스팔트	25	1.003~1.025

(6) 시료가 상온에서 반고체 내지 고체인 경우는 통상 비중병법을 적용하는 것이 정확하다. 아스팔트 밀도 측정방법은 재료의 특성과 시험 조건에 따라 다르다.

(7) 아스팔트의 밀도는 일반적으로 침입도가 작은 것일수록 크다. 베네수엘라 원유의 침입도와 비중의 차는 다음과 같다.

표 4·2

침입도	30	49	90	181	286
비중(15/4℃)	1.039	1.032	1.029	1.023	1.0184

(8) 밀도의 표시방법은 여러 가지가 있지만 아스팔트에서는 25℃에서 중량을 이와 같은 체적의 25℃에서 물의 중량으로 나눈 값이다.

(9) 건조 공기의 밀도(760 mmHg)

표 4·3

온도(℃)	밀도(g/cm^3)
10	0.001247
15	0.001226
20	0.001205
25	0.001185
30	0.001165

(10) 밀도(25/25℃)를 밀도(25/4℃)로 환산하는 경우 하버드 비중병 방법으로 측정한 결과 다음과 같다.

① 밀도(25/25℃)=1.029

② 밀도(25/4℃)= $\dfrac{d_w}{D_w}$ × 밀도(25/25℃)=1.025

d_w : 25℃에서 증유수의 밀도=0.9971(g/cm^3)

D_w : 4℃에서 증유수의 밀도=1.0000(g/cm^3)

5. 계 산

(1) 겉보기 밀도(t/t℃)는 다음식으로 산출한다(소수점 이하 4자리까지 표시한다)

$$S=\frac{W_M-W_s}{(W_W-W_B)-(W_F-W_M)} \qquad (4 \cdot 1)$$

여기서, S : 밀도 t/t℃ 또는 밀도 $t/4$℃

W_M : 시료가 들어 있는 비중병 및 마개의 겉보기 무게(g)

W_B : 비중병 및 마개의 겉보기 무게(g)

W_W : 표선까지 물이 들어 있는 비중병과 마개의 겉보기 무게(g)

W_F : 시료와 표선까지 들어 있는 비중병 및 마개의 겉보기 무게(g)

(2) 같은 사람이 같은 장치로 얻은 2개의 시험결과의 차가 0.0006을 넘어서는 안 된다.

(3) 다른 사람이 다른 장치로 얻은 2개의 시험결과의 차가 0.0010을 넘어서는 안 된다.

실 험 명	아스팔트의 밀도시험		4-1
시 험 일	서기 20 년 월 일 요일 날씨		
시험일의 상태	온 도(℃)	습 도(%)	수 온(℃)
시 료			

	1	2	3	4
① 비중병의 무게 W_B(g)				
② 표시선까지 물을 채운 비중병의 무게 W_M(g)				
③ (시료+비중병)의 무게 W_F(g)				
④ (비중병+시료+물)의 무게 W_F(g)				
겉보기 밀도 $S=\dfrac{③-①}{(②-①)-(④-③)}$				
측정값의 차				
허용차				
평균값				

고 찰 :

실 험 자	소 속	
		과 학년 반 조 학번 :
	성 명	
검 인		서기 20 년 월 일 요일 날씨 :

4-2 아스팔트 침입도 시험

(Test for Penetration of Asphalt)

〔KS M 2252〕

1. 시험목적

반고체 또는 고체 아스팔트(asphalt)의 굳기(consistancy), 즉 견고성을 측정 확인하는 시험이며, 침입도(penetration)는 규정된 온도, 하중 및 시간의 조건하에서 표준침이 시료 중에 수직으로 침입한 깊이로 나타내고 단위는 0.1 mm를 침입도 1도(度)라고 한다. 또한 점성(粘性)은 아스팔트 유제를 침투용, 혼합용 등의 용도에 따라 구분하는데 쓰여지고 있다.

2. 시험기구 및 재료

(1) 침입도(針入度)계 : 규정된 하중을 표준침을 시료 중에 수직으로 침입시킬 수 있는 것으로 침의 운동에 대한 저항이 아주 적고, 또 침의 침입한 깊이를 0.1 mm까지 읽을 수 있는 눈금판을 갖추고 있어야 한다. 가동봉(可動棒)의 무게는 47.5±0.05 g이어야 하고, 가동봉에 표준침을 끼워 조립했을 때의 총무게는 50.0±0.1 g이라야 한다. 규정된 시험조건에서 총하중 100 g 및 200 g을 맞추기 위해 50.00±0.05 g 및 100.00±0.05 g의 분동이 갖추어진 것이라야 한다.

(2) 수조용(水曹用) 온도계 : 25℃에서 시험하기 위한 온도계는 19~27℃, 0℃ 및 4℃에서 시험하기 위한 온도계는 −8~32℃, 그리고 46℃에서 시험하기 위한 온도계는 25 ~55℃의 온도범위가 있는 것, 이들 온도계는 물통 속에 수은주가 50±15 mm만큼 잠길 수 있는 길이를 가져야 한다.

(3) 용기(容器) : 시료를 넣어 둘 용기는 유리 또는 금속제로서 원통형이고 밑바닥이 편평한 것으로서, 침입도가 200 이하인 시료를 시험할 용기는 안지름 55 mm, 깊이 35 mm라야 하고, 침입도가 200 이상인 재료를 시험할 원통형 용기는 안지름 70 mm, 깊이 45 mm라야 한다.

(4) 표준침 : 로크웰 경도 C57~60의 스테인리스강으로 지름 1.00~1.02 mm, 길이가

50.8 mm이며, 그 한쪽 끝을 높이 6.35 mm, 각도 8도 40분~9도 40분의 원추형으로 연마하고, 그 뾰족한 끝을 지름 0.14~0.16 mm 되게 자른 것이다. 표준침은 지름 약 3.2 mm, 길이 약 38 mm의 스테인리스강 또는 황동으로 만든 자루의 중심축에서 붙인다. 표준침과 자루의 무게는 2.50±0.05 g이라야 한다.

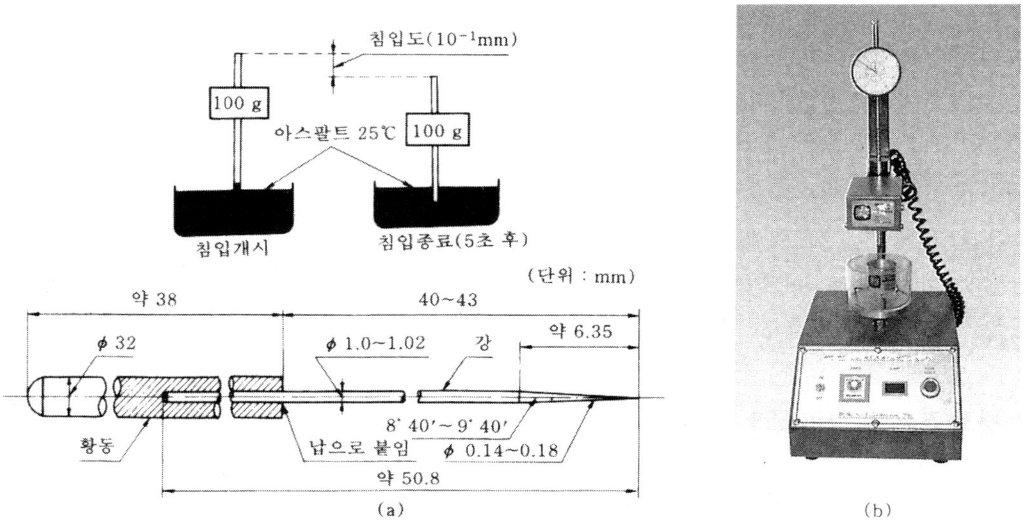

그림 4·4 침입도 시험기

(5) 항온수조(恒溫水槽) : 용량 10 l 이상이어야 하고, 온도는 시험온도 ±0.1℃로 유지할 수 있는 것으로 수면 밑으로부터 깊이 100 mm 이상, 수조 밑면으로부터 50 mm 이상의 위치에 있는 유공(有孔)선반 위에 용기를 얹을 수 있는 것이어야 한다.

(6) 시료 이동용 접시 : 밑이 편평한 원통형으로 유리, 금속 또는 플라스틱으로 만들어진 것이어야 하며, 시료용기가 움직이지 않게 되어 있어야 한다. 안지름이 90 mm 이상, 깊이 55 mm 이상이어야 한다.

(7) 스톱 워치(stop watch) : 0.1초로 눈금이 되어 있는 것

(8) 삼각형 금속대

(9) 사염화탄소

(10) 증류수

3. 시험방법

(1) 시료는 부분적으로 과열되지 않도록 주의하여 액상(液狀)이 될 때까지 일정하게 시료를 저어 주면서 가열한다.

(2) 표준침이 침입하는 예상 깊이보다 10 mm 이상의 두께가 되도록 시료는 기포를 제거하고 시료용기에 부어 넣는다.

(3) 다음 시료용기에 먼지가 들어가지 않도록 뚜껑을 덮고 15~30℃의 온도로 대기 중에서 1~1.5시간 방치한다.

(4) 다음 시료를 이동용 접시와 함께 항온수조에 넣어 1~1.5시간 둔다. 깊은 용기의 경우에는 1.5~2.0시간 두어서 시료 내부의 온도가 수조온도와 일치되도록 한다.

(5) 표준시험 조건은 온도 25℃, 하중 100 g, 5초 동안 바늘을 시료 속에 관입시킨다. 이 밖의 특별한 시험조건은 표 4·4와 같으며, 이때는 적용한 조건을 성과표에 반드시 기록하여야 한다.

표 4·4

온도(℃)	하중(g)	시간(sec)
0	200	60
4	200	60
46	50	5

(6) 이동용 접시 속에 시료용기를 옮기고, 시료용기에 충분히 물을 채운 후 이를 침입도계의 시험대 위에 올려놓고 규정된 하중이 부하된 표준침을 시료판 면에 접촉되도록 조정하고 바늘끝이 시료와 잘 접촉되도록 해야만 한다.

(7) 실험하기 전에는 언제든지 시험기의 지시판은 0으로 맞추어 두어야 한다. 표준침을 시료표면에 접촉할 때 용기가 움직여서는 안 된다.

(8) 침입도는 동일시료에 3회 이상 측정하며, 각 측점은 시료용기의 주변에서 언제나 10 mm 이상, 전에 침입한 관입위치에서 10 mm 이상 떨어진 곳을 택한다.

(9) 매 측정 후 시료와 이동용 접시를 항온수조 속에 옮기고, 침에 부착된 시료는 사염화탄소로 없애고, 다음에 깨끗하고 마른헝겊으로 닦는다.

(10) 동일시료에 대하여 3회 이상 측정하고 평균값을 정수값으로 보고한다. 이때 다음 값 이상 차이가 나면 안 된다(표 4·5 참조).

(11) 침의 관입량(貫入量)을 1/10 mm 단위로 나타낸 값을 침입도(侵入度) 1로 한다. 즉, 눈금의 하나는 1도를 말한다.

표 4·5

침 입 도	0~49	50~149	150~249	250 이상
최고값과 최저값의 차	2	4	6	8

4. 주의사항

(1) 사람과 장치가 같을 때 2회의 시험결과의 두 평균값의 차가 4%를 넘으면 안 된다.
(2) 사람과 장치가 다를 때 2회의 시험결과의 두 평균값의 차가 10%를 넘으면 안 된다.

5. 참고사항

(1) 시험용 수조는 기름통으로 겸용해서는 안되며, 저온에서 시험하는 경우 소금물을 사용할 수 있다.
(2) 침입도는 온도변화에 따라 변화하며, 그 영향은 포장용 직류 아스팔트가 많이 받는다. 이 침입도값에 따른 포장용 아스팔트의 종류는 표 4·6과 같다.

표 4·6 포장용 아스팔트 침입도(KS M 2201)

조건 \ 종류	AC 40~50	AC 60~70	AC 85~100	AC 120~150	AC 200~300
25℃, 100g, 5초	40~50	60~70	85~100	120~150	200~300

(3) 블론 아스팔트(blown asphalt)의 침입도는 표 4·7과 같다. 이것을 구별하면 다음의 표 4·8과 같다.

표 4·7 블론 아스팔트 침입도(KS M 2204)

조건 \ 종류	0~5	5~10	10~20	20~30	30~40
0℃, 200g, 60초	–	4 이상	7 이상	10 이상	14 이상
25℃, 100g, 5초	0~5	5~10	10~20	20~30	30~40
46℃, 500g, 5초	–	25 이하	45 이하	70 이하	95 이하

표 4·8 피치와 아스팔트의 비교

구분 \ 성질	색	취기의 정도	가열시 기체의 색
피 치	광택이 없는 흙색	강하다.	불꽃없이 가열하면 짙은 녹황색의 기체를 낸다.
아스팔트	광택이 있는 흙색	약하다.	불꽃없이 가열하면 짙은 백청색의 기체를 낸다.

(4) 컷백(cut back) 아스팔트 및 유화(emulsified) 아스팔트의 침입도는 표 4·9와 같다.

표 4·9 컷백 아스팔트 및 유화 아스팔트 침입도

종류 / 조건		조 건	종 류		
			급속 경화형	중속 경화형	완속 경화형
KS M 2202	컷백 아스팔트	25℃, 100g, 5초	80~120	120~300	없음
KS M 2203	유화 아스팔트	25℃, 100g, 5초	100~200	100~200	100~200

(주) 컷백 아스팔트는 급속 경화형(RC) 및 중속 경화형(MC)의 2종류뿐이며, 급속 경화형은 점도의 정도에 따라 RC-0, RC-1, RC-2, RC-3, RC-4, RC-5로 나누고, 중속 경화형은 MC-0, MC-1, MC-2, MC-3, MC-4, MC-5로 나누며 침입도는 위와 같다.

(5) 침입도 시험기(penetrometer) 사용법(그림 4·5 참조)

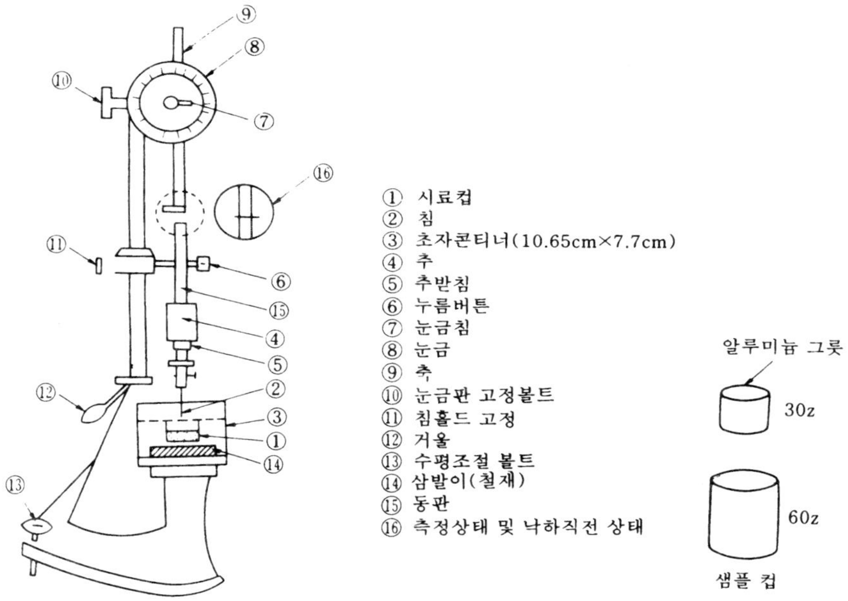

그림 4·5 침입도 시험기

① 먼저 수평조절 볼트로 기계의 수평을 잡는다.

② 초자 콘티너(水槽) 안에 컵(시료가 들어 있는)을 삼발이 중심 위에 놓는다(이때 물의 온도는 규정온도 25℃이어야 한다).

③ 침(針)과 시료의 표면이 밀착하도록 한다.

④ 추가누름 버튼까지 거의 닿도록 올려 주고, 침(針)홀더 고정볼트를 풀어서 상하로 조절한다.

⑤ 눈금고정 볼트를 사용하여 눈금침(針)을 '0'으로 맞춘다.

⑥ 스톱 워치를 한 손에 잡고 다른 손으로 누름버튼을 놓아 준다.
⑦ 침(針)이 5초 동안 시료를 관입하도록 한다.
⑧ ③과 같은 상태이므로 ⑦의 동작으로 밀착된 상태가 떨어진다.
⑨ 이 간격이 떨어진 것을 축을 서서히 아래로 눌러서 다시 밀착상태로 놓는다.
⑩ 축이 아래로 내려가면 눈금판의 눈금침이 돌아간다(이때 시계방향으로 돌아가는데 이것이 침입도이다).

실 험 명		아스팔트 침입도 시험			4-2
시 험 일		서기 20 년 월 일 요일 날씨			
시험일의 상태		온 도(℃)	습 도(%)	수 온(℃)	
시 료					
시험조건					
측정값	1				
	2				
	3				
	평 균				
허용차					
침입도(度)					
고 찰 :					

실 험 자	소 속	
		과 학년 반 조 학번 :
	성 명	
검 인		서기 20 년 월 일 요일 날씨 :

4-3 아스팔트의 신도시험

(Test for Ductility of Asphalt)

〔KS M 2254〕

1. 시험목적

아스팔트의 신도(伸度, ductility)를 알기 위한 시험이며, 신도란 시료의 양단(兩端)을 규정된 온도와 속도로 잡아당겨서 시료가 끊어질 때까지의 늘어난 길이를 말하고 cm로 표시한다. 별도의 규정이 없는 한 온도는 25±0.5℃, 속도는 5±0.25 cm/min로 시험하고 저온에서 시험할 때는 온도 4℃, 속도 1 cm/min로 한다.

2. 시험기구 및 재료

(1) 몰드(mould) : 그림 4·6에 나타난 모양, 치수의 황동형 몰드로서 b, b'는 클립이고, a, a'는 측면편이다. "×"로 표시된 클립의 끝에 있는 원은 가로축이 3.2±0.5 cm, 세로축의 절반이 1.50±0.5 cm인 타원의 절반이어야 한다.

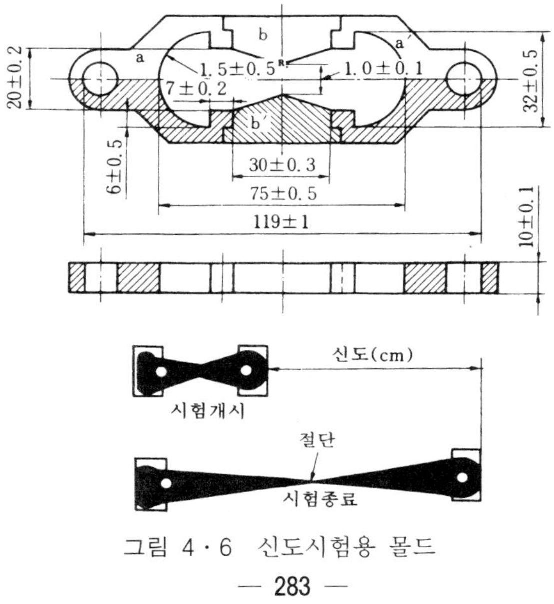

그림 4·6 신도시험용 몰드

(2) 수조(water bath) : 규정된 온도를 유지해야 하며, 이 온도에서 ±0.1℃ 이상 변화해서는 안 된다.

(3) 물의 부피는 10 l 이상 되어야 하고, 시편(試片)은 수면으로부터 깊이 10 cm 이상, 수조의 저면(底面)에서 5 cm 이상 되는 위치에 있는 구멍 뚫린 선반 위에 올려놓는다.

(4) 시험기 : 역청재료를 잡아당기기 위해서 3. (3)항에 규정한 대로 1편을 계속해서 정지시킬 수 있고, 양(兩) 클립을 심한 진동 없이 규정된 일정한 속도로 당길 수 있는 구조이어야 한다.

(5) 곧은 칼 혹은 약주걱

(6) 시료를 녹일 가열기 용기

(7) 표준체(KS A 5101) : No.50(0.3 mm) 체

(8) 황동판 혹은 유리판

3. 시험방법

(1) 시편의 성형 : 시료를 적당히 액화시키는 데 필요한 최저온도로 유지된 가열기 속에서 재료를 가열하여 유동성(流動性)이 충분히 될 때까지 녹인다.

(2) 다음 표준체 0.3 mm(No. 50) 체로 걸러서 충분히 젓고 황동판 위의 조립된 몰드에 붓는다. 시험할 때 시료의 부착을 방지하기 위해서 황동판 표면과 그림 4·6의 a, a'의 안쪽 면에 바셀린을 바르거나 혹은 수은으로 아말감시킨다.

(3) 몰드를 조립할 때는 지면과 잘 접촉되도록 하고 수평이 되게 한다.

(4) 시료를 몰드에 채울 때 몰드조각들이 흩어지지 않고 비틀리지 않도록 주의하면서 시료를 가느다란 흐름으로 몰드의 한 끝에서 다른 끝으로 왕래하여 몰드의 윗면보다 약간 높도록 부어 넣는다.

(5) 이것을 실온에서 약 30~40분간 냉각시킨 다음 시료를 황동판 위에 얹은 채 시험온도 ±0.1℃로 유지된 수조에 30분간 넣어둔 다음 꺼내어 가열한 곧은 칼날이나 약주걱으로 몰드 위의 여분의 역청을 깎아 버린다.

(6) 다시 황동판과 시편이 들어 있는 황동판과 몰드를 수조에 넣고 규정온도로 90±5분간 담가 둔 후 꺼내어 황동판에서 몰드를 떼고 다음 측면편 a, a'를 떼어 낸 다음 즉시 시험한다.

(7) 클립 b, b'의 구멍을 시험기의 핀이나 후크(Hook)에 걸고 지침을 0(零)에 맞춘 다음 시편이 끊어질 때까지 규정된 속도로 당긴다(이때 속도는 5±0.25 cm/min).

(8) 시험편이 절단될 때까지 잡아당겨 시료가 끊어졌을 때의 지침의 거리를 읽어 이를 cm로 기록한다〔3회 시험결과의 평균값을 신도(伸度)로 본다〕.

4. 주의사항

(1) 3회의 시험결과의 평균값을 신도로써 보고한다.
(2) 정상적인 실험을 연속 3회 실시하여 신도를 얻을 수 없으면 이 시험조건하에서는 신도를 측정할 수 없다고 보고한다.
(3) 시료의 최소 단면적은 1 cm^2를 표준으로 한다.
(4) 시험 중 시험기 내의 물은 시편 상하로 2.5 cm 이상 덮을 수 없다.
(5) 시험 중 시험기 내의 물은 시편 아래위로 적어도 2.5 cm는 덮을 수 있어야 하고 규정된 온도에서 계속 ±0.5℃ 이내로 유지되어야 한다.
(6) 만일, 역청재료가 수면이나 혹은 수조 밑면에 접촉되어서는 안 된다. 이 경우에는 물에 메틸알코올이나 염화나트륨을 가하여 이런 일이 없도록 조절한다.

5. 참고사항

(1) 신도시험은 DOW가 1903년 이전에 발표했다. 1921년에 ASTM의 잠정규정(rentative)으로 발표한 후 1935년에 처음으로 표준규격으로 채택할 때까지 많은 논리(論離)가 있었다.
(2) 이 시험은 공시체 제작시에 특별히 유의해야 한다. 만일, 이물질이나 기포가 있으면 시험은 실패하게 되어 다시 시도하여야 한다.
(3) 직류 아스팔트의 신도는 대단히 크지만 블론 아스팔트의 신도는 비교적 작다. 표 4·10은 블론 아스팔트(KS M 2204)에서의 신도한계를 나타낸 것이다.
(4) 여러 진공증류(眞空蒸溜) 아스팔트에서 저온(低溫)과 25℃에서의 신도(伸度)에 관해서는 표 4·11과 같다.

표 4·10 블론 아스팔트의 신도(단위 : cm)

종류 / 조건	80~120	80~120	80~120	120~300	80~120
25℃	0 이상	0 이상	1 이상	2 이상	3 이상

표 4·11

인장속도(cm/min)		0.25		5.0	
시험온도(℃)		0	4	4	25
원유의 종류	쿠웨이트	25	115+	2	150+
	베네수엘라	40	115+	14	150+
	멕시코	14	115+	25	150+
	미시시피	19	43+	6.5	150+
	쿠웨이트·미시시피 혼합	27	97+	1	150+

실 험 명	아스팔트의 신도시험		4-3
시 험 일	서기 20 년 월 일 요일 날씨		
시험일의 상태	온 도(℃)	습 도(%)	수 온(℃)
시 료			

시험조건			
측정값	1		
	2		
	3		
신도(평균값)(cm)			

고 찰 :

실 험 자	소 속	
		과 학년 반 조 학번 :
	성 명	
검 인		서기 20 년 월 일 요일 날씨 :

4-4 아스팔트의 연화점 시험(환구법)

(Test for Softening Point of Asphalt)

〔KS M 2250〕

1. 시험목적

어느 정도 연화(軟化)되는지 알기 위한 시험이다. 즉, 연화하기 시작하는 온도를 확인하기 위함이며, 연화점(softening point : 환구법)이란 시료를 규정조건하에서 가열했을 때 시료가 연화되기 시작해서 규정거리(25.4 mm)에 처졌을 때의 온도를 말한다.

2. 시험기구 및 재료

(1) 환(環, ring) : 안지름 15.88 mm, 깊이 0.35 mm의 황동제환(黃銅製環)으로서 측면의 두께는 2.38 mm이고, 안지름과 벽두께의 허용오차는 0.25 mm이다. 이 환은 No.13 B & S 게이지용 황동철선(지름 1.83 mm)에 부착시킨 것

(2) 강구(鋼球, steel ball) : 지름이 9.53 mm이고, 무게가 3.45~3.55 g인 것

(3) 용기 : 가열할 수 있는 유리그릇으로 지름이 8.5 cm 이상이고, 깊이는 10.5 cm인 것(부피 600 ml의 높이가 낮은 비커가 이치에 맞는다)

(4) 온도계 : 연화점이 80℃ 이하의 경우에는 2~8℃ 범위를 갖는 온도계를 사용하며, 80℃를 넘는 경우에는 30~200℃의 범위를 갖는 온도계를 사용한다.

3. 시험방법

(1) 시료를 연화점보다 90℃ 이상 초과하지 않는 범위로 가열하여 충분히 저어 주고 기포가 생기지 않도록 취급하면서 환(環) 속에 부어 넣는다.

(2) 가열할 때는 부분적인 과열을 방지하기 위해서 직접가열하지 말고 간접가열해야 된다.

(3) 연화점이 80℃ 이하인 것은 20분간, 연화점이 그 이상인 것은 40분간 실온(室溫)에서 냉각시킨 후 약간 가열한 칼로써 깎아낸다.

(4) 시료와 환을 판에서 들어낼 때 붙지 않고 잘 떨어지도록 미리 판에 수은(水銀) 아말감을 칠해 두고 환을 그 판에 올려놓고 시료를 부어 넣어야 한다.

(5) 수은(水銀) 아말감이 없을 때는 글리세린(glycerin)과 덱스트린(dextrin)을 같은 양으로 혼합한 것으로 바르든가 또는 보통비누로 바른 후에 사용해도 지장이 없다.

(가) 연화점이 80℃ 이하인 경우

(1) 비커에 증류수를 넣고, 5℃로 맞추어 약 82.5 mm 깊이로 채운다. 시료가 들어 있는 환의 아랫면이 비커 바닥으로부터 정확히 25.4 mm 높이에 위치해야 하고, 환의 윗면에서 수면까지 50.8 mm가 되도록 한다.

(2) 강구(鋼球)를 물 속에 담가 놓고 온도계의 밑면이 환 아랫면과 수평하게 한 다음 그 거리가 6.35 mm 이내로 하되 환에 닿아서는 안 된다. 물의 온도를 15분간 5℃로 유지한 다음 집게로 강구를 환 속에 있는 시료의 윗면 중앙에 올려놓고 그림 4・7과 같이 조립을 완료한다.

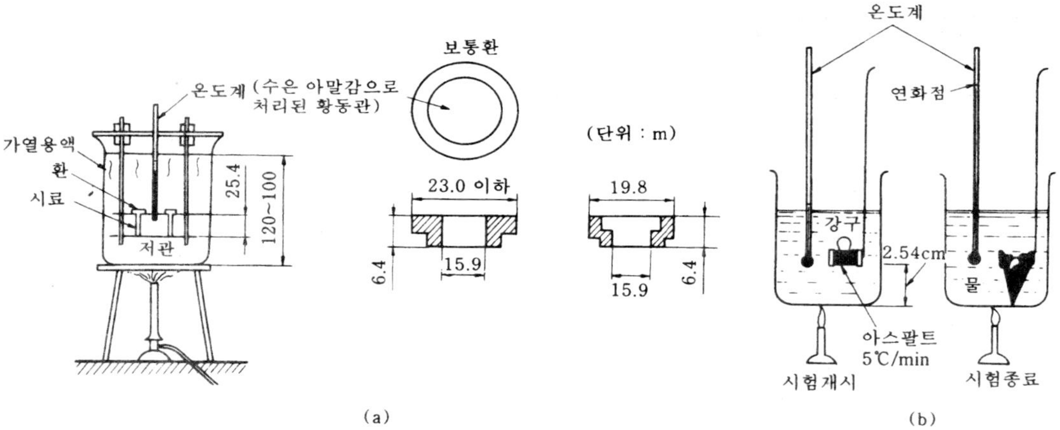

(a) (b)

그림 4・7 연화점 시험장치와 시험법

(3) 가열 시작 후 3분간을 제하고 매분 5±0.5℃의 비율로 온도가 상승하게 가열한다. 이 범위 밖에 있을 경우에는 새로운 시료를 사용해서 다시 해야 한다(단, 온도 상승 비율은 엄격하게 한다).

(4) 시료가 처지기 시작하여 비커의 밑바닥에 닿는 순간의 온도를 기록한다(단, 온도계의 노출부에 대한 보정은 하지 않는다).

(5) 한 사람이 똑같은 장치를 사용하여 측정한 2개의 시험결과는 어느 것이나 평균값의 차가 표 4・12의 허용차를 넘어서는 안 된다.

표 4·12

연화점의 범위(℃)	허용차(℃)
80 이하	1.0
80을 초과한 것	2.0

표 4·13

연화점의 범위(℃)	허용차(℃)
80 이하	4.0
80을 초과한 것	8.0

(6) 서로 다른 사람이 별도의 장치를 사용하여 구한 2개의 연화점은 어느 것이라도 그 평균값과의 차가 표 4·13의 허용차를 넘어서는 안 된다.

(나) 연화점이 80℃ 이상인 경우

(1) 물 대신 순수한 글리세린(glycerin)을 사용하는 것을 제외하고는 3. (가)항에서 기술한 바와 같이 조작하며, 글리세린의 처음 온도는 32℃라야 한다.

(2) 글리세린을 이 온도로 하여 충분히 교반(agitate)한 다음 시험기구 및 시료를 이 속에 넣고 15분간 처음 온도 32℃로 유지하며 교반한다.

(3) 강구(鋼球)를 시료의 상부 중앙에 올려놓고 조립한 후 3. (가) (1) 및 (4)항에 따라 시험한다.

(4) 가열할 때는 환을 비커의 중심에서 떨어지게 하고 시료로부터 떨어진 비커의 끝과 그 중심 사이에 버너(durner)를 놓는다.

4. 주의사항

(1) 동일시료에 3회 이상 시험하여 이들을 평균하여 0.5℃까지 보고한다.

(2) 온도상승 비율은 일정해야 하며, 측정시간 중의 전(全) 평균값이 아니고 매분 5±0.5℃의 비율이어야 한다.

5. 참고사항

(1) 블론 아스팔트(blown asphalt)의 연화점은 표 4·14와 같다.

표 4·14 블론 아스팔트의 연화점

종류 / 명칭	0~5	5~10	10~20	20~30	30
연화점(℃)	130 이상	110 이상	90 이상	80 이상	

(2) 스트레이트 아스팔트 연화점은 표 4·15와 같다(JIS K 2207 참조).

표 4·15 스트레이스 아스팔트의 연화점

종류 / 명칭	0~10	10~20	20~40	40~60	60~80	80~100	100~120	120~150	150~200	200~300
연화점(℃)	55.0 이상		50~65	45~60	40~55		35~50		30~45	

(3) 시료의 채취량은 시험에 필요한 양의 2배 이상(약 40 g)으로서 환에 부어 넣을 때까지의 전 가열시간은 15분을 넘어서는 안 된다.

(4) 단단한 시료의 중앙이 파임을 만들 때에는 강구 또는 환을 약간 따뜻하게 하여도 좋다.

(5) 보고서에는 그 연화점이 80℃ 부근일 때는 사용한 용액의 종류를 기록해야 한다.

(6) 연화점은 ℃로 표시한다.

<table>
<tr><td colspan="2">실 험 명</td><td colspan="3">아스팔트의 연화점 시험</td><td>4-4</td></tr>
<tr><td colspan="2">시 험 일</td><td colspan="4">서기 20 년 월 일 요일 날씨</td></tr>
<tr><td colspan="2" rowspan="2">시험일의 상태</td><td>온 도(℃)</td><td colspan="2">습 도(%)</td><td>수 온(℃)</td></tr>
<tr><td></td><td colspan="2"></td><td></td></tr>
<tr><td colspan="2">시 료</td><td colspan="4"></td></tr>
<tr><td colspan="3">시험조건</td><td colspan="2"></td><td></td></tr>
<tr><td rowspan="3">측정값</td><td colspan="2">1</td><td colspan="2"></td><td></td></tr>
<tr><td colspan="2">2</td><td colspan="2"></td><td></td></tr>
<tr><td colspan="2">3</td><td colspan="2"></td><td></td></tr>
<tr><td colspan="3">허용차</td><td colspan="2"></td><td></td></tr>
<tr><td colspan="3">침입도(度)</td><td colspan="2"></td><td></td></tr>
<tr><td colspan="6">고 찰 :</td></tr>
<tr><td rowspan="3">실 험 자</td><td rowspan="2">소 속</td><td colspan="4"></td></tr>
<tr><td colspan="4">과 학년 반 조 학번 :</td></tr>
<tr><td>성 명</td><td colspan="4"></td></tr>
<tr><td colspan="2">검 인</td><td colspan="4">서기 20 년 월 일 요일 날씨 :</td></tr>
</table>

4-5 유화아스팔트의 점도(엥글러) 시험

(Test for Viscosity of Emulsified Asphalt)

〔KS M 2203〕

1. 시험목적

일명 아스팔트의 점도시험(tesing method for viscosity of asphalt)이라고도 하며, 아스팔트 유제의 점성(viscosity)을 조사하기 위한 시험으로 50 ml의 시료가 소정의 유출구로부터 흘러나오는 데 요하는 시간과 증류수의 유출시간과의 비로 점성을 표시하는 데 쓰이는 것이다.

2. 시험기구 및 재료

(1) 엥글러(Engler) 시험기 세트(시료용기, 플라스크, 가열장치, 나무마개, 온도계)

(2) 항온수조(25±0.1℃의 온도를 유지할 수 있는 것)

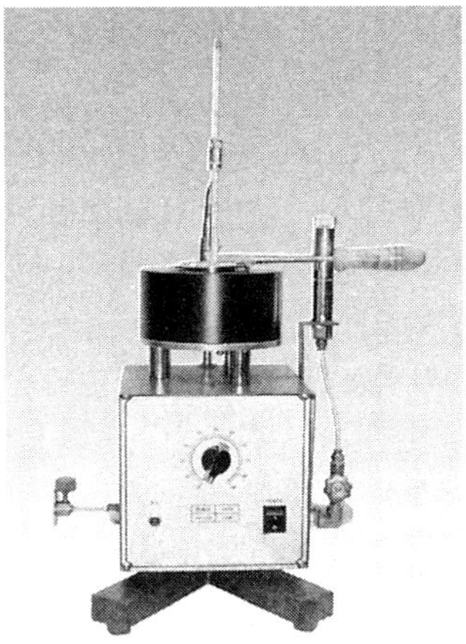

(a)

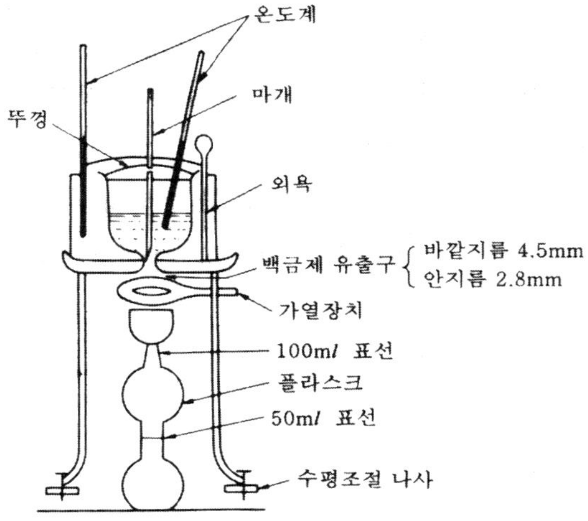

(b)

그림 4·8 엥글러 점도 시험기

(3) 840μ 표준체
(4) 스톱 워치
(5) 사염화탄소
(6) 메틸알코올
(7) 증류수

3. 시료준비

(1) 유제가 일정하게 될 때까지 기포가 생기지 않게 서서히 젓는다.
(2) 약 200 ml의 시료를 840μ 표준체로 거른다.
(3) 25±0.1℃의 항온수조에 최소한 30분간 넣어둔다.

4. 시험방법

(1) 엥글러 시험기의 바깥통에 물을 넣는다(25±0.1℃를 유지한다).
(2) 나무마개로 막은 시료용기에 시료를 주입(흘려 넣음)하여 용기 내의 3개의 표점선단까지 정확하게 넣는다(표선까지의 용량은 300 ml).
(3) 플라스크를 유출구 밑에 놓는다.
(4) 시료용기의 뚜껑을 덮고 온도계를 꽂는다.
(5) 시료의 온도를 25±0.1℃로 3분간 유지한다.
(6) 나무마개를 빼는 것과 동시에 스톱 워치를 눌러 플라스크에 시료 50 ml가 담아지기까지의 시간 T_s(sec)를 별도로 측정한다.
(7) 25℃의 증류수에 대하여 (1)~(6)의 순서로 플라스크에 50 ml가 담기는 데 요하는 시간 T_w(sec)를 별도로 측정한다.
(8) 엥글러 점도 η를 다음 식으로 정수값까지 계산한다.

$$\eta = \frac{T_s\,(\mathrm{sec})}{T_w\,(\mathrm{sec})} \tag{4・2}$$

5. 주의사항

(1) 시료용기는 청결히 하여 말려 두어야 한다. 사염화탄소 등의 용제로 씻는다. 알코올로 행군 다음 증류수로 씻고 천으로 닦아 잘 건조시킨다.
(2) 특히, 유출구는 상하지 않게 주의하여 깨끗이 하는 것이 중요하다. 나무마개도 사용한 다음 깨끗이 하여 둔다.

(3) 3개의 표준점의 선단에 시료의 액면이 동시에 일치하도록 하여 시험기를 수평으로 놓는다.
(4) 시료에 기포가 혼입하지 않도록 조용히 주입한다.
(5) 흘러내리는 시료가 플라스크의 50 ml 표시선보다 위의 내벽에 묻지 않은 위치에 플라스크를 놓는다.
(6) 최초의 2분간은 때때로 돌려 온도계로 시료를 저으면서 온도를 읽는다. 이때 나무 마개는 꼭 조여 놓지 않으면 안 된다. 나머지 1분간은 시료를 정지상태로 둔다.
(7) 증류수에 대하여는 되도록이면 동일한 장치를 써서 측정하여 놓으면 순서를 정하는 데 편리하다.

6. 참고사항

(1) 엥글러 점도가 15 이상의 경우는 세이 볼트(say bolt) 점도계를 쓴다. 25℃의 시료 60 ml가 유출하는 데 요하는 시간 T(sec)를 측정하여 엥글러 점도 η를 다음 식으로 계산한다.

$$\eta = 0.280\, T_s' \tag{4 · 3}$$

(2) 엥글러 점도 시험기의 검정은 20℃ 증류수 200 ml가 유출하는 데 요하는 시간이 50~52초가 되는 것을 확인하고서 행한다.
(3) 점도는 25℃에 있어서 2.0 이상이다. 투입용으로 사용할 때는 점성이 낮은 편이 좋고 혼합용의 경우에는 높은 것이 좋다.

표 4·16 유제 아스팔트의 점도

종 류 / 조 건	RS(C), RS(A)				MS(C), MS(A)		
	1	2	3	4	1	2	3
점도(엥글러 온도 25℃)	2~15	2~15	2~8	2~10	3~40	3~40	3~40

(4) 엥글러 온도는 아스팔트 유제를 침투용, 표면처리용, 혼합용 등의 용도에 따라서 구분하는 데 사용되고 있다.

<table>
<tr><td>실 험 명</td><td colspan="3">엥글러 점도시험</td><td>4-5</td></tr>
<tr><td>시 험 일</td><td colspan="4">서기 20 년 월 일 요일 날씨</td></tr>
<tr><td rowspan="2">시험일의 상태</td><td>실 온(℃)</td><td>습 도(%)</td><td colspan="2">수 온(℃)</td></tr>
<tr><td></td><td></td><td colspan="2"></td></tr>
<tr><td>시 료</td><td colspan="4"></td></tr>
<tr><td colspan="2">시 험 온 도</td><td colspan="3"></td></tr>
<tr><td rowspan="4">시료의
유출시간
T_s(sec)</td><td>1</td><td colspan="3"></td></tr>
<tr><td>2</td><td colspan="3"></td></tr>
<tr><td>3</td><td colspan="3"></td></tr>
<tr><td>평 균</td><td colspan="3"></td></tr>
<tr><td rowspan="4">증류수의
유출시간
T_w(sec)</td><td>1</td><td colspan="3"></td></tr>
<tr><td>2</td><td colspan="3"></td></tr>
<tr><td>3</td><td colspan="3"></td></tr>
<tr><td>평 균</td><td colspan="3"></td></tr>
<tr><td colspan="5">앵글러도(度) $\eta = T_s / T_w$</td></tr>
<tr><td colspan="5">고 찰 :</td></tr>
<tr><td colspan="5"></td></tr>
<tr><td rowspan="3">실 험 자</td><td rowspan="2">소 속</td><td colspan="3"></td></tr>
<tr><td colspan="3">과 학년 반 조 학번 :</td></tr>
<tr><td>성 명</td><td colspan="3"></td></tr>
<tr><td colspan="2">검 인</td><td colspan="3">서기 20 년 월 일 요일 날씨 :</td></tr>
</table>

4-6 아스팔트의 사염화탄소에 대한 용해도 시험

(Test for Asphalt Soluble in Carbon Tetrachloride)

〔KS M 2256〕

1. 시험목적

아스팔트의 사염화탄소에 대한 가용분을 알기 위해서 행하는 시험으로서 아스팔트 제조시 과도한 산화와 열처리로 인한 품질저하 및 불순물의 혼입에 의한 비규격 제품을 알기 위함이다.

2. 시험기구 및 재료

(1) 여과장치(구치 도가니 : Gooch crucible) : 윗지름 약 44 mm, 아랫지름 약 36 mm, 높이(깊이) 약 25 mm인 것을 사용한다.

(2) 석면(石綿) : 섬유가 길고 품질이 좋은 석면을 농염산(濃鹽酸)과 함께 자기(瓷器) 그릇에 넣고 수조에서 중탕(重湯)으로 가열하여 이때 생긴 황색의 물을 따라 버린다(이 작업을 2~3회 되풀이하고 증류수도 깨끗이 씻은 다음 약 10 mm 길이 이하로 끊는다).

(3) 여과판

(4) 삼각 플라스크 : 용량 125 ml

(5) 건조기

(6) 분젠 버너(burner)

(7) 저울 : 정도 1 mg

(8) 데시케이터(desiccator)

(9) 흡입펌프

(10) 여과용 플라스크(flask)

(11) 고무판부 : 여과관에 구치 도가니를 잘 지지할 수 있는 것

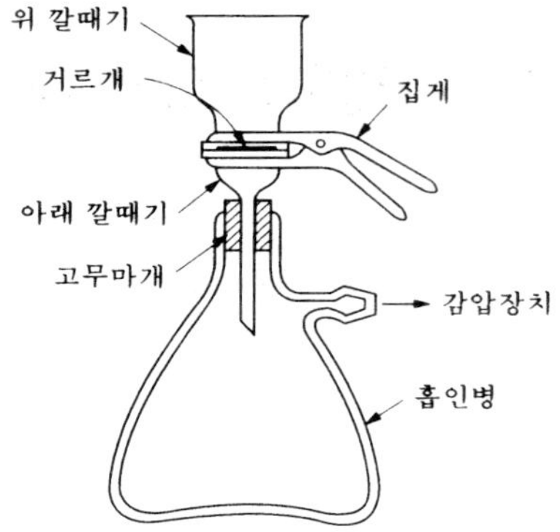

그림 4·9 여과장치

3. 시료준비

(1) 시료는 대표적인 것으로, 만일 시료가 2% 이상의 수분을 포함하고 있을 때에 동제(銅製) 증류기로 증류하여 완전히 탈수한 잔사를 시료로 사용한다. 또한, 시료가 굵고 부스러지기 쉬운 상태이면 분쇄하여 시료의 휘발온도보다 낮은 온도에서 건조한 다음 사용한다.
(2) 여과관을 여과 플라스크의 마개로 끼운 다음 여과관에 구치 도가니(Gooch crucible)를 올려놓고 여과 플라스크와 흡입펌프를 연결한다.
(3) 석면의 증류수에 분산시킨 것을 구치 도가니에 채우고 가볍게 수분을 흡입하여 구치 도가니에 석면층을 만든다.
(4) (3)항의 조작을 계속하여 가열 후 석면의 중량이 0.5±0.1g이 되도록 한다. 이 석면층을 물로 잘 씻은 다음 건조로 속에서 건조하고 분젠 버너로 가열한다.
(5) 데시케이터(desiccator) 속에서 구치 도가니를 냉각하고 칭량한 후 깨끗하고 마른 여과 플라스크에 놓여진 마른 여과관 위에 구치 도가니를 올려놓는다.

4. 시험방법

(1) 아스팔트를 될 수 있는 한 낮은 온도로 녹여서 따뜻한 작은 그릇에 담는다. 시료가 수분을 2% 이상 함유하고 있는 경우에 130℃ 이하의 온도로 휘저어 가면서 가열하고 될 수 있는 한 짧은 시간에 수분을 제거하여 이를 시료로 한다.
(2) 시료 약 2g을 계량하여 삼각 플라스크에 넣고 화학용 사염화탄소(CCL4) 100 ml를 조금씩 넣고 덩어리를 없앤 다음 플라스크에 코르크 마개를 닫고 어두운 곳에서 12시간 이상 방치한다.

(3) 경사법에 의해서 사염화탄소를 준비한 구치 도가니에 부어 넣어 용액이 석면층을 통과하여 흘러내리기까지 흡입력을 조절하면서 되도록 천천히 흡입한다.

(4) 다음에 소량의 사염화탄소로 삼각 플라스크를 씻으면서 불용해분(不溶解分)을 구치 도가니에 옮긴다. 구치 도가니 속의 불용해분을 씻은 조각을 반복하여 씻은 물이 무색이 되면 흡입을 계속하여 사염화탄소를 제거하고, 도가니를 100~125℃의 건조기에서 20분간 건조시킨 다음 데시케이터에 넣고 식혀서 무게를 단다. 중량이 증가된 양을 사염화탄소에 대한 불용해분(不溶解分)에 가산한다.

(5) 석면 여과층을 통하는 광물질(鑛物質)이 있을 경우는 그 여과액을 증발시켜 잔류물을 태워 중량을 단다. 이를 도가니의 불용해분에 가산한다. 광물질이 탄산염인 경우는 탄산암모늄 몇 방울을 가하여 100℃에서 건조하고 이를 암적색(暗赤色)이 될 때까지 수분간(數分間) 태워 중량을 달아 불용해분에 가산한다.

(6) 만약 플라스크 속에 불용해분이 부착되어 뗄 수 없는 경우에는 플라스크를 건조기 속에서 충분히 건조시킨 후 중량을 달아 부착물의 중량을 불용해분의 중량에 합한다.

(7) 아스팔트의 사염화탄소에 대한 용해도는 다음 식에 의해 계산한다.

$$S = \frac{W-R}{W} \times 100 \qquad (4 \cdot 4)$$

여기서 S : 사염화탄소 용해도(%)

W : 시료의 중량(g)

R : 사염화탄소 불용해분의 중량(g)

5. 주의사항

시료(試料) 중의 불용해분(不溶解分)을 거를 때는 석면에 소량의 가용분(可溶分)을 부착한다(보통 석면 1 g에 1~1.5 mg). 이것은 용제(溶劑)로 씻어도 제거되지 않으므로 이 오차를 대체로 일정하게 되도록 석면의 중량을 규정제한 내에 유지할 필요가 있다.

6. 참고사항

(1) 아스팔트의 사염화탄소 가용분(%)은 표 4·17과 같다.

표 4·17 아스팔트의 사염화탄소 가용분(KS M 2201, M 2203, M 2204)

명칭 \ 종류	포장용 아스팔트[1]	컷백 아스팔트[2]	블론 아스팔트[3]
사염화탄소 가용분(%)	99.0 이상	99.5 이상	99.0 이상

(주) 1) 포장용 아스팔트의 종류 다섯 가지(AC 40~50, AC 60~70, AC 85~100, AC 120~150, AC 200~300)가 된다.
2) 급속 경화형(호칭 RC-0, RC-1, RC-2, RC-3, RC-4, RC-5)과 중속 경화형(MC-0, MC-1, MC-2, MC- 3, MC-4, MC-5)이 같다.
3) 블론 아스팔트 종류 다섯 가지(0~5, 5~10, 10~20, 20~30, 30~40)가 같다.

(2) 아스팔트에 함유된 carbone량은 다음과 같이 구한다.

$$\text{carbone량}(\%) = \frac{CCL_4 \text{불용분}(\%) - CS_2 \text{ 불용분}(\%)}{100 - CS_2 \text{의 용해분}} \qquad (4 \cdot 5)$$

실 험 명	아스팔트의 CCL_4에 대한 용해도 시험		4-6
시 험 일	서기 20 년 월 일 요일 날씨		
시험일의 상태	실 온(℃)	습 도(%)	
시 료			
① 시료의 중량 R(g)			
② 사염화탄소 불용해분의 전중량 W(g)			
③ 사염화탄소 용해도 $\frac{② - ①}{②} \times 100(\%)$			

고 찰 :

실 험 자	소 속	
		과 학년 반 조 학번 :
	성 명	
검 인	서기 20 년 월 일 요일 날씨 :	

4-7 아스팔트 혼합물의 추출시험(원심 분리법)

(Test for Bitumens Content of Paving Mixtures Centrifuge)

〔KS F 2354〕

1. 시험목적

이 시험은 25 mm 체를 전부 통과하는 골재로 된 포장용 혼합물 중에 들어 있는 아스팔트 혼합물을 원심 분리기(centrifuge extractor), 상온용매(벤젠 또는 이황화탄소)로써 추출하여 그 아스팔트 혼합률을 결정하기 위해서 행하는 시험으로, 배합설계의 결과에 따라 제조되는 아스팔트 혼합물은 추출시험에 따라 아스팔트가 설계와 같이 함유되고 있는지의 검사를 할 필요가 있다.

2. 시험기구 및 재료

(1) 추출장치 : 용기(bowl)를 1분간 3600회전까지 속도조절해서 회전시킬 수 있는 장치가 있어야 한다. 이 장치는 용기로부터 추출된 용매를 수집하기 위한 외각과 용매가 흘러내릴 수 있는 흠이 있어야 한다.
(2) 여지환(濾紙環 ; filter paper ring) : 용기의 가장자리에 꼭 맞는 것
(3) 건조기 : 110±5℃로 유지가능한 것
(4) 증기조
(5) 저울 : 용량 5000 g, 감도 0.1 g
(6) 작열(灼熱)접시 : 용량 125 ml
(7) 가스 버너(gas burner), 스탠드, 편평한 큰 용기, 비커 등
(8) 메스 실린더 : 2000 ml, 100 ml

3. 시 약

(1) 탄산암모늄 용액 : 시약용 (NH4)2CO3 포화용액일 것
(2) 벤젠

(3) 크레소드 : 방습용 콜타르 피치(coaltar pitch)의 프레임 코트에 적합한 무결정의 크레소드

4. 시료준비

(1) 혼합물(混合物)이 흙손이나 스패튤러(spatula)로 쉽게 분리(分離)할 수 없을 경우에는 편평한 용기 내에 2000~5000 g을 넣고 쉽게 다룰 수 있을 때까지 건조기에서 100±5℃로 가열한다.
(2) 광물질 입자(골재)가 부서지지 않도록 주의하여 시료와 입자를 가능한 한 균일하게 분리하여 대표적 시료 1000 g을 칭량하여 용기(bowl)에 넣고 균일하게 분포시킨다.
(3) 보통시험에서는 골재 최대크기가 6 mm 이하일 때는 시료량이 이보다 적어도 된다.
(4) 골재의 최대치수가 25 mm 이상 되는 골재를 함유하는 혼합물에 대해서는 3000 g 이상의 시료를 칭량하여 한 번에 1000 g씩 나누어 추출시험을 한다.
(5) 용기 내에 시료가 벤젠에 잠기도록 부어서 시험 전에 붕괴되도록 적당한 시간(1시간 이하) 동안 방치한다.
(6) 500 g의 시료를 석유제품에 수분 측정용 금속제 증류기에 칭량하여 넣는다.

5. 시험방법

(1) 시료와 용매를 넣은 용기(bowl)를 원심 분리기에 넣는다. 여지환(filter paper ring)을 건조시켜 칭량하고 용기의 가장자리에 합치시킨다. 용기의 뚜껑을 꼭 잠그고 추출용액을 수집하기 위해 유출구 밑에 비커를 둔다.
(2) 원심 분리기를 천천히 회전하고 점차적으로 속도를 가해 1분간 3600회전까지 하든지 용매가 흘러나오지 않을 때까지 회전시킨다.
(3) 기계를 정지시켜서 200 ml의 벤젠을 가한 후 위의 방법을 되풀이한다. 추출액이 깨끗하거나 일부분을 다른 용기에 담아 육안으로 볼 때 엷은 담황색이 될 때까지 200 ml 용매를 가한다(3회 이상 실시한다).
(4) 용기에서 여지환을 제거하여 공기 중에서 건조시키고 110±5℃ 건조기에서 항량이 될 때까지 건조시켜 칭량한다.
(5) 추출조작 중 여지환의 증가된 무게는 광물질의 무게이다.
(6) 용기 내의 시료를 증기조 위에서 증발건조시켜 냉각시킨 후 일정중량이 될 때까지 110±5℃의 건조기에서 건조한다.
(7) 모든 추출액을 2000 ml의 메스 실린더에 모아서 전용액을 측정한다.

(8) 추출액을 충분히 교반(agitate)하여 미리 무게를 알고 있는 작열접시에 100 ml를 측정하여 넣는다. 접시에 든 추출액을 증기조 위에서 증발 건조시키고 찌꺼기는 암적색 열(500~600℃)로써 재(災)를 만든다.

(9) 역청질 재료를 암적색 열로써 재를 만들고 냉각시켜 재 1 g당 포화된 탄산암모늄 〔$(NH_4)_2CO_3$〕 용액 5 ml를 가한다. 실온에서 1시간 동안 담가 두었다가 건조기에서 100±5℃로 항량이 될 때까지 건조시킨 후 데시케이터 속에서 냉각시켜 칭량한다.

(10) 추출액 전체 액에 들어 있는 재의 중량을 계산한다(3회의 평균값의 중량).

(11) 석유제품의 수분 측정용 금속제 증류기 내에서 시료 중의 함수량을 측정한다.

(12) 시료 중의 아스팔트 백분율을 다음과 같이 계산한다.

$$\text{건조시료 중의 아스팔트 함유량(\%)} = \frac{(W_1 - W_2) - (W_3 + W_4 + W_5)}{W_1 - W_2} \times 100 \quad (4 \cdot 6)$$

여기서 W_1 : 시료의 중량(g)

W_2 : 시료 중의 수분중량(g)

W_3 : 추출된 골재의 중량(g)

W_4 : 추출액 중의 재의 중량(g)

W_5 : 여지환의 증가된 중량(g)

6. 주의사항

(1) 대표적 시료는 적당한 방법으로 균일하게 채취하며, 그 양은 약 1000 g 이하라도 좋다.

(2) 골재의 최대크기는 6 mm 이하일 때는 시료가 1000 g 이하라도 좋다.

(3) 용매는 벤젠이나 이황화탄소 대신에 사염화탄소, 삼염화에틸렌 등의 용매를 사용해도 좋으나 벤젠이나 이황화탄소로써 얻은 결과와의 관계를 예측 또는 가정할 수 없다.

(4) 원심 분리기의 그릇은 뚜껑의 닫음이 나쁜 경우에는 골재의 세립부분이 유출하여 시험오차가 커지므로 뚜껑은 될 수 있는 한 굳게 닫아야 한다.

(5) 추출시험 중에 실내의 환기를 충분히 하여 중독 등의 사고가 발생하지 않도록 주의한다.

(6) 그릇에 남은 골재는 110±5℃에서 약 2시간 건조하면 일정중량이 된다.

(7) 잔분을 태울 때에는 급격하게 온도를 올리지 말아야 한다.

(8) 일반적으로 혼합물을 가열하여 수분을 제거한 상태에서 시험하는 것이므로 시료 중의 수분은 측정을 생략하는 수가 많다.

7. 참고사항

(1) 시료 중의 골재의 분리 때문에 최대치수가 클수록 시험의 정도가 낮아진다. 골재의 최대치수가 25 mm 이상이 되는 골재를 함유하고 있는 혼합물에 대해서는 3000 g 이상의 시료를 칭량하여 한 번에 1000 g씩 나누어 추출시험을 한다〔KS F 2354의 4. (1)항〕.

(2) 이 시험에 따라 분리된 골재는 그의 입도를 알아보기 위하여 체가름 시험에 사용할 수도 있다〔KS F 2354 4. (1)항〕.

(3) 시험결과 표 4·18과 같이 기입하여 계산한다.

표 4·18 추출시험 결과

번호	항 목		측 정 값
①	시료의 중량(g)		1022.00
②	추출골재 중량(g)		924.00
③	(여지환+필터) 중량(g)		21.80
④	여지환 중량(g)		20.50
⑤	부착필터 중량(g)	③−④	1.30
⑥	전추출 골재중량(g)	②+⑤+⑮	(924.0+1.30+25.88)=951.18
⑦	아스팔트 중량(g)	①−⑥	70.82
⑧	아스팔트 혼합률(%)	⑦/①×100	6.93

표 4·19 추출시험 계산 예(1)

⑨ 추출액 용적	3450 ml	⑩ 정량액 용적	100 ml
작열접시	⑪ 접시의 중량(g)	⑫ 태운 후의 중량(g)	⑬=⑫−⑪ 남은 중량(g)
No.1	67.50	68.20	0.7
No.2	61.00	61.80	0.8
No.3	61.50	62.25	0.75
⑭ 평균값			0.75
⑮ 추출액 중의 재의 중량(g)		⑭×⑨/⑩	25.88

표 4·20 추출시험 계산 예(2)

체눈의 크기(mm)	각 체에 남는 양의 누계		통과량
	(g)	(g)	(g)
19.0	0	0	0
13.0	0	0	0
5.0	280.0	29.4	100.0
2.5	411.0	43.2	70.6
0.6	635.0	66.8	56.8
0.3	765.0	80.4	33.2
0.15	832.0	87.5	19.6
0.074	875.0	92.0	12.5
접 시	924.0	97.1	8.0
⑥ 전추출 골재중량	951.18	100.0	2.9

표 4·21 사용골재 밀도

골재의 종류 / 체눈의 크기(mm)		굵은골재(부순돌)		잔골재(모래)	필터(석분)
		13~5 mm	5~2.5 mm		
통과중량 백분율(%)	13	100			
	5	4	100	100	
	2.5	0	8	93	
	0.6		0	64	
	0.3			30	100
	0.15			18	98
	0.08			8	83

실 험 명	아스팔트 혼합물 추출시험(원심 분리법)			4-7
시 험 일	서기 20 년 월 일 요일 날씨			
시험일의 상태	실 온(℃)	습 도(%)	건조온도(℃)	
혼합물의 종류		사용용제		

항목	계산	
① 시료의 중량(g)		
② 추출골재 중량(g)		
③ (여지환+필터) 중량(g)		
④ 여지환 중량(g)		
⑤ 부착필터 중량(g)	③－④	
⑥ 전추출 골재중량(g)	②＋⑤＋⑮	
⑦ 아스팔트 중량(g)	①－⑥	
⑧ 아스팔트 혼합률(%)	⑦/①×100	

⑨ 추출액 용적(ml)		⑩ 정량액 용적(ml)	
작 열 접 시	⑩ 용기의 중량	태운 후의 중량(g)	남은 중량(g)
	⑪	⑫	⑬＝⑫－⑪
No.			
No.			
No.			
⑭ 평균값			
⑮ 추출액 중의 회분의 중량(g)		⑭×⑨/⑩	

체눈의 크기(mm)	각 체에 남는 양의 누계		통과량
	(g)	(%)	(%)
25			
19			
13			
5			
No.8(2.5)			
No.30(0.6)			
No.50(0.3)			
No.100(0.15)			
No.200(0.075)			
접 시			
⑥ 전추출 골재중량			

고 찰 :		
실 험 자	소 속	
		과 학년 반 조 학번 :
	성 명	
검 인		서기 20 년 월 일 요일 날씨 :

4-8 아스팔트질 혼합물의 증발감량 시험

(Test for Loss on Heating of Asphaltic Compounds)

〔KS M 2255〕

1. 시험목적

아스팔트질 혼합물의 수분을 제외한 증발감량을 측정하기 위한 시험이다.

2. 시험기구 및 재료

(1) 시료용기 : 안지름 55 mm, 깊이 35 mm인 금속제 또는 유리제로서 모양은 원통형이고 바닥은 편평한 것이어야 한다.

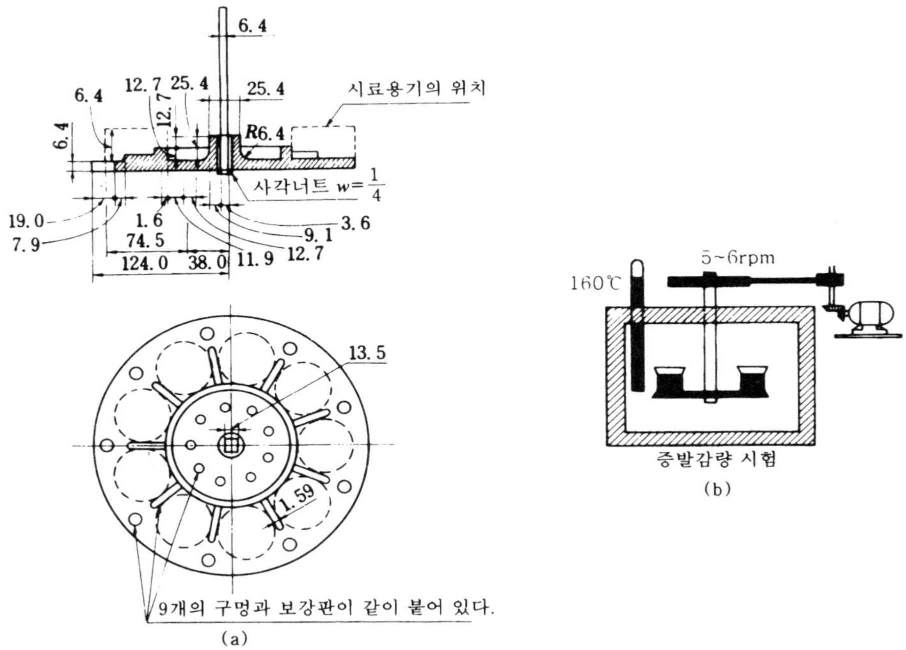

그림 4·10 건조기의 알루미늄제 회전판 및 증발감량 시험방법

(2) 건조기 : 아스팔트 시험용 건조기(높이 2 cm, 이상, 가로 및 세로 30 cm 이상)
(3) 저울
(4) 온도계 : 아스팔트질 증발감량 시험용 온도계(온도범위 155~170℃ 눈금이 되어 있는 것)

3. 시험방법

(1) 시료는 될 수 있는 한 저온에서 녹여 충분히 교반(agitate)하여 균일하게 한다.
(2) 시료가 수분을 포함하고 있을 경우에는 시험 전에 적당한 탈수방법을 사용하여 탈수하든가, 또는 수분이 없는 다른 시료를 채취하도록 해야 한다.
(3) 미리 중량을 단 시료용기에 시료 50±0.5 g을 0.01 g까지 정확히 단다. 만일, 시료가 옮겨 담기 쉽게 하기 위하여 가열하였다면 중량을 달기 전에 시료를 냉각시킨다.
(4) 건조기를 163±1℃로 유지한 후 규정된 온도계를 회전판의 축에 붙은 집게에 고정시키고, 회전판의 주변으로부터 약 20 mm 안쪽에, 온도계의 수은구 아래 끝이 판의 윗면으로부터 6 mm 위에 수직으로 놓여지게 한다.
(5) 시료용기를 건조기의 회전판 위에 놓아 둔 다음 문을 닫고 회전판을 매분 5~6회의 속도로 회전시켜 163±1℃의 온도로 5시간 유지한다.
(6) 어떤 경우에도 시료용기를 건조로 속에 넣은 후부터 가열하는 시간이 5시간 15분을 초과해서는 안 된다.
(7) 가열이 끝난 후 시료용기를 건조기에서 끄집어내고, 실온에서 냉각시킨 후 0.01 g까지 정확하게 중량을 단 다음 가열로 인한 손실량을 계산한다.
(8) 증발감량은 다음 식에 따라 계산하고 백분율을 보고한다.

$$L = \frac{W_s - W}{W_s} \times 100 \qquad (4 \cdot 7)$$

여기서 L : 증발감량(%)
W_s : 시료의 중량(g)
W : 증발감량 후의 시료중량(g)

4. 주의사항

(1) 장치한 사람이 같을 2회의 시험결과와 그 평균값과의 차가 표 4·22의 허용차를 벗어나지 않을 경우 그 시험결과는 모두 정확하다고 본다.

표 4·22

증발감량(중량 %)	허용차	
	사람과 장치가 동일할 때	사람과 장치가 다를 때
0.5 이하	0.1	0.2
0.5를 넘는 1.0 이하	0.2	0.4
1.0을 넘는 것	0.3 또는 평균값의 10% 중 큰 쪽	0.6 또는 평균값의 20% 중 큰 쪽

(2) 장치한 사람이 다를 때 2개의 시험성적과 그 평균값과의 차가 표 4·22의 허용차를 벗어나지 않을 경우, 그 성적은 정확하다고 본다.

(3) 가열 후에 시료의 침입도나 다른 성질을 측정할 필요가 있을 때는 잔사를 될 수 있는 대로 낮은 온도에서 용융시켜 충분히 저어 혼합을 하고, 시료에 기포가 들어가지 않도록 주의해야 한다.

(4) 보통 증발감량이 근사한 시료를 시간에 2종 이상의 시험을 해도 되나 정밀도가 극히 요구되는 때에는 각각 분리해서 시험을 행해야 한다. 만일, 시험 중에 거품이 생겼다고 보여지는 시료에서 얻은 결과는 버려야 된다.

5. 참고사항

KS M 2201에서는 포장용 아스팔트의 증발감량(조건 163℃ 5시간)은 종류의 구별없이 1.0% 이하라야 한다. KS M 2204에서는 블론 아스팔트의 증발감량은 다섯 가지 종류 모두 0.5% 이하라야 한다.

실 험 명	아스팔트질 혼합물의 증발감량 시험			4-8
시 험 일	서기 20 년 월 일 요일 날씨			
시험일의 상태	실 온(℃)		습 도(%)	
시 료				
시 험 조 건				
측 정 번 호	1	2	3	4
① 시료의 중량 W_s(g)				
② 증발감량 후의 시료중량 W(g)				
③ 증발감량 $\frac{② - ①}{②} \times 100(\%)$				
평 균 값				
허 용 값				
증발감량 (%)				

고 찰 :

실 험 자	소 속	
		과 학년 반 조 학번 :
	성 명	
검 인		서기 20 년 월 일 요일 날씨 :

4-9 마샬 시험기를 사용한 아스팔트 혼합물의 소성흐름에 대한 저항력 시험

(Test Resistance to Plastic Flow of Bituminous Mixture Using Marshall Apparatus)

〔KS F 2337〕

1. 시험목적

(1) 이 시험은 아스팔트 혼합물의 배합설계와 현장에 있어서의 품질관리를 하기 위해서 시험을 행한다.

(2) 아스팔트 혼합물의 안정도(stability)는 주로 교통차량의 하중에 따라 혼합물이 고온에서 유동하며 파상(波狀)의 변형을 일으키는 데 대한 저항성을 말한다.

(3) 마샬(Marshall)시험은 골재의 최대입경이 25 mm 이하의 가열 혼합물에 대하여 적용하는 것이며, 원통형 공시체(지름 약 100 mm, 두께 약 63 mm)의 측면을 2장의 재하용 궁형(載荷用弓形)에 끼워서 규정의 온도(60℃), 규정의 변형속도(1분간 약 50 mm)로 지름 방향에 하중을 가하여 공시체가 파괴할 때까지 표시하는 최대하중(안정도)과 그에 대응하는 변형량(flow)을 측정하는 것이다.

2. 시험기구 및 재료

(1) 마샬 시험기 세트(Asphalt Marshall Stability Tester Set) : 재하 시험기, 지하용 궁형(test head), 프로빙 링(proving ring), 플로계(flow tester)

(2) 몰드(mould)세트 : 원통형 몰드, 저판(底板), 칼라(collar)

(3) 다짐용 해머

(4) 다짐대(tamper)

(5) 몰드 홀더(mould holder)

(6) 공시체 발췌기(specimen extractor)

(7) 가열장치 세트 : 건조기, 가열판

(8) 항온수조(asphalt curing water bath)

(9) 아스팔트 혼합기(asphalt mixer)

(10) 표준체 : 0.08 mm(No.200), 0.15 mm(No.100), 0.3 mm(No.50), 0.6 mm(No.30), 2.5 mm(No.8), 5 mm (No.4), 10 mm, 15 mm, 20 mm, 25 mm 체

(11) 기타

① 골재 가열용 용기

② 아스팔트 가열용기

③ 혼합용기

④ 온도계(200℃)

⑤ 혼합사

⑥ 저울(용량 5 kg, 감량 0.5 g)

⑦ 장갑(고무, 면)

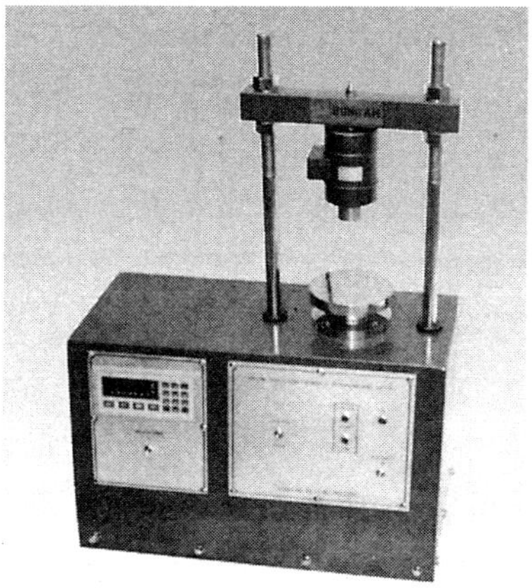

그림 4 · 11 마샬 시험기

3. 시험방법

(가) 혼합물의 준비

(1) 골재는 105~110℃로 일정중량이 될 때까지 건조한다.

(2) 건조가 된 골재는 각 입도별로 건조기 중간 또는 가열판(hot plate) 위에서 160~190℃의 온도로 가열한다.

(3) 아스팔트를 용기에 넣어 145~155℃로 가열한다.

(4) 혼합그릇을 저울 위에 놓고 가열한 입도별 골재를 1배치 다짐 후의 공시체의 높

이가 63.5±1.3 mm가 되는 양에 요하는 양(약 1200 g)만큼 누가계량(累加計量)하고 혼합삽으로 충분히 혼합한다.

(5) 이들의 골재를 혼합그릇에 담아 소요의 아스팔트를 계량하여 가한다.

(6) 혼합그릇을 소정의 혼합온도(아스팔트 콘크리트 혼합물에서 145~155℃, 실트 아스팔트 혼합물에서 150~160℃)가 되도록 가열하면서 신속히 혼합한다. 믹서를 사용하는 경우에는 최후에 손으로 혼합하여 균일하게 하는 것이 필요하다.

(나) 공시체의 작성

(1) 다짐용 해머의 타격면과 몰드, 저판, 칼라(collar) 및 삽은 충분히 깨끗하게 하여 가열판에서 90~150℃로 가열한다.

(2) 몰드의 내면, 저판에 그리스(grease)를 발라서 조립한다.

(3) 혼합물이 분리되지 않도록 혼합그릇 속에서 균등하게 4부분으로 나누어 몰드의 4방향부터 혼합물을 몰드 안에 넣는다.

(4) 삽으로 주위를 15회 강하게 다지고 중앙부를 다져서 표면을 고른다.

(5) 온도계를 혼합물의 중심에 세워 다짐온도(일반적으로 아스팔트 콘크리트에서는 120℃로 하고 어떤 경우에서도 107℃ 이하로 하여서는 안 된다)가 되는 것을 기다린다.

(6) 소정의 다짐온도가 되면 혼합물을 넣은 몰드를 다짐대의 몰드 홀더(mould holder)에 장치(裝置)하여 해머로 소요횟수(특히 규정이 없는 경우에는 50회)로 다진다.

(7) 몰드를 반대로 조립하여 공시체의 이면(異面)을 다시 소요횟수로 다진다.

(8) 저판과 칼라를 풀어 떼고 공시체가 들어 있는 몰드를 적어도 2분간 수중에 넣어 냉각시킨다.

(9) 몰드를 수중에서 들어내어 공시체 발췌기(specimen extractor)에 걸어 공시체를 몰드에서 빼낸다.

(10) 빼낸 공시체는 재하시험(loading test)을 행할 때까지 편평한 면에 둔다.

(11) 공시체는 각 아스팔트 혼합률에 대하여 3~5개를 만들어 작성 후 약 24시간 후에 시험한다.

(다) 공시체의 밀도 측정

(1) 공시체 원주에 연하여 4곳(90도마다)에서 높이(두께)를 측정한다.

(2) 공기 중 중량과 수중중량을 측정한다.

(라) 안정도 시험

(1) 공시체는 60±1℃의 항온(恒溫)수조 속에서 30~40분 침수한다.

(2) 재하용 궁형(test head) 내면과 안내봉을 깨끗하게 하여 그리스를 바른다.
(3) 공시체를 수조에서 들어내어 원통형의 측면을 하부 궁형의 내면에 얹어 안내봉(安內棒)을 통하여 상부 궁형을 그 위에 얹는다.
(4) 위의 공시체를 재하 시험기(loading machine) 위에 중심을 맞추어 놓고 플로계(flow tester)를 1개의 안내봉 위에 겹쳐 놓는다. 이때 플로계 내부의 이동단을 안내봉 상부에 밀착되도록 눌러 붙인다.
(5) 플로계의 최초의 읽음을 영(0)에 맞추고, 플로계를 눌린 그대로 재하 시험기로 매분 50±5 mm의 재하속도로 공시체를 압축한다.
(6) 프로빙 링(proving ring)의 다이얼 게이지(dial gauge)가 최대하중에 달하여 하중의 감소를 나타내면 재하를 중지하고 다이얼 게이지의 최대값을 읽어 환산한 하중을 기록한다.
(7) 최대하중이 감소하기 시작하는 순간 플로계를 안내봉에서 들어내어 플로(flow)값을 1/100 cm 단위로 읽고 기록한다.

(마) 시험결과의 정리

이상의 시험결과는 표 4·23의 계산 예에 따라 기입하여 계산한다.

4. 주의사항

(가) 혼합물의 준비

(1) 아스팔트의 가열은 국부적으로 가열하거나 직접 용기를 가열해서는 안 되고, 사용전(前) 1시간 이상 가열한 것도 사용해서는 안 된다.
(2) 골재 누가계량을 하지 않을 때는 각 입도별로 소요량을 계량, 가열하여 혼합그릇에 옮겨 잘 섞은 후 가열한 소요의 아스팔트를 계량하여 가하고 혼합해도 좋다.
(3) 시험방법에서 기술한 아스팔트와 골재를 가열, 혼합다짐의 온도는 편의상 대략의 값을 보인 것이다. 따라서, 사용하는 아스팔트의 온도-점도 관계에서 정해지는 것이 원칙이다. 아스팔트의 세이 볼트 퓨로 점도(say bolt furor viscosity)를 85±10초 및 140±15초로 할 때의 가열온도를 각각 혼합온도 및 다짐온도로 하는 것이 좋다.

(나) 공시체의 작성

(1) 다짐온도는 엄밀히 관리해야 한다.
(2) 해머의 타격면에는 그리스를 얇게 발라 다지면 좋다.

(3) 몰드의 뒷면을 다질 때에는 몰드 속의 공시체가 저판에 밀착하도록 해머로 가볍게 두들겨서 다짐을 시작한다.

(4) 빼낸 공시체는 주의 깊게 취급하고 여과지(filter paper) 위에 놓고 냉각시의 흡수분(吸水分)이 가능한 한 증발하기 쉬운 상태로 한다. 가열하든지 햇볕에 쪼인다든지 해서는 안 된다.

(5) 몰드에 여유가 있을 때는 수중에서 냉각시키지 않고 공기 중에서 식히고, 밀도측정 직전에 공시체를 몰드에서 빼내는 것이 좋다.

(다) 공시체의 밀도측정

(1) 밀도의 계산은 참고사항 (3)항에 의해서 행한다.

(2) 제작시 또는 절취(切取)할 때에 물에 접한 공시체는 통풍이 좋은 장소에서 중량변화가 없을 때까지 건조시켜서 공기 중 중량을 계산한다.

(3) 표건중량(表乾重量)의 측정에서 표면의 수분을 빼낸 후 계량 중에 흘러나온 수분은 그대로 중량에 가산한다.

(라) 안정도 시험

공시체를 수조에서 꺼낸 후 초대하중을 측정할 때까지 요하는 시간은 30초를 넘어서는 안 된다.

(마) 시험결과의 정리

(1) 시험결과를 정리할 때의 평균값의 계산은 분명히 이상이 있다고 보이는 것은 제외하고 행한다.

(2) 공극률, 포화도의 계산에 쓰이는 공시체의 밀도는 각 아스팔트 혼합물에 대하여 그의 평균값을 플롯(plot)하여 완화한 곡선으로 연결할 때의 그림에서의 읽음을 쓰고 있는 것으로 되어 있으나, 보통 각 아스팔트 혼합률에 대한 공시체 밀도의 평균값을 쓰고 있는 것이 많다(그림 4·17 밀도의 그래프 참조).

5. 참고사항

(1) 시험결과는 표 4·23과 같이 계산한다〔이론 최대밀도는 '4-10 아스팔트 혼합물의 배합설계(가열 혼합식)'의 표 4·24 참조〕.

(2) 공시체의 높이에 의한 안정도의 보정에는 표 4·24의 보정값을 쓴다.

표 4·23 마샬시험 결과의 계산 예

공시체 번호	아스팔트 혼합률(%)	평균두께 (mm)	중 량(g)		용 적 (cm^3)	밀 도(g/cm^3)		아스팔트 용적률(%)	공극률 (%)	포화도 (%)	안정도 (kg)	플로값 (1/100 cm)
			공기 중	수 중		실 측	이 론					
A	B	C	D	E	F	G	H	I	J	K	L	M
					$D-E$	D/F		$(B\times G)/$ (아스팔트 비중)	$100-100 \times G/H$	$I/(I+J)$		
4.5-1	4.5	63.1	1293.6	761.0	532.6	2.429					1116	41
2		63.6	1217.8	717.2	500.6	2.433					993	38
3		63.3	1194.4	702.2	492.2	2.427					930	33
4		62.3	1268.2	746.3	521.9	2.430					1048	33
평 균						2.430	2.566	10.7	5.5	66.9	1022	36
곡선의 읽음												
5.0-1	5.0	63.0	1282.7	758.7	524.3	2.447					1136	43
2		63.0	1273.5	751.5	522.1	2.437					1091	43
3		62.8	1277.9	754.6	523.3	2.442					1122	46
4		62.8	1257.7	743.9	513.8	2.448					1124	43
평 균						2.444	2.546	12.0	3.9	75.5	1199	43
곡선의 읽음						2.447						
5.5-1	5.5	63.1	1328.0	786.4	541.6	2.452					1239	56
2		63.1	1326.8	785.9	540.9	2.453					1261	53
3		63.0	1337.3	795.0	542.3	2.466					1268	51
4		62.8	1304.0	774.8	529.2	2.464					1198	56
평 균						2.459					1241	53
곡선의 읽음						2.459	2.526	13.3	2.7	83.0		

표 4·24 안정도 보정값

공시체의 두께(mm)	보정계수	공시체의 두께(mm)	보정계수
25.4	5.56	52.3	1.39
26.9	5.00	53.9	1.32
28.5	4.55	55.5	1.25
30.1	4.17	57.1	1.19
30.7	3.85	58.7	1.14
33.3	3.57	60.3	1.09
34.9	3.33	61.9	1.04
36.5	3.03	63.5	1.00
38.1	2.78	65.1	0.96
39.6	2.50	66.7	0.93
41.2	2.27	68.3	0.89
42.8	2.08	69.9	0.86
44.4	1.92	71.4	0.83
46.0	1.79	73.0	0.81
47.6	1.67	74.6	0.78
49.2	1.56	76.2	0.76
50.8	1.47		

비고 공시체의 두께에 따른 보정계수를 곱한 안정도는 두께 63.5 mm의 공시체에 대하여 수정한 안정도이다.

(3) 아스팔트 혼합물의 특성과 요인의 일반적 관계를 나타내면 표 4·25와 같다.

표 4·25 혼합물의 특성에 영향을 주는 요인

요인 / 특성	최대입경	예각이고, 거친 골재량	잔골재량	필러(석분)량	아스팔트 침입도	골재 간극률
안정도	+	+		+	−	−
플로값	−	−		+	+	+
공극률		+	+	−		+
포화도		−	+	−		+
골재 간극률		+	+	−		
시공성	−	−		−	+	+

(주) 표 중에서 +는 요인을 증가함에 따라 특성이 증가하는 것을 나타낸다.

(4) 마샬시험에 대한 기준값을 표시하면 표 4·26과 같다.

표 4·26 마샬시험에 대한 기준값

용도	일반지역							적설지역								
	기층	표층				마모층		표층						마모층		
						미끄럼 방지용								내마모용		미끄럼 방지용
혼합물의 종류	① 조립도 아스콘 (20)	② 밀입도 아스콘 (20)	③ 밀입도 아스콘 (13)	④ 세립도 아스콘 (13)	⑤ 밀입도 캡·아스콘 (13)	⑪ 세립도 아스콘 (13)	⑤ 밀입도 캡·아스콘 (13)	⑥ 세립도 캡·아스콘 (20F)	⑦ 밀입도 아스콘 (13F)	⑧ 세립도 캡·아스콘 (13F)	⑨ 세립도 아스콘 (13F)	⑩ 밀입도 캡·아스콘 (13F)	③ 밀입도 아스콘 (13)	⑧ 세립도 캡·아스콘 (13F)	⑨ 세립도 아스콘 (13F)	⑩ 밀입도 캡·아스콘 (13F)
다짐횟수	(75)** 50	(75)* 50	50		(75)* 50			50								
안정도 (kg)	500 이상	(750) 이상 500 이상		500 이상		350 이상	500 이상				350 이상	500 이상			350 이상	500 이상
플로값 (1/100 cm)	20 ~ 40										80 이하	20~40			80 이하	20~40
공극률 (%)	3~7	3~6		3~7	3~7	–	3~7	3~6			1~5	3~7	3~6		1~5	3~7
포화도 (%)	65~80	75~85		70~85	65~85	–	65~85	75~85			75~95	60~85	75~85		75~95	60~85

(주) * 내의 기준값은 대형차 교통량(대/일 1방향)이 3000대 이상일 때, 또는 특히 유동에 의한 바퀴 파임이 예상되는 경우에 채용한다.
** 유동에 의한 바퀴 파임이 특히 심한 경우, ① 조립도 아스콘의 마샬시험에 다짐횟수를 75로 할 때가 있다(일본아스콘포장요강 참조).

(5) 공시체의 밀도(density)는 다음 식에 의해서 계산한다.

① 공시체의 표면이 치밀해서 흡수(吸水)하지 못하는 경우(겉보기 밀도)

$$D = \frac{A}{A-C} \cdot \gamma_w \tag{4・8}$$

② 공시체의 표면이 미끄러우나 흡수하는 경우(표면밀도)

$$D = \frac{A}{B-C} \cdot \gamma_w \tag{4・9}$$

여기서 D : 공시체의 밀도(g/cm^3)

γ_w : 상온의 물의 밀도(≒1 g/cm^3)

A : 건조 공시체의 공기 중 중량(g)

공시체를 실온의 공기 중에 적어도 1시간 정치한 다음 실온에 두고 중량을 잰다.

B : 공시체의 수중중량(g)

공시체를 상온의 수중에 약 1분간 담근 후 물 속에서 중량을 잰다.

C : 공시체의 표면건조 포화상태의 중량(표건중량)(g), 수중중량을 측정한 공시체의 표면의 수분을 재빨리 닦고 중량을 잰다.

실 험 명	아스팔트의 혼합물 안정도 시험(마샬식)			4-9 (a)
시 험 일	서기 20 년 월 일 요일 날씨			
시험일의 상태	실 온(℃)	습 도(%)	수 온(℃)	
혼합물의 종류				

이론 최대밀도의 계산

골재의 종류	산 지 명	① 배합비(%)	② 각 골재의 밀도	③ 계수 ①/②
계수의 합 ④				
건조골재의 비중 100/④				

⑤ 아스팔트 혼합률(%)	⑥ 아스팔트의 밀도	⑦ $\frac{⑤}{⑥}$	⑧ $\frac{④\times(100-⑤)}{100}$	⑨ ⑦+⑧	⑩ 이론 최대 밀도 100/⑨

고 찰 :

실 험 자	소 속	과 학년 반 조 학번 :
	성 명	
검 인		서기 20 년 월 일 요일 날씨 :

실 험 명	아스팔트 혼합물 안정도 시험(마샬식)			4-9 (b)	실 험 자	소 속	
							과 학년 반 조 학번 :
다 짐 횟 수						성 명	
					검 인		서기 20 년 월 일 요일 날씨 :
시험온도 조건	아스팔트의 가열온도(℃)	골재의 가열온도(℃)	혼합온도(℃)			다짐온도(℃)	

마 샬 시 험 결 과																		
공시체 번호	아스팔트 혼합률 (%)	두 께(cm)					중량(g)		용적 (cm^3)	밀도		아스팔트 용적률 (%)	공극률 (%)	포화도 (%)	안정도(kg)		플로값 (1/100 cm)
							공기중	수중		실측	이론				게이지의 읽음값	실측값	
①	②	③					④	⑤	⑥	⑦	⑧	⑨	⑩	⑪	⑫	⑬	⑭
		1	2	3	4	평균			④-⑤	④/⑥			⑦/⑧				

4-10 아스팔트 혼합물의 배합설계(가열 혼합식)

(Mixing Design of Hot-Mixed Bituminous Paving Mixture)

1. 시험목적

가열 혼합식(加熱混合式)은 아스팔트 플랜트(plant)에서 굵은골재, 잔골재 필러(mineral filler) 및 아스팔트의 가열 혼합물을 만들어 포설(鋪設)하는 방식으로 아스팔트 포장공(鋪裝工)에서 가장 널리 쓰이고 있으며, 배합설계는 소요품질의 재료를 사용하여 안정성, 내구성, 시공성 등이 뛰어난 혼합물을 경제적으로 얻을 수 있도록 행해야 한다.

2. 시험기구

마샬 안정도 시험장치 세트

3. 시험방법

(가) 골재배합의 결정

(1) 혼합물의 종류를 정하고 그 표준배합(입도범위)에 의해 예정입도를 정한다. 보통 이것은 표 4·25를 참고하여 그의 범위의 중앙점에서 입도를 고른다.

(2) 예정입도를 검토한 후에 사용예정의 굵은골재, 잔골재, 필러(filler)를 선택하여 이것을 체가름(sieve analysis)하여 각각의 입도를 구한다.

(3) 예정입도와 사용골재의 입도 그래프(graph)를 그린다.

① 먼저 보통 방안지 위에 그림 4·12와 같이 윤곽을 만들고 대각선을 긋는다. 다음에 예정입도의 체눈 크기와 통과율의 관계로부터 대각선을 횡축상에 체눈 크기의 위치를 정한다. 예를 들면, 체눈 크기 5 mm일 때의 통과율을 60%라 하면 통과율 60%의 수평선이 대각선과 만나는 점(교차점)에서 수직선을 내려 횡축과 만나는 점을 5 mm로 한다.

② ①에서 정해진 체눈과 통과율 그림의 위에 사용골재의 각 입도곡선(粒度曲線)을 그린다.

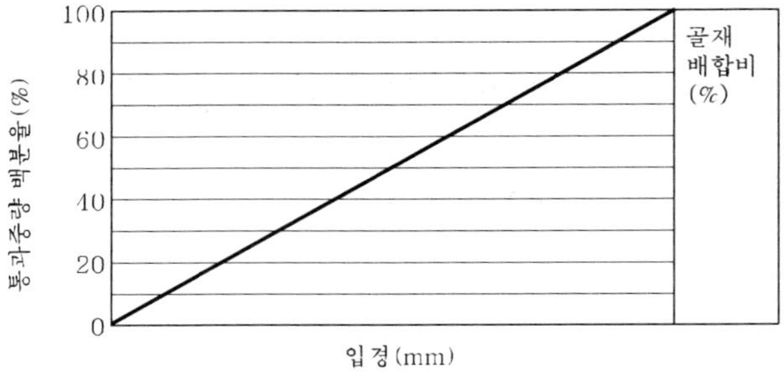

그림 4·12 골재의 입도 그래프

(4) 사용골재의 배합비(백분율)를 결정한다.

(5) 사용골재 중에, 특히 비중의 차가 0.2 이상 틀리는 것이 2개 이상 있을 때는 배합비를 보정한다.

(6) 사용골재의 합성입도(合成粒度)를 계산한다(표 4·29, 표 4·32 참조).

(7) 합성입도를 입도 분포도를 그려 검토하고 설계에 쓰이는 골재입도로 한다. 이때 필요하면 합성입도를 보정하지 않으면 안 된다(그림 4·13 참조).

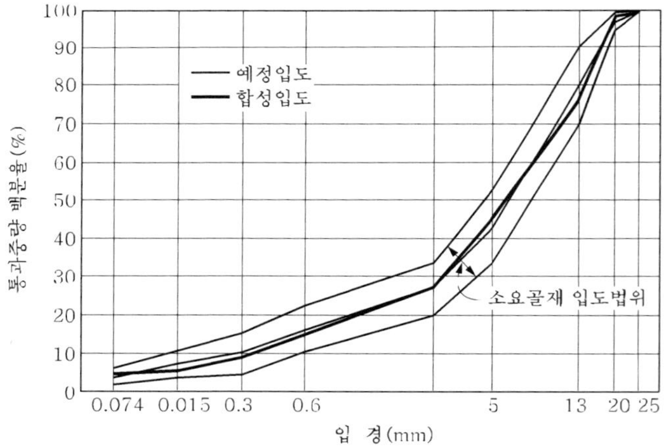

그림 4·13 입도 분포도

(나) 설계 아스팔트량의 결정

(1) 혼합물(포장)의 종류에 따라 아스팔트의 종류와 사용량 범위를 선택한다.

(2) 사용량 범위의 아스팔트량을 0.5%의 차를 두어 배합한 혼합물로 마샬시험용 공시체를 만든다.

(3) 마샬시험을 행하여 안정도를 플로(flow)값을 측정한다.

(4) 각 공시체는 미리 계산한 이론 최대밀도와 그의 실측밀도(實測密度)로부터 그의

공극률, 포화도를 산출한다.

(5) 각 공시체의 아스팔트량을 횡축의 밀도, 안정도, 플로값, 공극률, 포화도를 종축에 각각의 관계를 산술(算術) 눈금으로 플롯(plot)하여 완만한 곡선으로 연결한다(그림 4·16 참조).

(6) 그림 4·14에서 표 4·36에 나타낸 기준값을 각각 만족하는 아스팔트량의 범위를 구한다.

(7) 모든 기준값을 아스팔트량으로 한다(그림 4·17 참조).

(다) 배합의 최종결정

설계 아스팔트량의 혼합물의 성질이 마샬시험에 대한 기준범위 표 4·36에 있을 때는 그 밖의 특수한 사정이 없으면 이 배합을 실시배합(實施配合)으로 결정한다.

4. 주의사항

(가) 골재배합의 결정

사용골재의 배합을 결정하는 방법에는 시산법(試算法), 도표법(圖表法), 계산법(計算法)이 있으나, 여기서는 도표법을 이용한다. 그리고 골재의 비중에 의한 골재 배합비의 보정을 행한 경우에는 배합비가 변하여 입도곡선은 변하지만 입경분포는 전에 계산한 그대로 한다.

(나) 설계 아스팔트량의 결정

(1) 비(雨)가 많고 눈(雪)이 많이 내리는 지역, 교통량이 적은 도로, 한랭시(寒冷時) 등에 있어서의 시공은 중앙값에서 상한값(上限値)의 범위 내에서 아스팔트량을 증가할 수 있다.

(2) 안정도 시험으로서 25 mm 이하의 골재의 혼합물에서는 25 mm를 넘는 골재를 25 ~13 mm 골재로 치환하여 설계 아스팔트량을 구한다.

(다) 배합의 최종결정

(1) 마샬시험 결과 모든 기준값을 만족하는 아스팔트량의 범위가 결정되지 않는 경우에는 표 4·31을 참고하여 재료와 배합을 바꾸어 가면서 재시험을 행한다. 일반적으로 골재의 배합을 바꾸어서 입도를 수정하고 충분한 골재 간극률(間隙率)을 갖도록 하면 좋다.

(2) 골재 간극률이 과소(過少)한 혼합물은 아스팔트량의 약간의 증감에 의해서도 마샬시험 결과의 변동이 커진다. 다져진 혼합물의 골재 간극률은 보통 다음의 범위 내

에 있다.

- 조립도 아스팔트 콘크리트 14~20%
- 밀입도 아스팔트 콘크리트 16~22%
- 수정 도베가 18~24%

5. 참고사항

(1) 아스팔트 포장에는 포장의 혼합물을 선정하여 사용한다. 선정의 기준을 나타내면 다음과 같다.

가) 표층(중간층)에는 ①을 쓴다.

나) 일반지역의 표층에는 ②, ③, ④를 쓰고 대형차 교통량(대/일 : 일방향)이 3000대 이상일 때, 특히 유동에 의한 수레바퀴 파임이 예상되는 경우는 ②, ③을 쓴다. 또, 미끄럼 방지효과를 겸한 표층에는 ⑤를 쓰면 좋다.

다) 적설지역의 표층에는 ⑥, ⑦, ⑧을 쓴다. 일반으로는 ⑥, ⑧을 쓰고 마모가 적은 도로에는 ⑦을, 마모가 심한 도로에는 ⑨를 쓰면 좋다. 또, 마모층을 설치하는 경우의 표층은 ③을 쓰면 좋다.

라) 표층상에 보통 활동 방지용의 마모층을 설치할 경우 일반지역에서는 ⑪, ⑤(특히 내구성을 중시하는 경우는 ⑤)를 쓴다. 또, 적설지역에서는 ⑩을 사용하면 좋다.

마) 표층상에 보통 내마모용의 마모층을 설치하는 경우는 ⑧, ⑨를 쓴다. 특히, 마모가 심한 경우 또는 내구성을 중요시할 때는 ⑨를 쓰면 좋다.

바) 보도, 자전거도로의 포장에는 ③, ④, ⑨를 쓰면 좋다.

(2) 혼합물의 종류는 표 4·27에 나타나는 표준으로 한다.

(3) 골재의 배합비를 결정하는 데는 다음과 같이 하면 좋다. 그림 4·14와 같은 골재의 입도곡선($A \sim D$)이 있을 때에 서로 옆에 있는 곡선의 횡축과 만나는 점(상, 하)의 관계는 다음의 세 가지 경우와 같이 된다.

① 서로 겹쳐 있다(A의 하점과 B의 상점).

② 서로 꼭 상대(相對)하여 있다(B의 하점과 C의 상점).

③ 서로 떨어져 있다(C의 하점과 C의 상점). 이의 각각의 경우에 다음과 같이 수선을 긋는다.

표 4·27 혼합물의 종류

용도 \ 지역		일 반 지 역	적 설 지 역
기 층		① 조립도 아스팔트 콘크리트(20)	
표 층		② 밀입도 아스팔트 콘크리트(20) ③ 밀입도 아스팔트 콘크리트(13) ④ 세립도 아스팔트 콘크리트(13) ⑤ 밀입도 캡 아스팔트 콘크리트(13)*	⑥ 세립도 아스팔트 콘크리트(20F) ⑦ 밀입도 아스팔트 콘크리트(13F) ⑧ 세립도 캡 아스팔트 콘크리트(13F) ⑨ 세립도 아스팔트 콘크리트(13F) ⑩ 밀입도 캡 아스팔트 콘크리트(13F)* ③ 밀입도 아스팔트 콘크리트(13F)**
마모층	내마모용		⑧ 세립도 캡 아스팔트 콘크리트(13F) ⑨ 세립도 아스팔트 콘크리트(13F)
	미끄럼 방지용	⑪ 개립도 아스팔트 콘크리트(13) ⑤ 밀입도 캡 아스팔트 콘크리트(13)	⑩ 밀입도 캡 아스팔트 콘크리트(13F)

(주) 1) 겨울철에 타이어, 체인 등에 의거 마모가 문제가 되는 지역을 적설지역이라 하고, 그 밖의 지역을 일반지역이라 한다.
2) 개립도, 조립도, 밀입도, 세립도 아스팔트 콘크리트는 No.8(2.5 mm) 체 통과 백분율이 각각 15~30%, 20~35%, 50~80%의 것을 말한다. 불연속 입도의 것을 캡(cap)이라 한다.
3) * ⑤, ⑩의 혼합물은 미끄럼 방지효과를 겸하는 표층에 사용한다.
4) ** ③의 혼합물은 마모층을 설치하는 경우에 표층으로 사용한다.
5) ○ 내의 번호는 혼합물의 정리 번호를, ( ) 내의 숫자는 최대입경을, 또 F는 석분(filler)을 많이 사용하고 있는 것을 나타낸다.

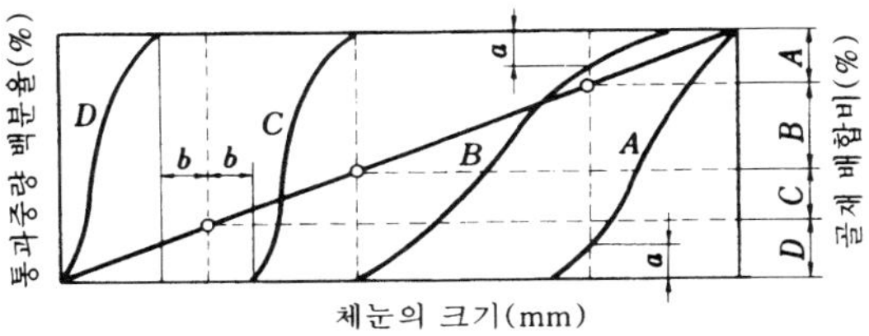

그림 4·14 골재의 배합률을 정하는 작도법

(4) 혼합물을 표준배합을 나타내면 표 4·28과 같다.

(5) 합성입도의 계산을 표시하면 표 4·29와 같다.

(6) 비중에 의한 골재 배합비의 보정은 표 4·30과 같이 한다.

①의 경우 : 2개의 입도곡선과 상 및 하의 횡축과의 사이(a의 길이)가 같은 위치에 수선을 긋는다.

②의 경우 : 2개의 입도곡선과 횡축과의 교점을 통하는 수선을 긋는다.

③의 경우 : 2개의 입도곡선의 횡축과의 교점에서 수평하게 등거리의 점($b=b$)을 통하는 수직선을 긋는다. 이렇게 하여 그의 수직선과 대각선과의 골재의 교점(交點)이 배합비를 보이는 것이 된다.

표 4·28 가열 혼합물의 표준배합

용도	일반 지역							적설 지역								
	기층	표층				마모층		표층						마모층		
						미끄럼 방지용								내마모용		미끄럼 방지용
혼합물의 종류	① 조립도 아스콘 (20)	② 밀입도 아스콘 (20)	③ 밀입도 아스콘 (13)	④ 세립도 아스콘 (13)	⑤ 밀입도 갭· 아스콘 (13)	⑪ 개립도 아스콘 (13)	⑤ 밀입도 갭· 아스콘 (13)	⑥ 세립도 갭· 아스콘 (20F)	⑦ 밀입도 아스콘 (13F)	⑧ 세립도 갭· 아스콘 (13F)	⑨ 세립도 아스콘 (13F)	⑩ 밀입도 갭· 아스콘 (13F)	③ 밀입도 아스콘 (13)	⑧ 세립도 갭· 아스콘 (13F)	⑨ 세립도 아스콘 (13F)	⑩ 밀입도 갭· 아스콘 (13F)
포설두께 (cm)	4~6	5~6	4~5	3~5	3~5	3~4	3~4	5~6	4~5	4~5	3~4	3~5	4~5	3~4	3~4	3~4
최대입경 (mm)	20	20	13	13	13	13	13	20	13	13	13	13	13	13	13	13
통과중량(%) 25	100	100						100								
20	95~100	95~100	100	100	100	100	100	95~100	100	100	100	100	100	100	100	100
13	70~90	75~90	95~100	95~100	95~100	95~100	95~100	80~95	95~100	95~100	95~100	95~100	95~100	95~100	95~100	95~100
5	35~55	45~65	55~75	65~80	35~55	23~45	35~55	55~75	55~75	60~80	75~95	45~65	55~75	60~80	75~95	45~65
2.5	20~35	35~50	35~50	50~65	30~45	15~30	30~45	45~65	35~50	45~65	65~80	30~45	35~50	45~65	65~80	30~45
0.6	11~23	18~29	18~29	25~40	20~40	8~20	20~40	35~60	18~29	35~60	40~65	25~40	18~29	35~60	40~65	25~40
0.3	5~16	10~21	10~21	12~27	15~30	4~15	15~30	20~45	12~21	20~45	20~45	20~40	10~21	20~45	20~45	20~40
0.15	4~12	6~16	6~16	8~20	5~15	4~10	5~15	10~25	10~18	10~25	15~30	10~25	6~16	10~25	15~30	10~25
0.074	2~-7	4~8	4~8	4~10	2~10	2~7	2~10	8~15	8~15	8~15	8~15	8~15	4~8	8~15	8~15	8~15
아스팔트량(%)	4.5~6.5	5~7	5~7	6~8	4.5~6.5	3.5~5.5	4.5~6.5	6~8	5.5~7.5	6~8	7.5~9.5	5.5~7.5	5~7	6~8	7.5~9.5	5.5~7.5
아스팔트 침입도	60~80 80~100															

(주) 1) 아스팔트량은 혼합물 전량에 대한 중량 백분율로써 표시한다.
2) 13~15 mm의 부순물(쇄석)의 입수가 곤란한 경우에는 10~15 mm의 부순돌을 사용할 수가 있다.

표 4·29 합성입도의 계산 예

골재의 종 류	부순돌 6호	부순돌 7호	모 래	필 러	각 골재별 배합비				합성 입도	예정 입도 ③
	(1)	(2)	(3)	(4)						
배합비 (%)	36	24	28	12					100	100
보정 배합비(%)	36	(−2) 22	(+6) 34	(−4) 8	(1)	(2)	(3)	(4)		
19 mm	100				36	24 (2)	28 (+6)	12 (−4)	100 (100)	100
13	95				34.2	24 (2)	28 (+6)	12 (−4)	98.2 (98.2)	97.5
5	6	100	100		2.2	24 (2)	28 (+6)	12 (−4)	66.2 (66.2)	65
2.5	0	23	89			5.5 (−0.5)	24.9 (+5.3)	12 (−4)	42.4 (43.2)	43
0.6		1	36			0.2 (0)	10.1 (+2.2)	12 (−4)	22.3 (20.5)	24
0.3		0	20	100			5.6 (+1.2)	12 (−4)	17.6 (14.8)	18
0.15			2	93			0.6 (+0.1)	11.2 (−3.7)	11.8 (8.2)	11
0.074			0	83				10.0 (−3.3)	10.0 (6.7)	6

(4)항의 요령으로 구한 배합비에 각 고재의 통과율을 곱해서 각 골재별 배합비를 구하고, 이 값을 합계하면 합성입도가 구해진다(합성입도 난(欄) 상단의 값). 이 예의 경우 0.074 mm 체 통과량이 입도범위의 상한을 넘기 때문에 필러의 사용량을 4% 감하고, 0.074 mm 체의 통과량을 보정해서 동시에 모래를 6% 증가하고 부순돌 7호를 2% 감해서 0.6 mm 및 0.3 mm로 입도범위의 하한을 넘지 않도록 보정했다. 보정배합비 난(欄) 상단( ) 내의 숫자가 그 보정값이고, 이 값에 각 골재의 통과율을 곱한 것을 각 골재별 배합비의 해당범위 안에 ( )를 쳐서 기입하여 합성입도의 보정을 행하였다〔합성입도 난(欄) 하단 ( ) 내의 값〕.

표 4·30 골재밀도에 의한 골재 배합비의 보정계산 예

사용골재	부순돌 6호	부순돌 7호	모 래	필 러(석분)	계
골재 배합비(1)	36.0	22.0	34.0	8.0	
밀 도(2)	2.57	2.79	2.81	2.73	
(1)×(2)	92.5	61.4	98.5	21.8	271.2
비중보정 골재 배합비 $\frac{(1)\times(2)}{계}\times 100$	34.1	22.7	35.2	8.0	

6. 배합설계 예

주어진 재료를 써서 기층에 쓰이는 조립도 아스팔트 콘크리트(최대입경 20 mm) 혼합물의 배합을 설계하라.

(가) 골재배합의 결정

(1) 골재의 예정입도 : 표 4·28의 '① 조립도 아스팔트 콘크리트의 최대입경 20 mm'의 항을 채용하여 그 범위의 중심입도를 예정입도로 한다.

(2) 골재의 배합비

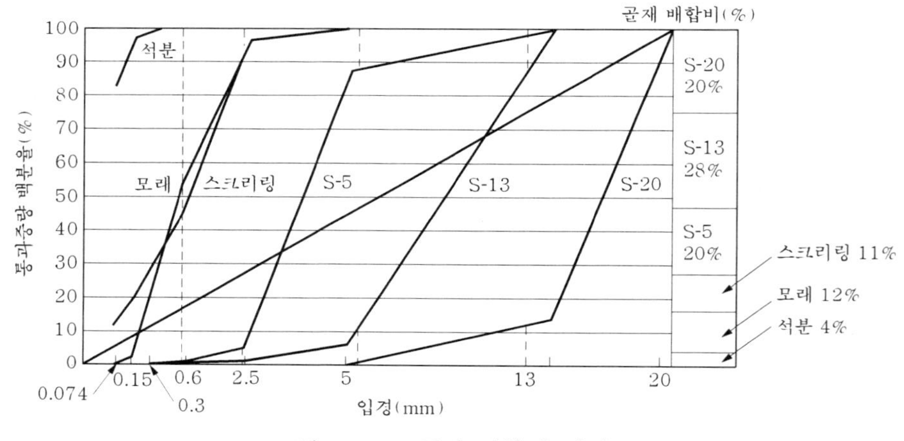

그림 4·15 골재 배합비 결정도

(3) 사용골재의 성질(표 4·31 참조)

표 4·31 사용골재

골재의 종류 / 체눈의 크기(cm)		굵은 골재(부순돌)			잔 골 재		필러(석분)
		S-20(5호)	S-13(6호)	S-5(7호)	스크리닝	모 래	
통과중량 백분율 (%)	25	100					
	20	98					
	13	14	100	100			
	5	0	6	88	100	100	
	2.5		1	5	97	97	
	0.6		0	1	48	58	
	0.3			0	30	22	100
	0.15				18	2	98
	0.074				11	1	83
밀 도		2.712	2.717	2.717	2.719	2.676	2.720
흡수율(%)		1.1	1.1	1.3	1.4	1.4	0.3

(주) 필러(石粉)에 대해서는 입도범위가 0.74mm 체의 중심(예정입도)이 되도록 그 양을 정한다.

(4) 사용골재의 합성입도

표 4·32 합성입도

골재의 종류	S-20 (5호)	S-13 (6호)	S-5 (7호)	스크리닝	모래	필러	각 골재의 배합비						합성 입도	예정 입도
	(1)	(2)	(3)	(4)	(5)	(6)								
배합비(%)	25	28	20	11	12	4							100	100
보정배합비 (%)							(1)	(2)	(3)	(4)	(5)	(6)		
25	100						25	28	20	11	12	4	100	100
20	98						24.5	28	20	11	12	4	99.5	95~100
13	14	100	100				3.5	28	20	11	12	4	78.5	80
5	0	6	88	100	100			1.7	17.6	11	12	4	46.3	45
2.5		1	5	97	97			0.3	1	10.7	11.6	4	27.6	28
0.6		0	1	98	58				0.2	5.3	7	4	16.5	17
0.3			0	30	22	100				3.3	2.6	4	9.9	11
0.15				18	2	98				2	0.2	3.9	6.1	8
0.074				11	1	83				1.2	0.1	3.3	4.6	5

(나) 설계 아스팔트량의 결정

(1) 사용 아스팔트의 성질

표 4·33 사용 아스팔트

제 품 명	밀 도	침입도(100 g, 25℃, 5초)	연화점(℃)	신도(15℃) cm	비 고
straight asphalt 60~80	1.020	69	48.5	100	–

(2) 마샬 안정도 시험 : 표 4·28에 의하면 아스팔트량의 범위는 4.5~6.5%로 되어 있으나 여기에서는 6.0%의 기준량이 존재하는 것으로 보고 4.0, 4.5, 5.0, 5.5, 6.0%의 아스팔트량을 사용한 공시체를 각 3개씩 작성한다. 공시체의 작성 및 안정도 시험은 '4-10 아스팔트 혼합물의 안정도 시험(마샬식)'에 준하여 행한다. 또, 실험시의 온도조건은 다음과 같다

- 아스팔트의 가열온도 150~155℃
- 골재의 가열온도 160~170℃
- 배합온도 148~154℃(세이 볼트 퓨로 점도 85±10초)
- 다짐의 온도 135~140℃(세이 볼트 퓨로 점도 140±15초)

(3) 이론 최대밀도의 계산(표 4·34)

표 4·34 이론 최대밀도

골재의 종류	배 합 비(5)	각 골재의 밀도	계 수
A	B	C	$D=B/C$
S-20(부순돌 5호)	25	2.712	9.218
S-13(부순돌 6호)	28	2.715	10.313
S-5(부순돌 7호)	20	2.717	7.361
스크리닝	11	2.719	4.046
모 래	12	2.676	4.484
필 러(석분)	4	2.720	1.471
계수의 합 K=36.893			
건조골재의 밀도=100 / K=2.711			

아스팔트 혼합물(%)	아스팔트의 밀 도	$\frac{E}{F}$	$\frac{K(100-E)}{100}$	$G+H$	이론 최대밀도 $100/I$
E	F	G	H	I	J
4.0	1.020	3.922	35.417	39.339	2.543
4.5	〃	4.412	35.233	39.645	2.522
5.0	〃	4.902	35.048	39.950	2.503

(계속)

5.5	1.020	5.392	34.864	40.256	2.484
6.0	〃	5.882	34.679	40.561	2.465

(주) 이론 최대밀도의 계산에 쓰이는 골재의 밀도는 다음의 식 ①에서 구한 겉보기 밀도를 채용했다. 단, 흡수량이 1.5%를 초과하는 굵은 골재에서는 겉보기 밀도와 식 ②에서 구한 표면건조 포화상태 밀도와의 평균값을 쓴다.

$$밀도 = \frac{A}{A-C} \qquad ①$$

$$밀도 = \frac{B}{B-C} \qquad ②$$

여기서 A : 골재시료의 표건중량(g)
B : 표면건조 포수상태에서 측정한 중량(g)
C : 24시간 물에 담근 후의 수중중량(g)

(4) 아스팔트량과 혼합물의 성질 : 각 공시체의 아스팔트량과 밀도, 안정도, 플로값, 공극률, 포화도의 관계를 나타내면 그림 4·16과 같이 된다.

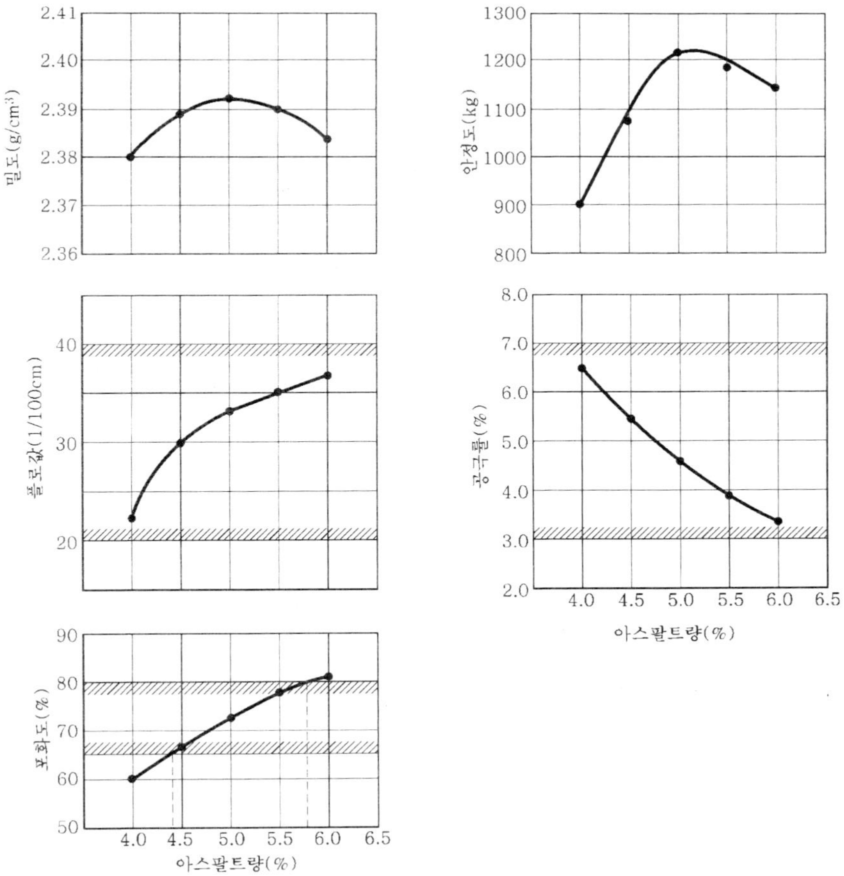

그림 4·16 아스팔트량과 혼합물의 성질

(5) 설계 아스팔트량의 결정 : 그림 4 · 13에서 표 4 · 36에 나타난 기준값에 대한 아스팔트량의 범위를 취하고, 그림 4 · 17과 같이 모든 기준값을 만족하는 아스팔트량의 범위의 중앙값을 설계 아스팔트로 한다.

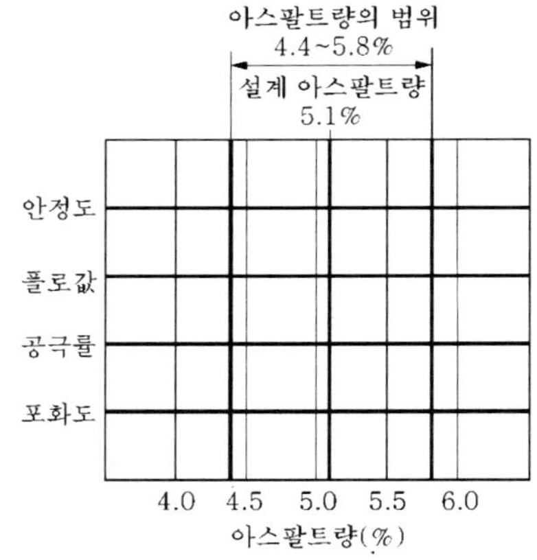

그림 4 · 17 설계 아스팔트량의 결정도

(6) 마샬시험 결과 : 마샬시험 결과는 표 4 · 35와 같다.

표 4 · 35 마샬시험의 결과

공시체 No.	아스팔트 혼합률 (%)	두께 (mm)	중량		용적 (cm^3)	밀도(g/cm^3)		아스팔트 용적률 (%)	공극률 (%)	포화도 (%)	안정도 (kg)	플로값 (1/100 cm)
			공기중	수중		실측	이론					
A	*B*	*C*	*D*	*E*	*F*	*G*	*H*	*I*	*J*	*K*	*L*	*M*
					D−E	$\frac{D}{F}$			$100-100\cdot\frac{G}{H}$	$\frac{I}{I+J}$		
1	4.0	62.8	1156	670	486	2.379					865	24
2	〃	62.9	1156	670	486	2.379					984	22
3	〃	62.6	1149	666	483	2.379					825	21
						(2.379)	(2.543)	(9.3)	(6.4)	(59.2)	(891)	(22)
4	4.5	62.9	1151	665	484	2.386					984	25
5	〃	63.0	1159	674	485	2.390					931	31
6	〃	63.1	1162	675	487	2.386					1277	34
						(2.387)	(2.522)	(10.5)	(5.4)	(66.0)	(1064)	(30)

(계속)

7 8 9	5.0 ″ ″	63.5 63.2 63.6	1173 1164 1171	683 676 682	490 488 489	2.394 2.385 2.395 (2.391)	(2.504)	(11.7)	(4.5)	(72.2)	1528 1051 1104 (1228)	28 38 30 (32)
10 11 12	5.5 ″ ″	63.4 63.6 63.8	1175 1167 1180	684 679 685	491 488 489	2.393 2.391 2.384 (2.389)	(2.484)	(12.9)	(3.9)	(77.8)	1303 1077 1170 (1183)	34 35 30 (33)
13 14 15	6.0 ″ ″	63.5 63.7 63.2	1184 1179 1168	687 684 678	497 495 490	2.382 2.382 2.384 (2.383)	(2.466)	(14.0)	(3.4)	(80.5)	1064 1224 1170 (1153)	39 35 36 (37)

(주) 표 중의 두께(C)의 값은 4방향에서 측정한 평균값을 나타낸다.

표 4·36 설계 아스팔트량의 결정

혼합물의 상태	기준범위	범위에 드는 아스팔트량(%)
안정도(kg)	500 이상	합 격
플로값(1/100 cm)	20~40	합 격
공극률(%)	3~7	합 격
포화도(%)	65~80	4.4~5.8
설계 아스팔트량(%)		5.1

(다) 배합의 최종결정

설계 아스팔트량 5.1%일 때의 혼합물의 성질이 마샬시험에 대한 기준범위(표 4·28)에 있기 때문에 이 혼합물의 배합을 실시배합(實施配合)으로 한다.

표 4·37 설계 아스팔트량에 있어서의 혼합물의 성질

다짐밀도(g/cm^3)	2.391
안 정 도(kg)	1220
플로값(1/100 cm)	34
공 극 률(%)	4.6
포 화 도(%)	73

표 4·38 실시배합(%)

굵은골재	부순돌 19~13 mm	23.7
	부순돌 13~5 mm	26.6
	부순돌 5~2.5 mm	19.0
잔골재	스크리닝(screenings)	10.4
	모 래	11.4
필러(석분)		3.8
아스팔트		5.1

<table>
<tr><td>실 험 명</td><td colspan="7">아스팔트 혼합물의 배합설계(가열 혼합식)</td><td>4-10 (a)</td></tr>
<tr><td>시 험 일</td><td colspan="8">서기 20 년 월 일 요일 날씨</td></tr>
<tr><td rowspan="2">시험일의 상태</td><td colspan="3">실 온(℃)</td><td colspan="3">습 도(%)</td><td colspan="2">수 온(℃)</td></tr>
<tr><td colspan="3"></td><td colspan="3"></td><td colspan="2"></td></tr>
<tr><td rowspan="3">배합설계의
조 건</td><td colspan="8"></td></tr>
<tr><td colspan="8"></td></tr>
<tr><td colspan="8"></td></tr>
<tr><td colspan="9">가. 골재배합의 결정</td></tr>
<tr><td colspan="9">골재의 예정입도</td></tr>
<tr><td colspan="9"></td></tr>
<tr><td colspan="9"></td></tr>
<tr><td colspan="9"></td></tr>
<tr><td colspan="9">사용골재의 성질</td></tr>
<tr><td colspan="2">골재의 종류
체눈 크기(mm)</td><td></td><td></td><td></td><td></td><td></td><td></td><td></td></tr>
<tr><td rowspan="9">통과중량
백분율
(%)</td><td>25</td><td></td><td></td><td></td><td></td><td></td><td></td><td></td></tr>
<tr><td>19</td><td></td><td></td><td></td><td></td><td></td><td></td><td></td></tr>
<tr><td>13</td><td></td><td></td><td></td><td></td><td></td><td></td><td></td></tr>
<tr><td>No.4(5)</td><td></td><td></td><td></td><td></td><td></td><td></td><td></td></tr>
<tr><td>No.8(2.5)</td><td></td><td></td><td></td><td></td><td></td><td></td><td></td></tr>
<tr><td>No.30(0.6)</td><td></td><td></td><td></td><td></td><td></td><td></td><td></td></tr>
<tr><td>No.50(0.3)</td><td></td><td></td><td></td><td></td><td></td><td></td><td></td></tr>
<tr><td>No.100(0.15)</td><td></td><td></td><td></td><td></td><td></td><td></td><td></td></tr>
<tr><td>No.200(0.08)</td><td></td><td></td><td></td><td></td><td></td><td></td><td></td></tr>
<tr><td colspan="2">밀 도</td><td></td><td></td><td></td><td></td><td></td><td></td><td></td></tr>
<tr><td colspan="2">흡수율(%)</td><td></td><td></td><td></td><td></td><td></td><td></td><td></td></tr>
<tr><td colspan="2">산 지</td><td></td><td></td><td></td><td></td><td></td><td></td><td></td></tr>
<tr><td colspan="9">고 찰 :</td></tr>
<tr><td colspan="9"></td></tr>
<tr><td rowspan="3">실 험 자</td><td rowspan="2">소 속</td><td colspan="7"></td></tr>
<tr><td colspan="7">과 학년 반 조 학번 :</td></tr>
<tr><td>성 명</td><td colspan="7"></td></tr>
<tr><td colspan="2">검 인</td><td colspan="7">서기 20 년 월 일 요일 날씨 :</td></tr>
</table>

실 험 명	아스팔트 혼합물의 배합설계(가열 혼합식)	4-10 (b)

골재 배합비의 결정도

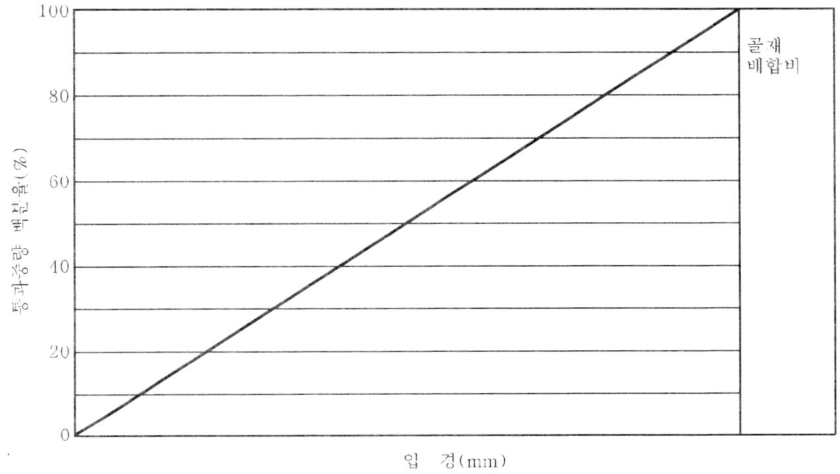

비중에 의한 골재 배합량의 보정

골재의 종류									계
① 골재 배합비									
② 밀도									
①×②									
밀도보정 골재 배합비 $\left[\frac{①\times②}{계}\times 100\right]$									

적 요(합성입도시의 수정이유 등)

실 험 자	소 속	과 학년 반 조 학번 :
	성 명	
검 인		서기 20 년 월 일 요일 날씨 :

실 험 명	아스팔트 혼합물의 배합설계(가열 혼합식)	4-10 (c)

사용골재의 합성입도

골재의 종류	1	2	3	4	5	6	7			각 골재별 배합률							합성 입도	예정 입도
배합비(%)										1	2	3	4	5	6	7	100	100
보정배합(%)																		
25 mm																		
19 mm																		
13 mm																		
No.4(4.76 mm)																		
No.8(2.38 mm)																		
No.30(0.595 mm)																		
No.50(0.297 mm)																		
No.100(0.149 mm)																		
No.200(0.074 mm)																		

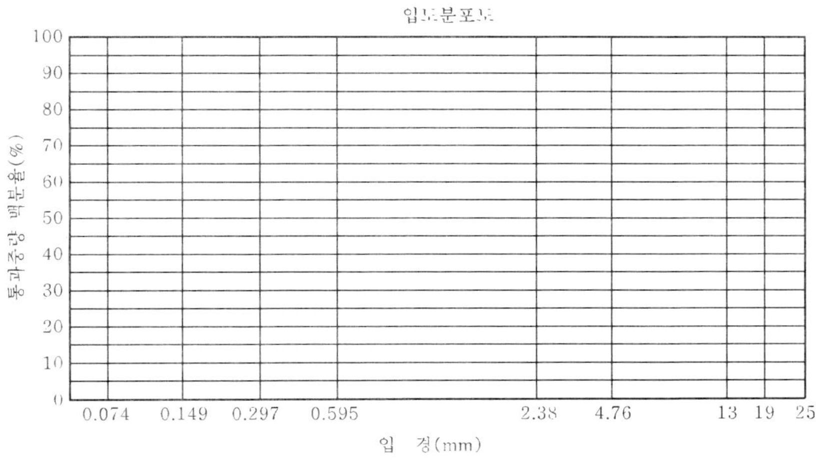

실 험 자	소 속	과 학년 반 조 학번 :
	성 명	
검 인		서기 20 년 월 일 요일 날씨 :

실 험 명	아스팔트의 혼합물의 배합설계(가열 혼합식)	4-10 (d)

나. 설계 아스팔트량의 결정

사용 아스팔트의 성질

제 품 명	밀 도	침입도( )	인화도(℃)	신도(℃) cm

적 요

이론 최대밀도의 계산

골재의 종류	산 지 명	① 배합비(%)	② 각 골재의 밀도	③ 계수 ①/②

④ 계수의 합=

건조골재의 밀도=100/④=

⑤ 아스팔트의 혼합률	⑥ 아스팔트의 밀도	⑦=⑤/⑥	⑧ $\frac{④\times(100-⑤)}{100}$	⑨=⑦+⑧	⑩ 이론 최대 밀도 100/⑨

실 험 자	소 속	과 학년 반 조 학번 :
	성 명	
검 인		서기 20 년 월 일 요일 날씨 :

실 험 명	아스팔트 혼합물의 배합설계(가열 혼합식)	4-10 (e)	실 험 자	소 속	과 학년 반 조 학번 :
다짐횟수				성 명	
			검 인		서기 20 년 월 일 요일 날씨 :
시험온도 조건	아스팔트의 가열온도(℃)	골재의 가열온도(℃)	혼 합 온 도(℃)	다 짐 온 도(℃)	

마 샬 시 험 결 과

공시체 번호	아스팔트 혼합률(%)	두 께(mm)					중 량(g)		용적 (cm^3)	밀 도		아스팔트 용적률(%)	공극률 (%)	포화도 (%)	안정도(kg)		플로값 (1/100 cm)
							공기중	수중		실측	이론				게이지의 읽음값	실측값	
①	②	③					④	⑤	⑥	⑦	⑧	⑨	⑩	⑪	⑫	⑬	⑭
		1	2	3	4	평균			④−⑤	④/⑥	(②×⑦)/(아스팔트 밀도)	100−100⑦/⑧		⑨/(⑨+⑩)			

실 험 명	아스팔트 혼합물의 배합설계(가열 혼합식)	4-10 (f)

아스팔트량과 혼합물의 성질

①

②

③

④

⑤

① 밀도(g/cm^3)
② 안정도(kg)
③ 플로값(1/100 cm)
④ 공극률(%)
⑤ 포화도(%)

실 험 자	소 속	
		과 학년 반 조 학번 :
	성 명	
검 인		서기 20 년 월 일 요일 날씨 :

실 험 명	아스팔트의 혼합물의 배합설계(가열 혼합식)	4-10 (g)

설계 아스팔트량의 결정							
혼합물의 성상	기준범위	범위에 드는 아스팔트량(%)	설계 아스팔트량의 결정도				
안정도(kg)							
플로값 (1/100 cm)							
공극률(%)							
포화도(%)							
설계 아스팔트량(%)			아스팔트량(%)				

배합의 최종결정			
설계 아스팔트량에 있어서의 혼합물의 성질		실시배합	
다짐밀도(g/cm^3)			
안정도(kg)			
플로값(1/10cm)			
공극률(%)			
포화도(%)			
적 요			

고 찰

실 험 자	소 속	
		과 학년 반 조 학번 :
	성 명	
검 인		서기 20 년 월 일 요일 날씨 :

제5장

강 재

5-1 강재의 인장시험
5-2 강재의 굽힘시험

5-1 강재의 인장시험

(Test for Tension of Steel)

〔KS B 0802〕

1. 시험목적

강재의 가장 중요하고 대표적인 성질인 동시에 설계에서 기준으로 이용되는 항복점 또는 내력, 인장강도, 강재의 연성 척도인 신장, 단면수축 등을 측정하고, 응력과 변형의 관계를 조사하고, 비례한도, 탄성한도, 탄성계수 혹은 푸아송비 등을 구한다

2. 사용기구

(1) 인장 시험기(universal testing machine)
(2) 펀치(punch)
(3) 자(scale)
(4) 해머(hammer)
(5) 마이크로미터(micrometer)
(6) 줄(file)
(7) 절단 쇠톱
(8) 스크라이버
(9) 캘리퍼(caliper)

3. 시험편의 준비

(1) 시험편은 KS B 0801(금속재료 인장 시험편)에 따른다. 다만, 별도로 규정되어 있는 것은 이에 따르지 않아도 좋다.
(2) 시험편의 채취, 제작은 각각의 재료의 규격에 따라 시행한다. 시험편 재질에 변화를 생기게 하는 것과 같은 변형 또는 가열은 피하여야 한다. 상항복점, 하항복점 또는 항복강도를 측정할 때는 이 사항이 필요하다. 전단, 펀칭 등에 따른 거친 가

공을 시행할 경우에는 그 영향을 받은 영역을 절삭하여 제거하고 평행부를 다듬질 한다.

(3) 선의 고정을 필요로 할 경우에는 손으로 시행하는 등 재질에 영향을 미치지 않는 방법을 사용한다.

(4) 표점은 펀치 또는 스크라이버로 긋는 것을 표준으로 한다. 다만, 시험편의 재질이 표면흠에 대하여 민감하거나, 또는 매우 단단한 재질인 경우에는 도료칠을 한 도료 위에 줄을 그어 표시한다.

4. 시험기

(1) 인장시험에 사용하는 시험기는 KS B 5521이다(인장 시험기에 따른다).

(2) 시험기는 견고한 기초대에 설치하고 물림부를 연결하는 직선을 정확히 수직 또는 수평으로 놓고 사용하여야 한다.

(3) 시험기는 그의 주요부분의 분해, 재조립, 모양 변경 또는 재설치하였을 경우에는 다시 검사를 시행하고, KS B 5521(인장 시험기)에 적합한가를 재확인한 후 사용 한다.

(4) (3)항의 경우에 해당하지 않을 때에도 사용빈도에 따라 일정기간마다 정밀도를 재확인하여야 한다.

5. 시험방법

(1) 시험편의 모양에 적당한 물림장치를 사용하고, 시험 전에는 축방향의 하중만이 가해지도록 하여야 한다.

(2) 하중을 가하는 속도는 가능한 한 균일하여야 하며, 그 지정은 다음의 어느 한 방법을 따른다.

① 응력증가율

② 연신증가율

③ 경과시간

(3) 하중을 가하는 속도가 측정결과에 큰 영향을 미칠 염려가 있는 재료에 대하여는 그의 재료규격에 따른다. 또한, 특별히 규정하지 않는 경우에는 일반적으로 (4)항 및 (5)항의 규정에 따르고, 하중과 변형의 측정을 정확히 시행할 수 있도록 주의 한다.

(4) 상항복점, 하항복점 또는 항복강도의 측정을 시행하는 경우에는 그 규정값에 대응하는 하중의 1/2의 하중까지는 적당한 속도로 하중을 가하여도 좋으나 강재에 있

어서의 그의 1/2 하중을 초과한 후에는 상항복점, 하항복점 또는 항복강도까지의 평균응력 증가율을 3~30 N/mm^{2}로 한다.

(5) 인장강도의 측정을 시행하는 경우에 상항복점, 하항복점 또는 항복강도의 측정을 필요로 하지 않는 경우에는 인장강도의 규정값에 상당하는 하중의 1/2의 하중까지는 적당한 속도로 하중을 가하여도 좋으나, 강재에 있어서는 이의 1/2 하중을 초과한 후에는 시험편 평행부의 연신증가율이 20~80%/min으로 되는 속도로 인장을 한다. 상항복점, 하항복점, 또는 항복강도의 측정을 끝마친 후 계속하여 인장강도를 구하는 경우도 이와 같다.

(6) 시험온도는 일반적으로 10~35℃의 범위 내로 하고, 필요하면 시험온도를 기록한다. 다만, 온도변화에 민감한 재료에 대하여는 20±2℃를 표준으로 하고, 그 재료 규격의 지시에 따른다.

6. 시험편 평행부의 원단면적, 표점거리, 항복점, 항복강도, 인장강도, 파단연신율(연신율), 단면수축률을 구하는 방법

(1) 시험편 평행부의 원단면적은 표점거리의 양단부 및 중앙부의 3곳의 단면적의 평균값으로 한다. 다만, 필요가 있어 테이퍼를 붙인 시험편은 최소단면적을 측정하여 원단면적으로 한다. 각각의 단면적을 구하기 위하여 지름 또는 폭, 두께는 적당한 측정기를 사용하고, 적어도 규정치수의 0.5%의 수치까지 측정하지 않으면 안 된다. 다만, 2 mm 이하의 치수에 대하여는 0.01 mm까지 측정하여도 좋다. 원형의 단면적을 구하기 위한 지름은 서로 직교하는 2방향에 대하여 측정한 값의 평균값으로 한다.

(2) 표점거리는 적당한 측정기를 사용하여 적어도 규정치수의 0.1%의 수치를 측정하지 않으면 안 된다. 다만, 100 mm 미만의 치수에 대하여는 0.1 mm까지 측정하여도 좋다. 표점거리가 정해져 있는 연신율계를 사용하는 경우에는 미리 앞서 측정을 한다.

(3) 상항복점 및 하항복점은 다음의 식에 따라 구한다.

$$\text{상항복점의 경우} \quad f_{su} = \frac{P_{su}}{A_0} \qquad (5 \cdot 1)$$

$$\text{하항복점의 경우} \quad f_{sL} = \frac{P_{sL}}{A_0} \qquad (5 \cdot 2)$$

여기서 f_{su} : 상항복점(N/mm^2)

f_{sL} : 하항복점(N/mm^2)

P_{su} : 6. (3) ①항 참조

P_{sL} : 6. (3) ②항 참조

A_0 : 6. (1)항의 원단면적(mm^2)

P_{su}, P_{sL}을 혼동할 염려가 없을 때에는 f_{su}로 써도 좋다.

① 상항복점을 구하기 위해서는 시험편을 서서히 인장하였을 때 시험편 평행부가 신장을 시작하기 이전의 최대하중, 예컨대 하중지침을 가진 시험기에서는 지침이 일시적으로 멈추거나 역행하기 이전의 최대하중 P_{su}(N)를 구한다.

② 하항복점을 구하기 위해서는 시험편을 서서히 인장하였을 때, 시험편 평행부가 신장을 시작한 후 대략 일정한 하중, 예컨대 하중지침을 가진 시험기에서는 지침이 일시정지 또는 역행한 후에 일시정지하는 하중 P_{sL}(N)을 구한다.

(4) 항복강도는 다음 식에 따라 구한다.

$$f_\epsilon = \frac{P_\epsilon}{A_0} \tag{5・3}$$

여기서 f_ϵ : 항복강도(N/mm^2)

A_0 : 6. (1)항의 원단면적(mm^2)

P_ϵ : 연신율계를 사용하여 하중과 신장량과 관계 선도를 구하고, 신장 축상 규정의 영구연신율에 상당하는 점으로부터 시험 초기의 직선부분에 평행선을 그어 이것이 선도와 만나는 점이 나타나는 하중(N)

또, 항복강도가 규격에 합격하느냐 않느냐의 결정만으로 좋은 경우에는 규정값에 원단면적을 곱하여 얻는 하중을 15초간 가하고, 이것을 제거하여 측정한 영구연신율이 규정값 이하인가 아닌가로 결정하여도 좋다.

〔비고〕 상기 항복강도의 식에 대하여는 보기를 들면, 규정의 영구영신율 $\epsilon = 0.2\%$의 경우에는 다음과 같이 써서 나타낸다.

$$f_{0.2} = \frac{P_{0.2}}{A_0} \tag{5・4}$$

(5) 규정의 영구연신율 $\epsilon\%$가 얻어지는 하중하의 총연신율 $h\%$를 알고 있는 경우에는 항복강도를 (4)항 대신 다음의 방법으로 결정하여도 좋다.

$$f_\epsilon(\lambda) = \frac{P_\lambda}{A_0} \tag{5・5}$$

여기서 $f_\epsilon(\lambda)$: 총연신율법으로 구한 항복강도(N/mm²)

P_λ : 연신율계를 사용하여 측정한 하중하의 총연신율이 h%일 때의 하중(N)

A_0 : 6 (1)항의 원단면적(mm²)

(6) 인장강도는 다음 식에 따라 구한다.

$$f_B = \frac{P_{max}}{A_0} \tag{5 · 6}$$

여기서 f_B : 인장강도(N/mm²)

P_{max} : 인장하중(N)

A_0 : 6(1)항의 원단면적(mm²)

(7) 상항복점, 하항복점, 항복강도 또는 인장강도를 구하기 위한 하중의 읽음은 적어도 그 크기의 0.5%까지로 한다. 항복점, 항복강도, 인장강도의 수치는 첫째 자리에서 끝맺음한다. 다만, 응력의 측정값이 10 N/mm² 미만인 경우에는 유효숫자 두 자리가 되게 수치를 끝맺음한다. 수치의 끝맺음 방법은 각각 KS A 0021(수치의 맺음법)에 따른다.

(8) 파단신장률(연신율)은 다음의 식에 따라 구한다.

$$\sigma = \frac{l - l_0}{l_0} \tag{5 · 7}$$

여기서 σ : 파단신장률(%)

l_0 : 원 표점거리(mm)

l : 시험편의 양 파단면의 중심선이 일직선상에 있도록 주의하여 파단면을 접촉시켜 (2)항에 준하여 측정한 표점간의 거리(mm), 즉 절단 후의 표점거리

〔비고〕 판상 시험편에 있어서 파단면을 접촉시켰을 때 폭의 중앙부에 틈새(CP)가 있는 경우(그림 5 · 1 참조)에도 CP의 치수를 빼지 않고 표점 O_1, O_2간의 거리로서 파단신장률(연신율)을 산출한다.

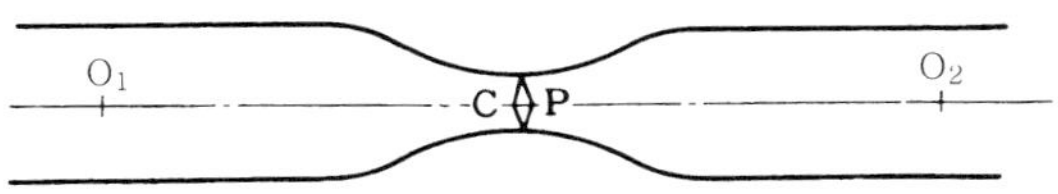

그림 5 · 1

(9) 파단신장률(연신율)의 수치는 KS A 0021(수치의 맺음법)에 따라 첫째 자리에서 끝맺음한다. 다만, 표점거리가 10 mm를 초과하는 경우에는 더 정밀하게 하여도 좋다.

(10) 단면수축률의 측정에는 원형단면의 시험편을 사용한다.

(11) 단면수축률은 다음 식에 따라 구한다.

$$\varphi = \frac{A_0 - A}{A_0} \qquad (5 \cdot 8)$$

여기서 φ : 단면수축률(%)

A : 시험편의 파단면을 주의하여 접촉시켜 (1)항에 준하여 측정한 최소 단면적(mm^2), 즉 축소된 단면적

A_0 : 원단면적(mm^2)

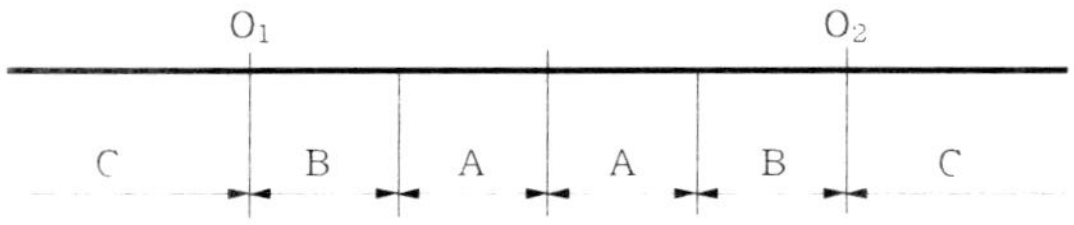

그림 5·2

A : 표점 사이의 중심으로부터 표점거리의 1/4 이내(그림 5·2 A부)에서 파단한 경우

B : 표점 사이의 중심으로부터 표점거리의 1/4초과 표점 이내(그림 5·2 B부)에서 파단한 경우

C : 표점 밖(그림 5·2 C부)에서 파단한 경우

이 A, B, C의 구분은 파단 후의 표점 사이의 길이로 생각하여도 좋다.

(12) 단면수축률의 수치는 KS A 0021(수치의 맺음법)에 따라 첫째 자리에서 끝맺음한다.

(13) 인장시험의 성적은 시험편의 파단위치에 따라 다음의 기호를 부가하여 구별한다.

(14) 시험성적에는 시험편의 종류를 부가한다.

(15) 파단연신율(연신율)의 추정 : 시험편의 파단위치가 그림 5·2의 B의 경우에, 표점 사이의 중앙에서 절단한 경우의 파단연신율(연신율)의 값을 추정(이하 추정값이라 한다)하는 데는 다음의 방법이 따른다.

① 미리 표점 사이를 적당한 길이로 등분하여 눈금으로 기입한다.

② 시험 후의 파단면을 접촉시켜 짧은 쪽의 파단면상의 표점(그림 5·3 O_2)의 파단위치(P)에 대한 대칭점에 가장 가까운 눈금 A를 구하고 그림 5·3 O_1A 간의 길이를 측정한다.

③ 긴 쪽의 파단면상의 표점(그림 5·3 O_2와 A) 사이의 등분수를 n으로 하고, n이 짝수일 때는 A로부터 O_2의 방향으로 $n/2$번째의 눈금, n이 홀수일 때는 $(n-1)/2$번째의 눈금과 $(n+1)/2$번째의 눈금과의 중점을 그림 5·3의 B로 하여 AB간의 길이를 측정한다.

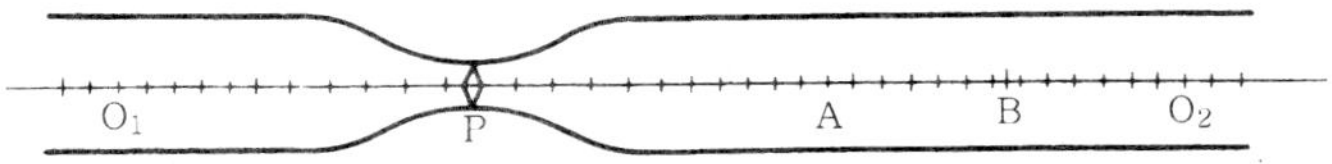

그림 5·3

④ 추정값은 다음 식에 따라 산출하여 추정값이라고 부가한다.

$$추정값(\epsilon) = \frac{O_1A + 2AB - 표점거리}{표점거리} \times 100 \qquad (5 \cdot 9)$$

7. 주의사항

(1) 시험편에 물림 나사선을 넣을 때에는 미리 금긋기 도료(塗料)를 바르면 좋다.

(2) 시험편의 지름을 측정할 때는 그 측정위치로 최대지름을 마이크로미터(micrometer)로 찾아 구하여 측정하며, 또 이것에 직각방향의 지름을 측정한다.

(3) 이형(異形) 철근의 인장시험은 원형 철근과 같이 압연한 그대로 총단면을 사용하며, KS B 0801(금속재료 인장 시험편) 2호 또는 3호에 준하되 공칭단면적에 의거하여 인장강도를 계산한다.

(4) 인장시험 성적에 있어서 특히 연신율과 또 단면수축의 수치는 시험편의 치수와 밀접한 관계가 있으므로 성적표시에는 시험종류 및 절단 위치를 mm로 병행하여 쓴다.

(5) 시험의 성적에는 시험편의 종류를 부가하며, 특히 필요한 때에는 시험이력도 부가한다.

(6) 시험값은 3회 이상의 평균값을 취하는 것을 원칙으로 한다.

(7) KS에 규정되어 있지 않은 강재를 사용하는 경우에는 인장시험을 하여 적당한 허용응력을 정하지 않으면 안 된다.

8. 참고사항

(1) 시험편 제작의 일반사항

① 시험할 재료는 제조품 명세의 규정에 따르며, 시험편은 원상 그대로 하거나 또는 가공하여 완전한 크기로 하여야 한다.

② 시험편은 규정대로 정밀가공을 해야 한다.

③ 표점거리의 중앙부가 전달되도록 3. (2)항 및 (4)항의 규정에 따른다.

④ 취성(脆性) 및 경질인 재료에 대해서는 턱의 반지름을 규정 이상으로 하고 물림부는 대략 50~10 mm로 하든가 관습에 따라도 좋다.

⑤ 시험편 채취에 대해서는 원재료를 대표하는 부분을 취할 것이며, 다음 (2)항의 표 5·1의 3호, 8호, 9호 시험편의 규정에 따른다.

⑥ 시험편에 사용하는 단위는 mm를 원칙으로 한다.

(2) 철근으로 쓰이는 강재는 KS에 적합한 인장강도(tensile strength) 및 항복점(yielding point) 등을 가지지 않으면 안 되므로 시험에 의하여 검사할 필요가 있다.

(3) 인장시험이란 시험기를 사용하여 시험편을 서서히 인장하여 항복점, 항복강도, 인장강도, 연신율, 단면수축률의 전부 또는 그 일부를 측정함을 말한다.

(4) 인장 시험편의 평행부란 시험편의 중앙부에서의 동일단면을 갖는 부분을 말한다.

(5) 시험편의 표점거리란 평행부에 표시한 두 표점간의 거리로 연신율 측정의 기준이 되는 거리를 말한다.

(6) 항복점을 나누어 상항복점과 하항복점으로 구별한다. 다만, 혼동될 염려가 없을 때는 상항복점을 단순히 항복점이라 불러도 좋다. 상항복점이란, 인장시험 경과 중 그림 5·4에 표시한 것과 같이 시험편 평행부가 항복을 시작하기 이전의 최대하중(N)을 평행부의 원단면적(mm^2)으로 나눈 값(N/mm^2)을 말한다.

(7) 항복강도란 인장시험에 있어서 규정된 영구신장을 일으킬 때의 하중(N)을 평행부의 원단면적(mm^2)으로 나눈 값(N/mm^2)을 말한다. 다만, 특별히 규정하지 않은 경우는 영구연신율의 값을 0.2%로 한다.

(8) 인장하중이란 인장시험 경과 중 시험편이 견디는 최대하중(N)을 말한다.

(9) 인장강도란 인장하중(N)을 평행부의 원단면적(mm^2)으로 나눈 값(N/mm^2)을 말한다.

(10) 총연신율이란 인장시험에 있어서 어떤 하중을 가했을 때, 그 상태로 표점간의 길이와 표점거리와의 차를 표점거리에 대한 백분율을 말한다.

(11) 파단연신율(단순히 연신율이라 불러도 좋다)이란 시험편 파단 후의 영구연신율을 말한다.

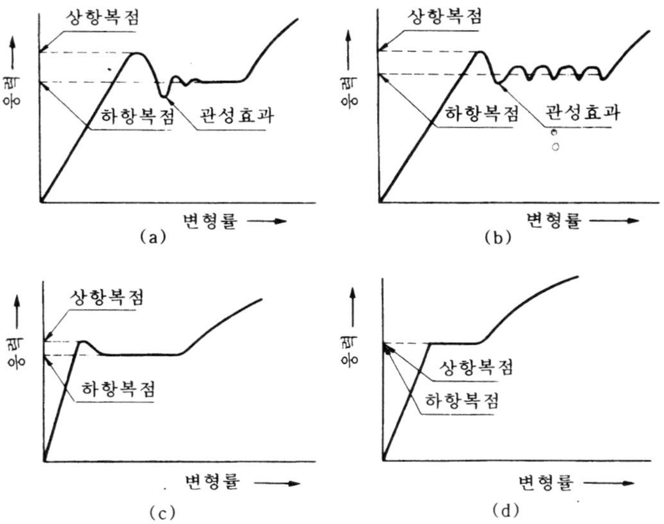

그림 5·4

(12) 단면수축률이란 인장시험에 있어서 시험편 파단 후에서의 최소단면적과의 차의 원단면적에 대한 백분율을 말한다.

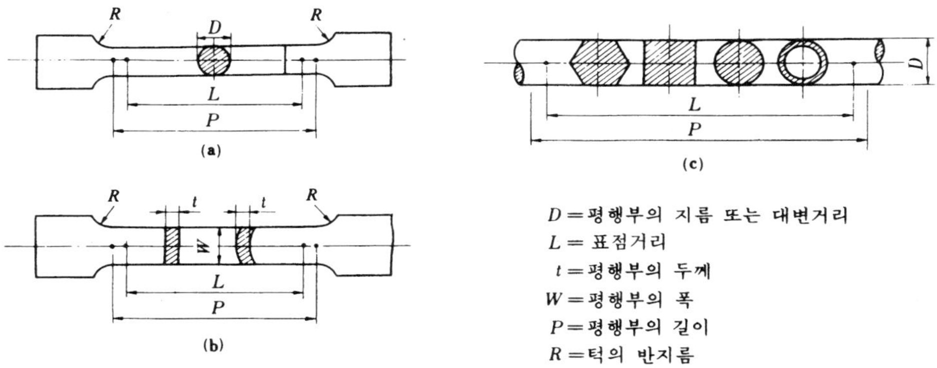

그림 5·5 인장시험에 쓰이는 인장 시험편의 모양

(13) 인장치수의 시험편은 그 모양 및 크기에 따라 1호~14호 시험편으로 구분하고 그림 5·5(a)는 봉상(棒狀) 시험편, (b)는 판상(板狀) 시험편, (c)는 전길이가 동일단면인 시험편이다. 각 종류의 인장 시험편의 용도 및 주요치수는 표 5·1과 같다.

표 5·1 인장 시험편의 용도, 모양 및 치수(KS B 0801)

시험편의 종류		용 도	모양	P(mm)	L(mm)	D(mm)	t(mm)	W(mm)	R(mm)	비 고	
1호 (다 2호)	1A	강판, 평강 및 형강	(b)	L+약 20	200	–	원재 그대로	38~40	≥25		
	1B							25			
2호(라호)		호칭지름(또는 대변거리)이 25 mm 이하의 봉강(2)	(c)	약 $L+2D$	8D	원재 그대로	–	–	–	시험편 평행부는 기계 다듬질도 좋음	
3호(마호)		호칭지름(또는 대변거리)이 25 mm 이하의 봉강(3)	(c)	약 $S+2D$	4D	원재 그대로	–	–	–	시험편 평행부는 기계 다듬질도 좋으나 D는 25 mm 이상이어야 함	
4호(가호)		주강품, 단강품, 압연강재, 비철금속(또는 그 밖에 합금)의 봉 및 주물, 가단 주철품 구사 흑연 주철품)	(d)	약 60	50	14	–	–	≥15	원형단면이며, 기계가공 원재료의 사정상 규정의 적용이 불가능할 때는 평행부의 지름과 표점거리를 계산($L=4\sqrt{A}$)	
5호(나호)		박강판, 관재, 비철금속 또는 그 합금판, 형재	(b)	약 60	50	–	원재 그대로	25	≥15		
6호(다 1호)		판재, 형재로서 두께 6 mm 이하의 것	(b)	S+약 10	(1)$8\sqrt{A}$	–	원재 그대로	15	≥15		
7호(아호)		인장강도가 큰 평강, 강판 및 각강	(b)	약 1.2 L	$4\sqrt{A}$	–	원재 그대로	〉t	≥15		
8호 (바호)	8A	일반 주철품	(a)	약 8	–	8	–	–	16 이상	약 13(3)	평행부를 지름 D로 다듬질한 것이다.
	8B			약 12.5		12.5			25 이상	약 20(3)	
	8C			약 20		20			40 이상	약 30(3)	
	8D			약 32		32			60 이상	약 45(3)	
9호 (사호)	9A	강선 및 비철금속 또는 그 합금의 선	(c)	150 이상	100	–	–	–	–	–	
	9B			250 이상	200						
10호(타호)		용착금속, 주강품, 단강품, 압연강재	(a)	약 60	50	12.5	–	–	≥15	평행부의 길이는 용착 금속으로 되어 있어야 한다.	

표 5·1 (계속)

시험편의 종류		용 도	모양	P(mm)	L(mm)	D(mm)	t(mm)	W(mm)	R(mm)	비 고
11호(자호)		관상 그대로 시험하는 관류	(c)	–	50	–	–	–	–	양끝 물림부는 심을 넣든가 또는 편평하게
12호 (차호)	12A	관 모양 그대로 시험하지 않는 관류	(b)	약 60	50		원재 그대로	19	≥15	시험편의 양끝 고정부는 상온에서 두들겨 편평하게 할 수 있다.
	12B							25		
	12C							38		
13호	13A	판재	(b)	약 120	80	–	원재 그대로	20	20~	–
	13B			약 60	50	–		12.5	30	20 이상
14호	14A	강재	(a)	(5.5~7)D	$5.65\times\sqrt{A}$	재료규격의 지정에 따름	–	–	≥15	–
	14B	관 모양 그대로 시험하지 않는 관류, 강재	(b)	(10)	$5.65\times\sqrt{A}$		원재 그대로	재료규격의 지정에 따름≤$8t$	≥15	A는 시험편의 평행부의 단면적
	14C	관상 그대로 시험하는 관류	(c)	–	$5.65\times\sqrt{A}$	–	–	–	–	A는 시험편의 단면적

P, L, D, t, W, R 및 모양은 그림 5·5 참조

(주) 1) A는 시험편 평행부 중앙의 단면적
2) 원형, 정방형, 정육각형, 정팔각형 등의 봉강을 말한다.
3) 공시체의 주조치수(지름)를 가리킨다.
4) 9A호
5) 9B호
6) 물림부의 폭을 가리킨다.
7) P는 100 mm 이상
8) 박강판에 한해 어깨의 반지름 R=20~30 mm 물림부의 폭은 30 mm 이상으로 한다.
9) 용착금속의 경우, $(10)+1.5\sqrt{A}\sim L+2.5\sqrt{A}$

(14) 시험편을 기계가공한 평행보의 치수는 호칭치수에 대하여 표 5·2의 허용차 이내로 제작오차가 허용된다.

표 5·2 (단위 : mm)

치수의 범위	허 용 차
4를 초과 16 이하	±0.5
16을 초과 63 이하	±0.7

(15) 시험편 치수의 기계 다듬질을 한 평행부의 편차(최대값과 최소값의 차)는 표 5·3과 같다.

표 5·3 (단위 : mm)

기계 가공한 지름의 치수 또는 두께 및 폭	편 차	
	원형 단면	장방형 단면
10 이하	0.5	0.1
10 초과 20 미만	0.8	0.15
20 이상	0.1	0.2

(16) 무게의 허용차

표 5·4 (KS D 3503, KS D 3504)

종 류			치수의 허용값
봉강	지름, 변 또는 대변거리	25 mm 이하	±0.5 mm
		25 mm 초과	±2%
	길 이	70,000 mm 이하	±4 mm
		7000 mm 초과	길이 1000 mm 또는 그 단수를 넘을 때에는 상기의 허용값에 5 mm를 가한다. 단, 120 mm까지로 함

** 강판, 평강, 형강은 생략

(17) 시험편의 중량계산은 다음 방법에 의한다(KS D 3502).

① 기본중량이란 봉강의 단면적 1 cm^2, 길이 1 mm의 중량이며 0.785 kg으로 한다.

② 단위중량(kg/m)이란 봉강의 길이 1 m의 중량이며, 기본중량에 단면적(cm^2)을 곱한 것이다.

③ 단위중량은 0(零)이 아닌 숫자의 넷째 자리의 수치를 반올림하여 셋째 자리에서 끝맺음을 한다.

표 5·5 (KS D 3503, KS D 3504)

종 류		무게의 허용값	적 요
평 강 형 강 및 봉 강	단면적 250 mm² 미만	200 kg 미만의 경우 ±10%	동일치수의 것을 1조로 해서 계산한다.
		200 kg 이상의 경우 ±7%	
	단면적 250 mm² 이상	1톤 미만의 경우 ±6%	
		1톤 이상의 경우 ±5%	

단, 허용값의 산출방법은 계산중량과 실제중량과의 차를 계산중량으로 나누어 백분율로 나타낸다.

표 5·6 치수, 무게 및 마디의 허용차(KS D 3504)

호칭명	단위 무게 (kg/m)	공칭 지름(d) (mm)	공칭 단면적(S) (cm^2)	공칭 둘레(l) (cm)	마디의 평균간격 최대값 (mm)	마디 높이 최소값 (mm)	마디 높이 최대값 (mm)	마디틈 합계의 최대값 (mm)	마디와 직선과의 각도
D6	0.249	6.35	0.3167	2.0	4.4	0.3	0.6	5.0	45° 이상
D10	0.560	9.53	0.7133	3.0	6.7	0.4	0.8	7.5	
D13	0.995	12.7	1.267	4.0	8.9	0.5	1.0	10.0	
D16	1.56	15.9	1.986	5.0	11.1	0.7	1.4	12.5	
D19	2.25	19.1	2.865	6.0	13.4	1.0	2.0	15.0	
D22	3.04	22.2	3.871	7.0	15.5	1.1	2.2	17.5	
D25	3.98	25.4	5.067	8.0	17.8	1.3	2.6	20.0	
D29	5.04	28.6	6.424	9.0	20.0	1.4	2.8	22.5	
D32	6.23	31.8	7.942	10.0	22.3	1.6	3.2	25.0	
D35	7.51	34.9	9.566	11.0	24.4	1.7	3.4	27.5	
D38	8.95	38.1	11.40	12.0	26.7	1.9	3.8	30.0	
D41	10.5	41.3	13.40	13.0	28.9	2.1	4.2	32.5	
D51	15.9	50.8	20.40	16.0	35.6	2.5	5.0	40.0	

④ 단면적은 다음의 각 식에 1/100을 곱하여 산출하여, 0(零)이 아닌 숫자의 윗자리에서부터 다섯째 자리의 수치를 반올림하여 넷째 자리에서 끝맺음한다.

$$\left.\begin{array}{l}\bullet \text{원형강} : 0.785 \times D^2 \\ \bullet \text{6각강} : B^2 \times 0.8660 \\ \bullet \text{7각강} : A^2\end{array}\right\} \qquad (5 \cdot 10)$$

여기서 D : 지름, A : 변(邊), B : 대변거리

⑤ 단면, 형상, 표준치수 및 단위중량

(18) 치수 허용차

(19) 표준길이 : 봉강의 표준길이는 3.5, 4.0, 4.5, 5.0, 5.5, 6.0, 6.5, 7.0, 8.0,

9.0, 10.0 m로 한다.

(20) 봉강의 인장 시험편의 수는 동일용 강에 속하는 같은 종류의 봉강에 대해서 그 지름, 변 또는 대변거리의 차 10 mm 미만의 것을 단위로 하여 3개, 단 25톤을 넘을 때는 6개이다(KS D 3503 표 5·5 참조).

(21) 일반 구조용 압연강재(rolled steel)의 인장강도, 항복점, 연신율은 표 5·7과 같다.

표 5·7 (KS D 3503)

<table>
<tr><th rowspan="3">종류의 기호</th><th colspan="4">항복점 또는 항복점강도(N/mm²)</th><th rowspan="3">인장강도 N/mm²</th><th rowspan="3">강재의 두께 mm</th><th rowspan="3">인장 시험편</th><th rowspan="3">연신율 %</th><th colspan="2">굽힘성</th></tr>
<tr><th colspan="4">강재의 두께 mm</th><th rowspan="2">굽힘 각도</th><th rowspan="2">안쪽 안지름</th></tr>
<tr><th>16 이하</th><th>16 초과 40 이하</th><th>40 초과 100 이하</th><th>100 초과</th></tr>
<tr><td rowspan="6">ss330</td><td rowspan="6">205 이상</td><td rowspan="6">195 이상</td><td rowspan="6">175 이상</td><td rowspan="6">165 이상</td><td rowspan="6">330~430</td><td>강판, 강대, 평강의 두께 5 이하</td><td>5호</td><td>26 이상</td><td rowspan="4">180°</td><td rowspan="4">두께의 0.5배</td></tr>
<tr><td>강판, 강대, 평강의 두께 5 초과 16 이하</td><td>1A호</td><td>21 이상</td></tr>
<tr><td>강판, 강대, 평강의 두께 16 초과 50 이하</td><td>1A호</td><td>26 이상</td></tr>
<tr><td>강판, 평강의 두께 40 초과하는 것</td><td>4호</td><td>28 이상</td></tr>
<tr><td>봉강의 지름, 변 또는 맞변거리 25 이하</td><td>2호</td><td>25 이상</td><td rowspan="2">180°</td><td rowspan="2">지름, 변 또는 맞변거리의 0.5배</td></tr>
<tr><td>봉강의 지름, 변 또는 맞변거리 25 초과하는 것</td><td>14A호</td><td>28 이상</td></tr>
<tr><td rowspan="6">ss400</td><td rowspan="6">245 이상</td><td rowspan="6">235 이상</td><td rowspan="6">215 이상</td><td rowspan="6">205 이상</td><td rowspan="6">400~510</td><td>강판, 강대, 평강의 두께 5 이하</td><td>5호</td><td>21 이상</td><td rowspan="4">180°</td><td rowspan="4">두께의 1.5배</td></tr>
<tr><td>강판, 강대, 평강의 두께 5 초과 16 이하</td><td>1A호</td><td>17 이상</td></tr>
<tr><td>강판, 강대, 평강의 두께 16 초과 50 이하</td><td>1A호</td><td>21 이상</td></tr>
<tr><td>강판, 평강의 두께 40 초과하는 것</td><td>4호</td><td>23 이상</td></tr>
<tr><td>봉강의 지름, 변 또는 맞변거리 25 이하</td><td>2호</td><td>20 이상</td><td rowspan="2">180°</td><td rowspan="2">지름, 변 또는 맞변거리의 1.5배</td></tr>
<tr><td>봉강의 지름, 변 또는 맞변거리 25 초과하는 것</td><td>14A호</td><td>22 이상</td></tr>
</table>

표 5·7 (KS D 3503) (계속)

종류의 기호	항복점 또는 항복점강도(N/mm²) 강재의 두께 mm 16 이하	16 초과 40 이하	40 초과 100 이하	100 초과	인장강도 N/mm²	강재의 두께 mm	인장 시험편	연신율 %	굽힘성 굽힘 각도	굽힘성 안쪽 안지름
ss490	285 이상	275 이상	255 이상	245 이상	490~610	강판, 강대, 평강의 두께 5 이하	5호	19 이상	180°	두께의 2.0배
						강판, 강대, 평강의 두께 5 초과 16 이하	1A호	15 이상		
						강판, 강대, 평강의 두께 16 초과 50 이하	1A호	19 이상		
						강판, 평강의 두께 40 초과하는 것	4호	21 이상		
						봉강의 지름, 변 또는 맞변거리 25 이하	2호	16 이상	180°	지름, 변 또는 맞변거리의 2.0배
						봉강의 지름, 변 또는 맞변거리 25 초과하는 것	14A호	20 이상		
ss540	400 이상	390 이상	—	—	540 이상	강판, 강대, 평강의 두께 5 이하	5호	16 이상	180°	두께의 2.0배
						강판, 강대, 평강의 두께 5 초과 16 이하	1A호	13 이상		
						강판, 강대, 평강의 두께 16 초과 50 이하	1A호	17 이상		
						봉강의 지름, 변 또는 맞변거리 25 이하	2호	13 이상	180°	지름, 변 또는 맞변거리의 2.0배
						봉강의 지름, 변 또는 맞변거리 25 초과하는 것	14A호	16 이상		
ss590	450 이상	440 이상	—	—	590 이상	강판, 강대, 평강의 두께 5 이하	5호	14 이상	180°	두께의 2.0배
						강판, 강대, 평강의 두께 5 초과 16 이하	1A호	11 이상		
						강판, 강대, 평강의 두께 16 초과 40 이하	1A호	15 이상		
						봉강의 지름, 변 또는 맞변거리 25 이하	2호	10 이상	180°	지름, 변 또는 맞변거리의 2.0배
						봉강의 지름, 변 또는 맞변거리 25 초과하는 것	14A호	12 이상		

(22) 강재의 화학성분은 각종 공히 P(인)는 0.05%, S(황) 0.06% 이하로 한다.

(23) 철근콘크리트용 원형 봉강(SBC 24, SBC 30) 및 이형 봉강(SBD 24, SBD 30, SBD 35, SBD 40, SBD 50)의 기계적 성질은 표 5·8과 같다.

표 5·8 철근의 종류 및 기계적 성질(KS D 3504)

종류 기호	항복점 또는 0.2% 항복강도 N/mm^2	인장강도 N/mm^2	인장시험편	연신율 (%)	굽임성	
					굽임 각조	안쪽 반지름
SR240	240 이상	380 이상	2호	20 이상	180°	공칭지름의 1.5배
			3호	24 이상		
SR300	300 이상	440 이상	2호	18 이상	180°	지름 16 mm 이하 공칭지름의 1.5배
			3호	20 이상		지름 16 mm 초과 공칭지름의 1.5배
SD300	300 이상	440 이상	2호에 준한 것	16 이상	180°	D16 이하 공칭지름의 1.5배
			3호에 준한 것	18 이상		D16 초과 공칭지름의 2배
SD350	350 이상	490 이상	2호에 준한 것	18 이상	180°	D16 이하 공칭지름의 1.5배
						D16 초과 D11 이하 공칭지름의 2배
			3호에 준한 것	20 이상		D51 공칭지름의 2배
SD400	400 이상	560 이상	2호에 준한 것	16 이상	180°	공칭지름의 2.5배
			3호에 준한 것	18 이상		
SD500	500 이상	620 이상	2호에 준한 것	12 이상	90°	D25 이하 공칭지름의 2.5배
			3호에 준한 것	14 이상		D25 초과 공칭지름의 3배
SD400W	400 이상	560 이상	2호에 준한 것	16 이상	180°	공칭지름의 2.5배
			3호에 준한 것	18 이상		
SD500W	500 이상	620 이상	2호에 준한 것	12 이상	90°	D25 이하 공칭지름의 2.5배
			3호에 준한 것	14 이상		D25 초과 공칭지름의 3배

(24) 토목공사용 철근은 KS D 3504(콘크리트용 철근)에 적합한 것이라야 하며, KS D 3504에 맞지 않는 철근은 충분한 시험을 하여 그 시험결과에 따라 책임기술자가 사용의 가부를 결정한다(콘크리트 표준시방서).

(25) 철근콘크리트용 철근의 허용응력은 표 5·9의 값을 표준으로 한다(콘크리트 표준시방서).

(26) 강(鋼)의 응력한계곡선 비례한도 f_p는 훅(Hook)의 법칙이 성립하는 최대응력, 탄성한도 f_E는 완전한 탄성을 보유하는 한계, 즉 응력을 제거한 후에는 변형은 남

지 않고 원상태로 돌아가는 최대응력을 말한다. 이 양자는 매우 접근하여 존재한다. 항복점(yielding point)에 달하면 공시체는 급격히 연신(延伸)되나 항복점이 명확하게 나타나는 연강(軟鋼)분으로 순철(純鐵) 또는 고탄소강(高炭素鋼)은 현저하지 않고, 또 연강이라도 400℃ 이상의 고온일 때 냉간(冷間)가공을 하였을 때에는 명확하게 나타나지 않는다. 항복점 S에 달한 연강 공시체의 하중은 급히 하강하여 불안전 상태가 계속된다. 이때 S를 상항복점, 불안전 상태를 계속시키는 사이의 최저응력을 하항복점이라 말하고 각기 f_{so}, f_{sL}로 표시한다. 안전한 연강에서는 그 비가 1 : 4라 불리고 있다. S'를 지나면 급히 영구변형은 더해지고, 재료는 소성을 나타내지만, 변형은 공시체 전장에 걸쳐서 발생하며, 결국에는 최대응력 B를 지나면 공시체의 일부에 국부적인 연신 및 단면압축을 일으키며, 그것에 따라서 하중은 Z까지 강하하고 결국에는 파단(破斷)된다. 그림 5・6에 있어서 사선을 나타낸 부분의 면적은 공시체가 최대응력에 달할 때까지 가진 작업량으로 이것을 단위용적에 대한 작업량이라 한다. 또, 최대응력의 f_B와 이것에 상당하는 연신율 ϵ_B와의 적(積)에 대하는 작업량의 백분율은 같은 종류의 재료로 대개 일정하며, 이것을 도표계수라고 하며, 연강에서는 약 0.85이다.

표 5・9

항복점 강도(σ_y)	허용응력(kg/cm^2)
$f_y \leq 2800$ kg/cm^2 미만일 때 $f_y = (2800 \sim 3000)$ kg/cm^{2}일 때 $f_y = 3000$ kg/cm^{2}를 초과하였을 때	$f_{sa} \leq 1300$ $f_{sa} \leq 1400$ $f_{sa} \leq 1/2 f_y$

(주) * 이 경우에 그 값이 2100 kg/cm^{2}를 넘을 수 없다.

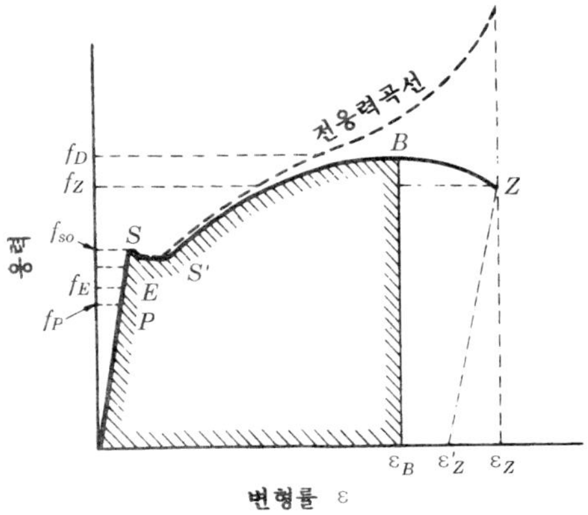

그림 5・6 강의 응력연신 곡선

<table>
<tr><td colspan="2">실 험 명</td><td colspan="8">강재의 인장시험</td><td>5-1</td></tr>
<tr><td colspan="2">시 험 일</td><td colspan="9">서기 20 년 월 일 요일 날씨</td></tr>
<tr><td colspan="2" rowspan="2">시험일의 상태</td><td colspan="4">기 온(℃)</td><td colspan="5">실 온(℃)</td></tr>
<tr><td colspan="4"></td><td colspan="5"></td></tr>
<tr><td colspan="2">시 료</td><td colspan="9"></td></tr>
<tr><td colspan="2">시 료 번 호</td><td colspan="3"></td><td colspan="3"></td><td colspan="3"></td></tr>
<tr><td colspan="2">호칭지름(mm)</td><td colspan="3"></td><td colspan="3"></td><td colspan="3"></td></tr>
<tr><td rowspan="3">실측지름 (mm)</td><td>최대지름</td><td></td><td></td><td></td><td></td><td></td><td></td><td></td><td></td><td></td></tr>
<tr><td>최소지름</td><td></td><td></td><td></td><td></td><td></td><td></td><td></td><td></td><td></td></tr>
<tr><td>평 균</td><td colspan="3"></td><td colspan="3"></td><td colspan="3"></td></tr>
<tr><td colspan="2">단면적(mm^2)</td><td colspan="3"></td><td colspan="3"></td><td colspan="3"></td></tr>
<tr><td colspan="2">종 별</td><td colspan="3">제 종</td><td colspan="3">제 종</td><td colspan="3">제 종</td></tr>
<tr><td colspan="2">기 호</td><td colspan="3">SB</td><td colspan="3">SB</td><td colspan="3">SB</td></tr>
<tr><td colspan="2">표점거리(mm)</td><td colspan="3"></td><td colspan="3"></td><td colspan="3"></td></tr>
<tr><td colspan="2">항복점 하중(N/mm^2)</td><td colspan="3"></td><td colspan="3"></td><td colspan="3"></td></tr>
<tr><td colspan="2">항복강도(N/mm^2)</td><td colspan="3"></td><td colspan="3"></td><td colspan="3"></td></tr>
<tr><td colspan="2">인장하중(N)</td><td colspan="3"></td><td colspan="3"></td><td colspan="3"></td></tr>
<tr><td colspan="2">인장강도(N/mm2)</td><td colspan="3"></td><td colspan="3"></td><td colspan="3"></td></tr>
<tr><td rowspan="2">신 도</td><td>(mm)</td><td colspan="3"></td><td colspan="3"></td><td colspan="3"></td></tr>
<tr><td>(%)</td><td colspan="3"></td><td colspan="3"></td><td colspan="3"></td></tr>
<tr><td colspan="2">절단위치 및 기호</td><td colspan="3"></td><td colspan="3"></td><td colspan="3"></td></tr>
<tr><td colspan="2">시험편</td><td colspan="3"></td><td colspan="3"></td><td colspan="3"></td></tr>
<tr><td colspan="2">판 정</td><td colspan="3"></td><td colspan="3"></td><td colspan="3"></td></tr>
<tr><td colspan="11">고 찰</td></tr>
<tr><td colspan="11"></td></tr>
<tr><td colspan="11"></td></tr>
<tr><td colspan="11"></td></tr>
<tr><td rowspan="3">실 험 자</td><td rowspan="2">소 속</td><td colspan="9"></td></tr>
<tr><td colspan="9">과 학년 반 조 학번 :</td></tr>
<tr><td>성 명</td><td colspan="9"></td></tr>
<tr><td colspan="2">검 인</td><td colspan="9">서기 20 년 월 일 요일 날씨 :</td></tr>
</table>

5-2 강재의 굽힘시험

(Test for Bend of Steel)

〔KS B 0804〕

1. 시험목적

철근으로서 쓰이는 강재는 굴곡(bend)시켰을 때의 그 바깥쪽에 균열을 일으켜서는 안 되므로 굽힘시험을 행한다. 굽힘시험은 시험편을 규정의 안쪽 반지름으로 굽힘각도가 규정의 수치로 될 때까지 구부릴 때 굽힘부의 바깥쪽에 파열(破裂) 및 기타 결점유무를 조사함을 말한다. 굽힘각도는 시험편의 안쪽이 휨모멘트를 받고 있는 상태에서 양끝의 직선부분이 이루는 각이 180°에 대하여 변화한 크기를 말한다.

2. 시험기구 및 재료

(1) 누름쇠(押金具)
(2) 받침부
(3) 굽힘 시험기
(4) 캘리퍼(caliper)

3. 시 험 편

(1) 시험편은 재료규격이 정하는 바(KS B 0803)에 따른다.
(2) 시험편의 채취 및 제작은 규격에 따라 행하며, 특별한 지정이 있을 때를 제외하고는 시험편으로 되는 부분에 불필요한 변형 또는 가열을 피해야 한다.

4. 시험방법

(가) 눌러 굽히는 방법

(1) 시험편을 2개의 받침부에 올려놓고 그 중앙부에 누름쇠로 천천히 하중을 가하여 소정의 모양으로 구부린다. 이때 받침부와 누름쇠의 축과는 서로 평행해야 한다〔그림

5·7(a)〕. 누름쇠 또는 받침부와 시험편에 접하는 면에는 기름칠을 하여도 된다.

(2) 누름쇠의 끝 부분은 규정의 안쪽 반지름과 같은 반지름의 원통면을 가지며, 원통면의 길이는 시험편의 폭보다 커야 된다.

(3) 받침이 시험편에 접하는 부분은 원통면으로 하고, 그 반지름은 10 mm 이상으로 한다. 또, 받침 사이의 거리는 다음 식에 의한다〔그림 5·7(a)〕.

$$L = 2r + 3t \qquad (5 \cdot 11)$$

여기서 L : 2개의 받침 사이의 거리(mm)

r : 안쪽 반지름(mm)

t : 시험편의 두께, 지름, 변 또는 맞변 거리(mm)

(4) 그림 5·7(a)의 방법으로 굽히는 각도는 약 170°로 굽힌 후에 그림 5·7(b)와 같이 규정한 안쪽 반지름의 2배의 두께를 가진 삽입물(물체)을 사용하여 시험편의 양끝을 누른다. 단, 그림 5·7(a)에 있어서 받침 사이의 거리를 $L = 2r + 3t$로 하고 시험편이 받침을 빠져나갈 때까지 눌러서 이것을 180°까지 구부려도 좋다.

(5) 밀착할 때는 우선 적당한 안쪽 반지름을 가지고 거의 170°까지 구부린 후 그림 5·7(c) 방법에 따른다.

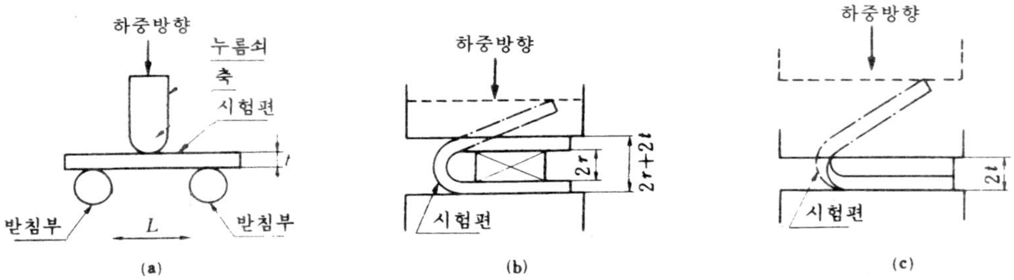

그림 5·7 눌러 굽히는 방법

(나) 감아 굽히는 방법

(1) 시험편의 대략 중앙부분이 규정의 모양이 되도록 시험편의 한쪽을 누르고 다른 쪽을 축 또는 대(臺)에 규정된 굴곡각도까지 감아 구부린다. 하중을 가하는 위치는 그림 5·8(a) 및 그림 5·8(b)에 따른다.

(2) 굽힘각도가 180°이고 안쪽 반지름이 특별히 작거나 또는 밀착하는 경우에는 (나)의 (1)항의 방법으로서 적당한 안쪽 반지름을 가지고 180°까지 굽힌 후, 이것을 그림 5·7(b) 또는 그림 5·7(c)의 방법으로 규정의 안쪽 반지름이 되도록 시험편의 양끝을 서로 누른다.

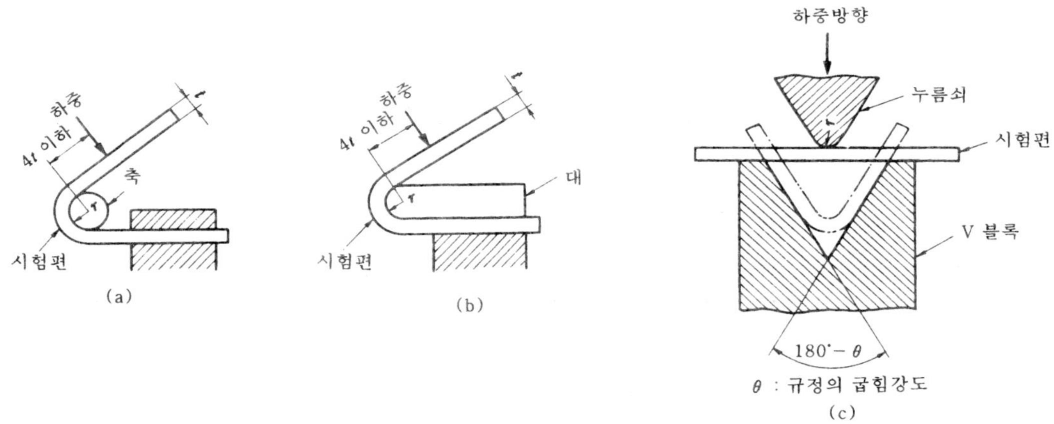

그림 5·8 감아굽히는 방법

(다) V 블록법〔그림 5·8(c)〕

V 블록법의 사용은 각각의 재료규격의 지시에 따라 시험한다. 이 경우의 V 블록 및 누름쇠의 모양, 치수는 재료규격의 지시에 따른다.

(라) 관 찰

시험편을 굽힘장치로부터 떼어낸 후 굽힘부의 바깥쪽의 터짐(파열) 및 기타 결점의 유무를 관찰한다.

5. 주의사항

(1) 시험온도는 일반적으로 5~35℃의 범위로 하고 필요하면 시험온도를 기록한다. 단, 온도변화에 민감한 재료에 대해서는 20±2℃를 표준으로 하고 시험온도는 그 재료규격에 따른다.

(2) 누르기에 의한 집중하중의 크기는 받침부의 지점간 거리에 의해 변화하기 때문에 중요한 측정장치는 아니다.

(3) 굴곡시험 후의 안쪽의 몸은 고려하지 않는다.

(4) 시험은 상온에서 한다.

6. 참고사항

(1) 시험편은 그 모양 및 치수에 따라 "가"~"바"호의 시험편으로 구분한다.

(2) 일반 구조용 압연강재의 굽힘시험에 대한 규격은 표 5·7과 같다.

(3) 철근콘크리트용의 원형 및 이형 봉강의 굽힘시험에 대한 규격은 표 5·8과 같다.

(4) 철근의 구부리는 방법은 건설교통부 제정 콘크리트 구조설계기준에서 다음과 같이 규정하고 있다(5.2 철근 가공).

① 철근 구부리기(콘크리트 구조설계기준 해설 참조) (그림 5·9 참조)

② 헌치(haunch) 기타의 안쪽에 연하는 철근(그림 5·10 참조)

③ 이형(異形) 철근을 인장철근으로 쓸 때는 일반적으로 갈고리를 할 필요가 없다.

표 5·10 굽힘 시험편의 용도 및 표준치수(KS D 0803)

시험편의 종류		용 도	시험편 표준치수				비고
			단면모양	두께(mm)	폭(mm)	길이(mm)	
가호		강판, 평강 및 형강	장방형	원래의 두께	35 이상	250 이상	(1) (2)
나호		봉강	원단면	–	–	250 이상	지름, 변 또는 대변거리가 35 mm를 넘을 때는 35 mm 이상의 원형 단면으로 기계 다듬질도 좋음
다호		박강판	장방형	원래의 두께	20 이상	150 이상	(1) (2)
라호		(3)	장방형	원래의 두께	10 이상(3)	150 이상	(1) (2)
마호	마1	단강품, 주강품	장방형	19	25	150 이상	시험편의 각 면은 기계 다듬질(2)
	마2			15	20	150 이상	
바호		흑심 가단 주철품	장방형	10	16	200 이상	시험편에는 주조한 그대로 하고 양쪽에는 언제든지 둥글기(2)를 붙일 수 있다.
		백심 가단 주철품		6			

(주) (1) 원재료의 사정상 규정의 폭으로 만들기가 어려운 경우에는 제작 가능한 최대폭으로 하여도 좋다. 절단된 측면은 기계 다듬질하여도 좋다.

(2) 시험편의 두께 $t<50$ mm 때는 둥글기는 3.0 mm 이하, 100 mm$<t<$50 mm 때는 둥글기는 1.5 mm 이하, $t<10$ mm 때는 둥글기는 1.0 mm 이하의 둥글기를 붙일 수 있다.

(3) 스프링용 인청동관 및 스프링용 양은판

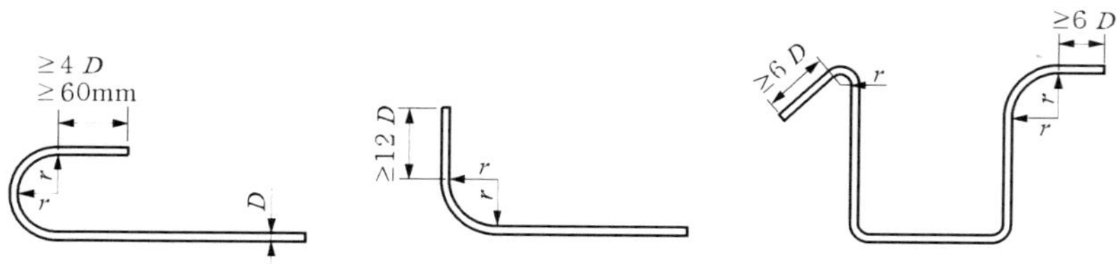

(a) 반원형 갈고리 (b) 90° 갈고리 (c) 스트립의 135°와 90° 갈고리

그림 5·9

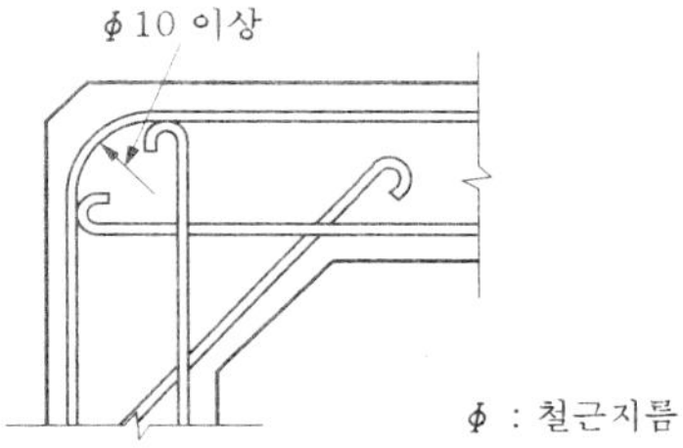

그림 5 · 10

(5) 철근콘크리트용의 원형 및 이형 봉강의 굽힘시험에 대한 규격은 다음 표 5 · 11과 같다.

표 5 · 11

종 류	기 호	시험편	굴곡각도	안쪽 지름	
				원 형	이 형
철근 1종 (D10~D25)	SBC 24 SBD	나호	180°	지름의 1.5배	공칭지름의 3배
철근 2종 (D29~D35)	SBC 30 SBD	나호	180°	지름의 2배	공칭지름의 4배
철근 3종 (D29~D35)	SBD 35	나호	180°	–	공칭지름의 4배
철근 4종 (D38 이상)	SBD 40	나호	180°	–	공칭지름의 5배
철근 5종 (D38 이상)	SBD 50	나호	90°	–	공칭지름의 5배

<table>
<tr><td>실 험 명</td><td colspan="3">강재의 굽힘시험</td><td>5-2</td></tr>
<tr><td>시 험 일</td><td colspan="4">서기 20 년 월 일 요일 날씨</td></tr>
<tr><td rowspan="2">시험일의 상태</td><td colspan="2">기 온(℃)</td><td colspan="2">실 온(℃)</td></tr>
<tr><td colspan="2"></td><td colspan="2"></td></tr>
<tr><td rowspan="2">시 료</td><td colspan="4"></td></tr>
<tr><td colspan="4"></td></tr>
<tr><td>시료번호</td><td></td><td></td><td colspan="2"></td></tr>
<tr><td>호칭지름(mm)</td><td></td><td></td><td colspan="2"></td></tr>
<tr><td>실측지름(mm)</td><td></td><td></td><td colspan="2"></td></tr>
<tr><td>종 별</td><td>제 종</td><td>제 종</td><td colspan="2">제 종</td></tr>
<tr><td>기 호</td><td>SB</td><td>SB</td><td colspan="2">SB</td></tr>
<tr><td>굽힘각도(°)</td><td></td><td></td><td colspan="2"></td></tr>
<tr><td>안쪽 반지름(mm)</td><td></td><td></td><td colspan="2"></td></tr>
<tr><td>판 정</td><td></td><td></td><td colspan="2"></td></tr>
<tr><td colspan="5">고 찰 :</td></tr>
</table>

<table>
<tr><td rowspan="3">실 험 자</td><td rowspan="2">소 속</td><td></td></tr>
<tr><td>과 학년 반 조 학번 :</td></tr>
<tr><td>성 명</td><td></td></tr>
<tr><td colspan="2">검 인</td><td>서기 20 년 월 일 요일 날씨 :</td></tr>
</table>

제6장

석　재(石材)

6-1　석재의 흡수율 및 밀도시험
6-2　석재의 압축강도 시험

6-1 석재의 흡수율 및 밀도시험

(Test for Intake Rate and Gravity of Stone)

〔KS F 2518〕

1. 시험목적

석재의 흡수율 및 밀도시험의 원리를 실습을 통하여 시험능력을 이해하고, 시험기기의 조작기능을 습득한다.

2. 사용기구 및 재료

(1) 각종 석재
(2) 젖은 천
(3) 석재 절단기
(4) 연삭기(금강석)
(5) 캘리퍼스
(6) 저울(무게 10 kg, 감량 1 g)
(7) 항온 건조기
(8) 수조
(9) 철망태
(10) 데시케이터

3. 시험체의 준비

(1) 시료는 대표적인 것을 채취해야 하며, 3개 이상의 시험체를 얻을 수 있는 크기로 채취한다.
(2) 시험체는 치수 5~8 cm 혹은 원주 모양의 것으로 3개 이상을 만든다.
(3) 시험체는 건조로 속에서 105±5℃의 온도로 24시간 동안 건조시킨다.

4. 시험방법

(가) 흡수율 시험

(1) 건조시킨 시험체를 실내에서 30분간 식힌다.
(2) 건조 시험체의 무게를 0.1 g의 정밀도로 칭량한다.
(3) 시험체를 20±5℃의 증류수나 여과수 속에 48시간 담가둔다.
(4) 시험체를 수조에서 꺼내어 표면을 젖은 천으로 닦는다.
(5) 흡수한 시험체의 무게를 0.1 g의 정밀도로 칭량한다.

(가) 밀도시험

(1) 밀도시험 장치(그림 6·1 참조)

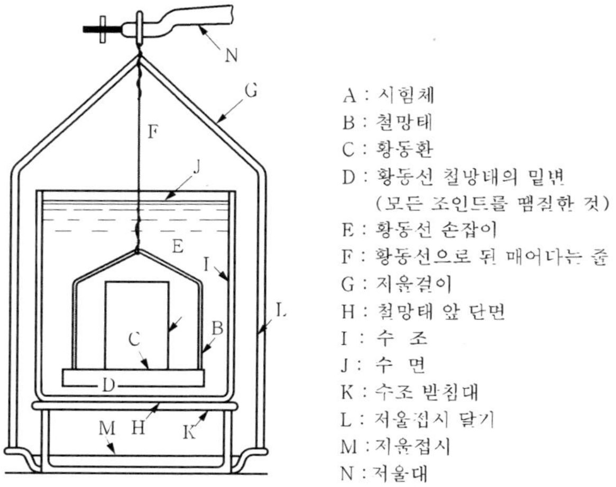

그림 6·1 밀도시험 장치

(2) 흡수량 시험이 끝난 시험체를 철망태에 넣어 20±5℃의 여과수나 증류수 속에 매달고 0.1 g의 정밀도로 칭량한다.
(3) 철망태의 물 속의 무게를 칭량한다.
(4) 시험체와 철망태의 물 속의 무게에서 철망태의 물 속의 무게를 빼서 시험체의 물 속의 무게를 구한다.

5. 결과계산

(1) 무게에 의한 흡수율은 다음 식으로 계산한다.

$$흡수율(\%) = \frac{B-A}{A} \times 100 \qquad (6 \cdot 1)$$

여기서 A : 건조 시험체의 무게(g)

B : 흡수한 시험체의 무게(g)

(2) 밀도는 다음 식으로 구한다.

$$밀도 = \frac{A}{B-C} \times 100 \qquad (6 \cdot 2)$$

여기서 A : 건조 시험체의 무게(g)

B : 흡수 후 표면건조 포화상태 시험체의 무게(g)

C : 물 속에서의 시험체의 무게(g)

(3) 흡수율과 비중은 한 벌의 시험체의 평균값으로 하며, 비중값은 0.01의 정밀도로 구해야 한다.

6. 참고사항

(1) 시험결과를 정리하여 보고서의 양식에 기입한다.

(2) 시험체의 흡수율과 밀도는 대략 다음 표 6·1과 같다.

표 6·1

종 류	흡 수 율(%)	밀 도(g/cm^3)
화강암	0.10~0.40	2.61~2.72
안산암	0.50~0.99	2.36~2.86
응회석	1.30~2.00	2.00~2.50
대리석	0.02~0.25	2.68~2.75
사문암	0.18~0.40	2.75~2.95
점판암	0.18~0.25	2.71

(3) 다음 사항을 평가한다.

표 6·2

평가구분	평 가 사 항	평가(상·중·하)
이 해	① 석재의 흡수율 시험시행 이유 숙지 유무 ② 석재의 비중 시험시행 이유 숙지유무 ③ 석재의 비중과 흡수율의 관계지식 유무	
기 능	① 시험체는 규정대로 만들었는가? ② 노 건조시킨 시험체를 실내에서 30분간 식혔는가? ③ 수조의 물의 온도를 20±5℃로 하였는가?	

<table>
<tr><td>실 험 명</td><td colspan="3">석재의 흡수율 및 밀도시험</td><td>6-1</td></tr>
<tr><td>시 험 일</td><td colspan="4">서기 20 년 월 일 요일 날씨</td></tr>
<tr><td rowspan="2">시험일의 상태</td><td>실 온(℃)</td><td>습 도(%)</td><td colspan="2">수 온(℃)</td></tr>
<tr><td>22.0</td><td></td><td colspan="2">20.0</td></tr>
<tr><td rowspan="2">시 료</td><td colspan="4"></td></tr>
<tr><td colspan="4"></td></tr>
</table>

<table>
<tr><td colspan="2">측 정 번 호</td><td>1</td><td>2</td><td>3</td></tr>
<tr><td rowspan="4">흡수율</td><td>① 건조한 시험체의 무게 A(g)</td><td>325.7</td><td>326.1</td><td>326.4</td></tr>
<tr><td>② 흡수 후 표면건조 포화상태 시험체의 무게 B(g)</td><td>326.5</td><td>326.8</td><td>327.2</td></tr>
<tr><td>흡수율 $= \dfrac{② - ①}{②} \times 100(\%)$</td><td>0.25</td><td>0.21</td><td>0.25</td></tr>
<tr><td>평균값(%)</td><td>0.24</td><td></td><td></td></tr>
<tr><td rowspan="5">밀도</td><td>③ 물 속에서의 철망태와 시험체의 무게(g)</td><td>764.7</td><td>764.9</td><td>765.3</td></tr>
<tr><td>④ 물 속에서의 철망태의 무게(g)</td><td>562.0</td><td>561.8</td><td>562.4</td></tr>
<tr><td>⑤ 물 속에서의 시험체의 무게(g)</td><td>202.7</td><td>203.1</td><td>202.9</td></tr>
<tr><td>밀도 $= \dfrac{①}{② - ⑤}$</td><td>2.631</td><td>2.636</td><td>2.626</td></tr>
<tr><td>평균값</td><td colspan="3">2.631</td></tr>
<tr><td colspan="5">고 찰 :</td></tr>
</table>

<table>
<tr><td rowspan="3">실 험 자</td><td rowspan="2">소 속</td><td></td></tr>
<tr><td>과 학년 반 조 학번 :</td></tr>
<tr><td>성 명</td><td></td></tr>
<tr><td colspan="2">검 인</td><td>서기 20 년 월 일 요일 날씨 :</td></tr>
</table>

6-2 석재의 압축강도 시험

(Test for Compressive Strength of Stone)

〔KS F 2519〕

1. 시험목적

천연산 석재의 압축강도를 알기 위함.

2. 사용기구 및 재료

(1) 압축강도 시험(콘크리트 압축강도 시험기)
(2) 금강석
(3) 캘리퍼
(4) 온도계(105±5℃)
(5) 수조
(6) 걸레
(7) 습도계
(8) 석재 절단기

(a) 결에 수직하게 하중을 가할때　(b) 결에 평행하게 하중을 가할때

그림 6·2 돌의 결에 따라 하중을 가하는 방법

3. 공시체 제작

(1) 톱이나 코아드릴을 사용하여 입방체, 사각주형, 원주형으로 만든다.
(2) 공시체의 지름 또는 횡방향 치수는 50 mm 이상 되어야 한다.
(3) 높이가 지름 또는 횡방향 치수보다 적어서는 안 된다.
(4) 공시체는 각 종류마다 3개 이상이어야 한다.
(5) 시료를 습윤 및 건조상태에서 결에 대하여 수직방향으로만 시험할 경우에는 6개 이상 필요함.
(6) 수직 평형의 2방향으로 시험할 경우에는 12개 필요함.

(7) 하중지지면을 금강석으로 잘 간 후 그 공시체에 하중 지지면과 결의 방향을 표시한다(정밀도는 공시체의 치수 0.5 mm, 하중지지면적은 0.25 cm^2로 한다).

4. 시험방법

(1) 건조상태에서 시험할 공시체는 105±5℃의 온도에서 24시간 건조시켜야 한다
(2) 습윤상태에서 시공할 공시체는 20±5℃의 수중에 48시간 담궜다가 수조에서 꺼낸 즉시 시험해야 한다.
(3) 상하부 가압판과 공시체의 지압면을 깨끗이 닦고 공시체를 하부 가압판 위에 올려 놓는다.
(4) 하중은 충격을 주지 않도록 계속적으로 가하여야 한다. 나선식 시험기는 가압판이 매분 약 1 mm의 속도로 움직이게 한다. 수압식 시험기는 하중을 매초 약 1 Mpa의 일정한 속도로 가한다.
(5) 최대하중의 절반까지는 하중을 빠른 속도로 가하여도 좋다.
(6) 최대하중을 기록하고 파괴상태를 기록한다.

5. 주의 및 참고사항

(1) KS F 2530에서 이 규격은 주로 토목, 건축에 사용하는 천연산의 석재에 대하여 규정한다.
① 암석의 종류에 의한 분류는 다음과 같이 구분한다.
ⓐ 화강암류, ⓑ 안산암류, ⓒ 사암류, ⓓ 점판암류, ⓔ 응회암류, ⓕ 대리석 및 사문암류
② 물리적 성질에 의한 분류는 압축강도에 따라 경석, 준경석, 연석으로 구분한다.

표 6·3

종 류	압축강도 Mpa	흡수율(%)	겉보기 밀도 g/cm^3
경 석	50 이상	5 미만	약 2.7~2.5
준경석	50 미만~10 이상	5 이상~15 미만	약 2.5~2.0
연 석	10 미만	15 이상	약 2.0 미만

③ 모양에 따른 분류
ⓐ 각석은 폭이 두께의 3배 미만으로 어떤 길이를 가진 것
ⓑ 판석은 두께가 15 cm 미만으로 대략 폭이 두께의 3배 이상인 것
ⓒ 견치석은 원칙적으로 거의 사각형에 가까운 것으로 길이는 4면을 쪼개어 면

에 직각으로 잰 길이는 면의 최소변의 1.5배 이상일 것

ⓓ 사고석은 면이 원칙적으로 거의 사각형에 가까운 것으로 길이는 2면을 쪼개어 면에 직각으로 잰 길이는 면의 최소변의 1.2배 이상일 것

(2) 국가, 지방자치단체, 정부투자기관 및 위 기관의 감독과 승인을 요하는 기관에서는 설계 및 건설공사에 적용할 표준 품셈은 다음과 같다(건설교통부 편).

표 6·4

구 분	A	B
비표면적 암명	편마암, 사질편암, 녹색편암, 각암, 석회암, 사암, 역암, 화강암, 현암, 현무암 등	흑색편암, 녹색편암, 혈암, 니암, 응회암, 집괴암

표 6·5

암종	그룹	자연상태의 탄성파속도 V(km/sec)	암편탄성파 속도 V_c (km/sec)	암편내압 강도 (Mpa)	비 고
풍화암	A	0.7~1.2	2.0~2.7	30~70	◇ 내압강도 1. 시편 : 5 cm 입방체 2. 노건조 : 24 hr 3. 수중침윤 : 2일 4. 내압시험 5. 시험방향(가압방향) z축(결면에 수직) (탄성전파속도가 가장 느린 방향) ◇ 암편탄성파속도 1. 시편 : 두께 15~20 cm 상하면이 평행면 2. 축방향×축(탄성파속도가 가장 빠른 방향) (절면에 평행)
	B	1.0~1.8	2.5~3.0	10~20	
연 암	A	1.2~1.9	2.7~3.7	70~100	
	B	1.8~2.8	3.0~4.3	20~50	
보통암	A	1.9~2.9	3.7~4.7	100~130	
	B	2.8~4.1	4.3~5.7	50~80	
경 암	A	2.9~4.2	4.7~5.8	130~160	
	B	4.1 이상	5.7 이상	80 이상	
극경암	A	4.2 이상	5.8 이상	160 이상	

6. 계 산

(1) 지름과 높이의 비가 1 : 1인 경우

$$\sigma = \frac{P}{A} \tag{6·3}$$

여기서 σ : 공시체의 압축강도(Mpa)

P : 공시체의 파괴하중(N)

A : 공시체의 하중 지지면(mm^2)

시험값은 1 Mpa의 정밀도를 구한다.

(2) 높이와 지름의 비가 1: 1.25 이상이 될 경우

$$C_c = \frac{C_p}{0.778 + 0.222(b \div h)} \tag{6・4}$$

여기서 C_c : 입방체로 환산한 압축강도(Mpa)

C_p : 공시체의 압축강도(Mpa)

b : 지름 또는 횡방향 치수(mm)

h : 높이(mm)

실 험 명	석재의 압축강도 시험			6-2
시 험 일	서기 20 년 월 일 요일 날씨			
시험일의 상태	실온(℃)	습도(%)	수온(℃)	양생온도(℃)

흡수율(%)												
공시체 모양												
공시체 건습방법												
공시체	1	2	3	4	5	6	7	8	9	10	11	12
단면적(mm^2)												
최대하중(N)												
압축강도(N/mm^2)												
평균 압축강도(N/mm^2)												
재하상태												

고 찰 :

실 험 자	소 속	
		과 학년 반 조 학번 :
	성 명	
검 인		서기 20 년 월 일 요일 날씨 :

부 록

1. 재료시험의 정의

건설재료가 현장에서 사용목적과 사용조건에 적당한지의 여부를 시험하며, 또한 하중의 안전에 대한 한계와 재료의 변형과정(능력)을 사전에 검토하는 데 있다. 우리들이 일반적으로 말하고 있는 재료시험(materials testing)이라고 하는 것은 포괄적인 의미에서 생각하면 물리적, 기계적, 화학적인 성질 등을 시험하는 것이다. 이와 같이 일반적으로 재료에 외력을 가하면 변형이 일어난다. 이와 같은 것을 기계적 변형이라 하며, 기계적 성질을 실험적으로 결정하는 시험을 재료시험이라고 한다.

2. 재료시험의 분류

1) 정적시험(static test)

일반적으로 비교적 단시간 내에 시험목적을 달성할 수 있는 시험으로 인장, 전단, 압축, 굽힘, 비틀림과 같이 정적(靜的)하중을 가하여 시험하는 것으로 정하중 시험이라고도 한다.

2) 동적하중(dynamic test)

피로, 충격시험과 같이 비교적 실제와 비슷한 조건의 동적하중을 가하면서 시험하는 것을 말한다.

3) 특수재료시험

① 마모시험(wear test 또는 amrasive test)
② 연성시험
③ 스프링시험(spring test)

4) 비파괴 시험(non-destructive test)

재료를 파괴하지 않고도 완성된 제품의 성질 등을 결정하는 시험방법이다.

3. 재료의 규격

(1) 미국 — ASTM(American Society for Testing Materials)
SAE(Society for Automotive Engineers)
(2) 영국 — BBS(British Ingenier Normen)
(3) 독일 — DIN(Deutsche Industrial Standard)
(4) 일본 — JIS(Japan Industrial Standard)
(5) 한국 — KS(Korean Standard)
(6) 국제규격 — ISO(International Standard Organization)

4. 표준체(KS F 5101)

부표 1 가는 체(잔입자에 대한 망체)

호칭치수 (μ)	호칭 No.(mm)	체눈의 크기 치수(mm)	호칭치수 (μ)	호칭 No.(mm)	체눈의 크기 치수(mm)
5660	31/2	5.66	420	40	0.420
4760	4(5)	4.76	34	45	0.354
4000	5	4.00	297	50(0.3)	0.297
3360	6	3.36	250	60	0.250
2830	7	2.83	210	70	0.210
2380	8(2.5)	2.38	177	80	0.177
2000	10	2.00	149	100(0.15)	0.149
1680	12	1.68	125	120	0.125
1410	14	1.41	105	140	0.105
1190	16(1.2)	1.19	88	170(0.09)	0.088
1000	18	1.00	74	200(0.08)	0.074
841	20	0.841	63	230	0.063
707	25	0.707	53	270	0.053
595	30(0.6)	0.595	44	325	0.044
500	35	0.500	37	400	0.037

※ 1μ(미크론) $= 10^{-6}$ m

부표 2 굵은 체(굵은 입자에 대한 망체)

호칭치수 (mm)	상용치수 (mm)	체눈의 크기 치수(mm)	호칭치수 (mm)	상용치수 (mm)	체눈의 크기 치수(mm)
107.6	–	107.6	25.4	25	25.4
101.6	100	101.6	22.6	22	22.6
90.5	90	90.5	19.0	20	19.0
76.1	80	76.1	16.0	15	16.0
64.0	65	64.0	13.5	–	13.5
53.8	–	53.8	12.7	13	12.7
50.8	50	50.8	11.2	11	11.2
45.3	45	45.3	9.51	10	9.51
38.1	40	38.1	8.00	8	8.00
32.0	30	32.0	6.73	7	6.73
26.9	–	26.9	6.35	6	6.35

5. 콘크리트의 품질목표

1) 일반사항

콘크리트의 품질관리는 일반적으로 슬럼프, 공기량, 압축강도, 단위용적 중량(경량콘크리트인 경우) 등이며, 또 내구성, 수밀성, 시공성 등을 위해서 물-시멘트비, 단위 시멘트량, 혼화재, 수화열 등이 대상이 되는 경우가 있다. 레이드믹스트 콘크리트의 경우 KS F 4009에 따라 구입자가 다음 사항을 생산자와 협의하여 지정한다.

(1) 표준품의 경우

㉠ 시멘트의 종류

㉡ 골재의 종류 및 사용량

㉢ 굵은골재의 최대치수

㉣ 염화물 함유량의 상한 값과 다른 경우는 그 상한 값

㉤ 경량콘크리트의 경우는 콘크리트의 단위중량

㉥ 콘크리트의 최고 또는 최저온도

㉦ 호칭강도를 보증하는 재령

㉧ 부표 5에 정한 공기량과 다른 경우는 그 값

㉨ 물-시멘트비 또는 물-결합재의 상한 값

㉩ 단위수량의 상한 값

㉪ 단위 시멘트량 또는 단위 결합재량의 하한 값 또는 상한 값

㉫ 유동화콘크리트의 경우 유동화 이전의 베이스콘크리트에서 슬럼프 증대량

(2) 특수품의 경우

① 특수품은 부표 3~6에 표시한 ○ 및 ◎표를 한 것으로 한다.

② 구입자는 부표 3~6에 나타낸 호칭강도와 슬럼프의 조합을 지정한다.

③ 구입자는 다음 사항을 협의하여 지정한다.

㉠ 시멘트의 종류

부표 3 레디믹스트 콘크리트의 종류

콘크리트의 종류	굵은골재의 최재치수 mm	슬럼프 또는 슬럼프 플로 mm	호칭강도 Mpa(N/mm^2)												
			18	21	24	27	30	35	40	45	50	55	60	휨 4.0	휨4.5
보통콘크리트	20, 25	80, 120, 150, 180	○	○	○	○	○	○	–	–	–	–	–	–	–
		210		○	○	○	○	○	–	–	–	–	–	–	–
		510°, 600°				○	○	○	–	–	–	–	–	–	–
	40	50, 80, 120, 150	○	○	○	○	○	○	–	–	–	–	–	–	–
경량콘크리트	15, 20	80, 120, 150, 180, 210	○	○	○	○	○	○	○	–	–	–	–	–	–
포장콘크리트	20, 25, 40	25, 65	–	–	–	–	–	–	–	–	–	–	–	○	○
고강도콘크리트	15, 20, 25	120, 150, 180, 210	–	–	–	–	–	–	○	○	○	–	–	–	–
		500°, 600°, 700°	–	–	–	–	–	–	○	○	○	○	○	–	–

2) 슬럼프, 공기량의 품질목표

슬럼프 및 공기량은 지정된 값을 목표로 하지만 레이디믹스트 콘크리트에서는 콘크리트의 운반중에 있을 수 있는 변화를 고려하여 콘크리트 제조시의 목표를 정하고 있다. KS F 4009에서는 부표 4 및 부표 5와 같이 허용값을 규정하고 있으며 이 범위 내에 들도록 제조관리해야 한다.

부표 4 슬럼프값의 허용차(단위 : mm)

슬 럼 프	슬럼프의 허용차
25	±10
50, 65	±15
80 이상	±25

부표 5 공기량의 허용차(%)

콘크리트의 종류	공기량	공기량의 허용차
보통콘크리트	4.5	±1
포장콘크리트	4.5	
경량콘크리트	5.5	±1.5

6. 콘크리트 제조관리

1) 콘크리트 제조관리의 개요

제조관리는 앞에서 상술한 품질의 목표를 충족시킬 수 있도록 재료, 배합, 제조공정, 제조설비, 출하관리 등을 하여 콘크리트 배출지점에서 품질검사를 하도록 되어 있다. 현재 구조용 콘크리트 제조는 대부분 레이드믹스트 콘크리트 공장에서 제조하고 있으며, 품질관리의 표준은 KS 표시허가 공장의 심사기준에 따르고 있다.

2) 재료의 관리

(1) 시멘트

시멘트는 시멘트 공장에서 KS 규정에 의해서 엄격한 품질관리하에 제조되므로 품질의 신뢰성이 높다. 따라서, 시멘트를 받아들일 때의 검사로는 육안검사, 시험 성적서의 검토 등으로 그 목적을 달성할 수 있다. 받아들인 후 저장 중에 품질변화가 생기지 않도록 제조공정에 맞는 종류를 정확하게 공급하는 것이 중요하다. 특히, 장기간 저장하는 것이 품질이 변화했을 우려가 있으므로 반드시 시험을 해야 한다.

(2) 골 재

골재는 콘크리트 재료 중에서 가장 품질이 변동하기 쉽고 그 품질변동은 콘크리트의 품질에 크게 영향을 주게 되므로 충분한 관리가 필요하다. 골재 채취장이 변한다든지, 같은 산지라 하더라도 품질이 변했다고 생각되는 경우에는 품질검사를 해야 한다. 즉, 현재 어떤 골재가 들어오고 쓰여지고 있는지를 정확히 파악하여야 한다. 품질검사 결과를 골재의 종류, 납기, 공급업자, 산지별로 정리, 기록하여 관리도, 품질변동 등으로 나타내야 한다. 제조공정에 있어서는 특히 굵은 골재 최대치수, 입도(조립률), 입형, 표면수량의 변동 등을 세밀하게 시험하여 배합의 수정에 반영하는 일은 매우 중요한 사항이다. 콘크리트의 품질에 크게 영향을 주는 먼지, 흙, 염분 등도 정확하게 관리해야 한다.

(3) 물

콘크리트의 혼합에 사용되는 물은 산, 기름, 염기류, 유기물 기타 콘크리트 및 강재에 유해한 영향을 미치는 것이 있어서는 안 되며, 레이드믹스트 콘크리트(KS F 4009) 부속서 2의 규정에 맞게 관리하여야 한다.

(4) 혼화재

포졸란, AE제, 감수제, AE 감수제 등의 품질확인, 품종의 선정 등은 공신력이 있는 공공기관의 시험성적을 받아 검토하여 관리하고 저장관리도 중요하다. 저장량, 사용량, 잔량 등에 관한 기록을 정확히 해야 한다.

(5) 제조설비의 관리

재료의 수납, 저장, 운반, 계량, 비비기, 운반 등을 위한 설비, 기기 및 시험설비는 우선 그 용량이나 성능이 콘크리트의 안정된 콘크리트의 품질을 확보할 수 있는 것이라야 한다. 또한, 정비점검을 해야 하고 그러기 위해서는 설비, 기기관리 규정 및 관리작업표준을 설정하여 일상점검, 작업개시 점검, 정기점검 및 정비 등을 실시한다. 최근에는 공장이 기계화, 자동화되는 경향이 있어서 제조관리, 기기관리도 이에 상응하는 규정 및 표준을 설정하여 대비하여야 한다. 설비관리 중에서 특히 중요한 것은 계량기의 정도(精度)의 관리이다.

(6) 제조공정 관리

제조공정의 관리에 있어서는 각 공정별로 KS 또는 시방서 규정에 따라 공정관리 시험을 하여 시험결과를 데이터시트, 관리도, 히스토그램 등에 기록한다. 다시 각 배치의 육안검사를 하여 제조된 콘크리트의 품질이 안정상태의 품질에 있는가를 판단하고 이상이 나타나면 즉시 원인을 찾아 적절한 조치를 취한다.

(7) 출하관리

레드믹스트 콘크리트 공장에서의 출하관리의 요점은 주문받은 정확한 배합과 종류의 콘크리트를 적절하게 시간을 맞추어 출하하는 것이다. 그러기 위해서는 공사현장과 공장 사이의 정보전달, 공장 내의 출하담당자, 배합담당자, 오퍼레이터, 운반차, 운전수 사이의 정확한 정보전달이 원활하고 바르게 전달되어야 한다.

레미콘 공장에서의 출하관리는 최근 전산화되어 있으나 착오출하의 방지를 위하여 수주로부터 출하까지의 작업과정에 대해서 작업표준을 확인해 둘 필요가 있다.

7. 단위환산

부표 6 그리스 문자

대문자	소문자	명칭	대문자	소문자	명칭
A	α	Alpha(알파)	N	ν	Nu(뉴우)
B	β	Beta(베타)	Ξ	ξ	Xi(크사이)
Γ	γ	Gamma(감마)	O	o	Omicron(오미크론)
Δ	δ	Delta(델타)	Π	π	Pi(파이)
E	ε	Epsilon(입시론)	P	ρ	Rho(로오)
Z	ζ	Zeta(제타)	Σ	σ	Sigma(시그마)
H	η	Eta(이타)	T	τ	Tau(타우)
Θ	θ	Theta(세타, 테타)	Υ	υ	Upsilon(웁실론)
I	ι	Iota(이오타)	Φ	φ	Phi(파이)
K	κ	Kappa(캅파)	X	χ	Chi(카이)
Λ	λ	Lambda(람다)	Ψ	ψ	Psi(프사이)
M	μ	Mu(뮤우)	Ω	ω	Omega(오메가)

부표 7 접두어

접두어의 명칭	기호	단위에 곱하는 배수	접두어의 명칭	기호	단위에 곱하는 배수
테라(tera)		10^{12}	데시(deci)	d	10^{-1}
기가(giga)		10^{9}	센티(centi)	c	10^{-2}
메가(mega)	TGMKh	10^{6}	밀리(milli) 마	m	10^{-3}
길로(kilo)	da	10^{3}	이크로(micro)	μ	10^{-6}
헥토(hecto)		10^{2}	나노(nano)	n	10^{-9}
데카(deca)		10	피코(pico)	p	10^{-12}

부표 8 힘의 단위

N	dyne	kgf	ft · lb
1	1×10^{10}	1.01972×10^{-1}	2.2481×10^{-1}
1×10^{-5}	1	1.01972×10^{-6}	2.2481×10^{-6}
9.80665	9.80665×10^{5}	1	2.20462
4.44822	4.44822×10^{5}	4.5359×10^{-1}	1

부표 9 압력의 단위

Pa	bar	kgf/cm^2	atm	$psi(lb/in^2)$
1	1×10^{-5}	1.01972×10^{-5}	9.86923×10^{-5}	1.4504×10^{-4}
1×10^{5}	1	1.01972	9.86923×10^{-1}	1.4504×10
9.80665×10^{4}	9.80665×10^{-1}	1	9.67841×10^{-1}	1.4223×10
1.01325×10^{5}	1.01325	1.03323	1	1.470×10
6.89476×10^{3}	6.89476×10^{-2}	7.031×10^{-2}	6.804×10^{5}	1

부표 10 응력의 단위

kPa	$MPa(N/mm^2)$	kgf/mm^2	kgf/cm^2
1	1×10^{-3}	1.01972×10^{-4}	1.01972×10^{-2}
1×10^{3}	1	1.01972×10^{-1}	1.01972×10
9.80665×10^{3}	9.80665	1	1×10^{2}
9.80665×10	9.80665×10^{-2}	1×10^{-2}	1

(주) $kPa=10^3Pa$, $MPa=10^6Pa$

부표 11 응력환산표

kgf/cm^2	MPa	psi	kgf/cm^2	MPa	psi
1	0.098	14.2	210	20.6	2,987
4	0.39	56.9	240	23.5	3,414
12	1.18	170.7	280	27.5	3,982
16	1.57	227.6	350	34.3	4,978
60	5.88	853.4	500	49.0	7,112
70	6.86	995.6	1400	137.3	19,912
80	7.85	1,138	2400	235.4	34,135
90	8.83	1,280	2812	275.8	40,000
100	17.65	2,560	4200	411.9	59,737

현장실무 중심 최신 건설재료시험 제3판

3판 1쇄 발행 2010년 8월 30일
3판 2쇄 발행 2013년 9월 13일
엮은이 류만용 · 박근배 · 김윤성
펴낸이 최국주
펴낸곳 동명사
출판등록 1950년 11월 1일(제1-76호)
주소 (우 413-756) 경기도 파주시 회동길 50(문발동)
전화 031-955-7200(대표)~2, 7203(편집부), 7204(물류)
팩스 031-955-7205
전자우편 dms723@chol.com
홈페이지 www.dmsbook.com

ISBN 978-89-411-1733-9 93550
값 25,000원